浙江省高等教育重点建设教材

环境水力学

董志勇 编著

科学出版社

北京

内 容 简 介

　　本书系统地阐述了环境水力学的基本概念、基本理论和最新研究成果，内容主要包括：环境水力学发展概况、水环境基本概念、迁移扩散理论、剪切流离散、射流、羽流、浮射流、水质模型、地下水污染模型、分层流、生态水力学等。为便于读者自学，文字力求写得通俗易懂，对一些数学处理给出了比较详细的推导过程。书末附有环境水力学常用术语中英文对照、人名中外文对照以及详细的参考文献，以便读者深入研究时参考。另外，每章末还附有一定数量的习题。

　　本书可作为水利类、环境类专业高年级本科生和研究生的教材，同时可供有关专业的学生、教师、科研人员及工程技术人员参考。

图书在版编目(CIP)数据

环境水力学/董志勇编著. —北京:科学出版社,2006
ISBN 978-7-03-017054-5

Ⅰ.环… Ⅱ.董… Ⅲ.环境水力学 Ⅳ.X52

中国版本图书馆 CIP 数据核字(2006)第 026950 号

责任编辑:胡　凯/责任校对:李奕萱
责任印制:徐晓晨/封面设计:王　浩

科 学 出 版 社 出版
北京东黄城根北街 16 号
邮政编码:100717
http://www.sciencep.com

北京厚诚则铭印刷科技有限公司 印刷
科学出版社发行　各地新华书店经销

*

2006 年 4 月第 一 版　　开本:B5(720×1000)
2018 年 7 月第二次印刷　　印张:14 3/4
字数:282 000

定价:98.00 元
(如有印装质量问题,我社负责调换)

前　言

环境水力学(environmental hydraulics)是于 20 世纪 70 年代发展起来的一门交叉学科,其内涵较为丰富,涉及的知识面也较广,主要包括污染物在地表水和地下水中的扩散、迁移及转化规律以及水生物与水流之间的相互关系等。它是水力学与环境科学、环境工程、水利工程、生态学等学科相互交叉、相互渗透的产物,是进行水质评价、水质预报、水生态修复等水环境问题的理论基础。

本书较为系统地阐述了环境水力学的基本概念、基本理论以及基本的研究方法。在叙述上,力求深入浅出、重点突出。主要思路为:从点源污染到非点源污染;从瞬时源到连续源;从基本的动量射流到羽流、浮射流;从最基本的费克扩散到紊动扩散、随流输运及剪切离散;在污染物的类型上,由示踪物到有机污染物,进而到难降解物质;从地表水污染到地下水污染;在污染物迁移的形式上,重点讲述扩散、离散及转化等理论;在问题的数学描述上,给出物理概念清晰的理论解。此外,以较大篇幅介绍了与水环境密切相关的分层流理论以及水生态环境中的水力学问题,即生态水力学(ecohydraulics)。为适应不同层次读者使用和方便教学,对书中常用的外国人名译成通俗的中文译名,并在书末附有人名中外文对照。此外,书末还附有环境水力学常用术语中英文对照和详细的参考文献,以便读者深入研究时参考。为帮助读者理解所学内容,书中列举了一些例题,每章末还附有一定数量的习题。

本书的出版得到"浙江省高等教育重点建设教材出版基金"的资助,谨此表示衷心的感谢。作者的多位国内外同仁曾惠赠一些宝贵的资料或给予热情的帮助和鼓励,在此谨向他们表示真诚的谢意。作者还要特别感谢赵玉英女士,在本书的写作和出版过程中,她帮助完成资料整理、绘图、电子排版及校对等工作。最后,感谢在本书写作和出版过程中其他所有给予关心、支持和帮助的人们。

在本书写作过程中,作者虽力求审慎,但由于作者水平有限,书中缺点和错误在所难免,恳请读者批评指正。

作　者

2005 年 3 月于杭州

E-mail: dongzy@zjut.edu.cn

目　　录

第一章 绪 论

1-1 环境水力学的形成与发展

一、环境水力学形成的背景

人类社会需要多种资源,水是其中最重要的自然资源。地球上各种形态的水体总共约有 1.36×10^{10} 亿立方米,其中海洋储量达 1.32×10^{10} 亿立方米,占全球总储量的 97.24%,而陆地上的各种水体为 37506 万亿立方米,仅占全球水体储量的 2.76%。陆地水储量中,两极冰盖和高山冰川又占 77.3%,为 29000 万亿立方米。对人类生产和生活有利用意义的水资源为河流、湖泊及浅层地下水,全球这部分水量约有 38.83 万亿立方米,约为总淡水量的 0.1%。

我国水资源总量为 2.8 万亿立方米,居世界第六位,但人均占有量仅为世界人均占有量的 1/4,可见我国水资源并不丰富,更由于地区分布不均,年内分配不同、年际变化大,加之水体污染严重,大大降低了水资源的可利用率。

水不仅是维持地球上一切生命生存的根本,还是人类社会发展的至关因素。人类总是习惯于沿着江河湖海定居繁衍,因为这些地区比在内陆、山区、丛林和沙漠有更大的生存机会。但是,随着工业的发展及人口的膨胀,人类正面临着全球范围的水污染、生态恶化和灾害频生的严峻形势。如今,全球大部分水体正遭受着人类活动造成的各种破坏。《寂静的春天(Silent Spring)》一书较早地描述了人类活动带来的环境问题,作者雷切尔·卡森女士(Rachel Carson)以寓言形式描写道:从前,在美国中部有一座小镇,这里的所有生物与周围环境相处得很和谐。……,但从那时起,勃勃生机的春天变得万籁俱寂——听不到绿化丛中歌唱的小鸟、看不见溪流中戏水的鱼虾,唯有黑臭的河水……

1. 海洋环境问题

全球共有 35 个主要海域,有的与大洋相连,有的由陆地环绕。波罗的海、地中海、黑海、里海、白令海、黄海等海域在不同程度上反映出 35 个海域遭受破坏的状况。

古代,黑海以丰富的鱼类资源、温和的气候和重要的战略地位而闻名于世。位于黑海之滨的君士坦丁堡是拜占庭帝国的首都,是东西方交往的门户,是人类文明的主要中心之一。但是近几十年来,这个美丽的海域却遭到了肆意破坏。最严重的问题是水体富营养化,这是由于流入黑海的各条河流把农田施用的化肥、城市生活污水带入海中,致使海藻和细菌迅速繁殖,在水面形成厚而密集的漂浮层(赤潮),破坏了黑海水体的自然生态平衡。黑海的主要污染源是从西北部流入黑海的多瑙河、德涅斯特河等。经多瑙河流入黑海的污染物主要是化肥和中欧、东欧地区8000多万人口的生活污水。多瑙河每年向黑海排放大约 60 万吨磷、340 万吨氮;流经乌克兰、摩尔多瓦产粮地区的德涅斯特河则把大量的硝酸盐、磷酸盐带入黑海。黑海 90%的水体已经变成动植物难以生存的死水,其中部、南部水域的深层水中含有多种有毒物质,并且死水正从下向上逐步扩展,黑海正面临窒息而死亡的威胁。

众所周知,黄海是由于黄河挟带大量泥沙流入渤海后形成的。数千年来,黄海接纳的是黄河的泥沙,如今除接纳大量泥沙之外,还接纳黄河流域和沿海地区排放的污染物,使得水栖和陆栖动物的生存环境日益恶化。据《1989 年中国沿海环境质量年鉴》统计,经黄河流入渤海的镉、汞、铅、锌、砷、铬等重金属达 750 吨,另外还有 2 万吨石油。排入黄海的污染物负荷则比渤海高一倍以上。黄海的污染物主要沉积在许多海洋生物赖以生存的海床上。据 1981~1984 年间进行的监测结果显示,螃蟹、虾等甲壳类动物体内的镉含量增加了 2 倍,鱼类、软体动物体内铅、铜的含量分别增加了 1~3 倍。1989 年的监测结果表明,蛤蜊、牡蛎等贝壳类动物体内的汞含量超过允许含量的 10 多倍。与黄海相连的各条河流的河口、海湾、湿地,大部分已受到污染,对渔业生产造成了严重影响。以胶州湾的青岛沿海为例,1963年共有 141 种海洋动物生活在沿海水域,到了 1988 年仅剩下 24 种。

在地处北欧斯堪的纳维亚半岛上,纵横交错的河流小溪经瑞典、挪威汇入波罗的海。它们并不像世界上多数入海河流那样流经人口稠密、土地得到充分开垦的地区,而是流经寂静的带有原始色彩的森林地区。正是这些森林地区的纸浆厂、造纸厂成了危及波罗的海的污染源。造纸厂在对纸张做漂白处理过程中,排放出大量的有机氯化合物,这类化合物不溶解于水,但可溶解于脂质,并且能聚积于动物和鱼类的脂肪组织中。瑞典、芬兰的纸浆及纸张产量占世界总产量的 10%,两国每年排放的氯化合物约有 30 万~40 万吨,其中大部分流入波罗的海。已有研究表明,这种化合物是致癌物质,并能导致动物生育和内分泌方面的疾病。同毗邻的北海鱼类相比较,波罗的海鱼类体内的氯化合物含量竟然高出 8~10 倍!早在 20世纪 50 年代末,在瑞典沿海就发现大批海鸥、海豹和水貂因氯化合物致死。海洋生物学家的研究表明,波罗的海各种海洋动物除了数目急剧减少和濒临灭绝的危险之外,还由于体内有机氯含量过高而出现先天性缺陷,如海豹的颅骨极脆,一碰就碎;约半数海豹因生殖器官畸形而失去繁殖能力等。

大多数海域只是部分被陆地包围,但位于黑海以东约 500 公里的里海则完全被陆地所包围。几百年来,势力强大者为了控制里海沿岸具有战略意义的河流、港口而激战。如果说里海南部流域是因为有石油而具有重要的战略意义,那么其北部流域则是由于有丰富的农业资源、水资源而具有战略意义。这个地区生产的粮食占前苏联各共和国粮食总产量的 1/5,工业产值占 1/3。伏尔加河是里海的主要污染源。1989 年,经伏尔加河排入里海的污水达 4000 万吨,仅石油化工厂每年就向里海排放近 7 万吨工业废水。因此,里海的渔业资源濒临崩溃,鲈鱼、狗鱼的捕获量 30 年来下降了 96%,但是下降幅度最大的当属鲟鱼的鱼子产量,如今从伏尔加河洄游到里海产卵的鲟鱼已大大减少,素有"里海黑珍珠"美称的鱼子酱,已成为历史。

近海及海湾石油的开采、油轮运输、炼油工业废水排放及油轮发生意外事故等,会使海域遭受油污染。原油是烷烃、烯烃和芳香烃的混合物,油品进入水体后,先成浮油,后成油膜以及一些非碳氢化合物溶解而成的乳化油。油膜仅 $1\mu m$ 厚就会阻碍水面蒸发和氧气进入水体,影响水循环及水中鱼类的生存。石油在水体中可经过光化学氧化作用或生物氧化作用而分解。因石油中所含硫、矾、烷烃、芳香烃等不同,其氧化速率变化较大,并随天气或海水温度而变化。这会产生一些微生物及致癌物,对生物造成危害。漂浮在水面上的油层还会在风力作用下随流扩散和运移,致使海滩环境恶化,休养地、风景区被破坏,鸟类栖息环境也遭破坏。

2. 河流污染问题

河流是陆地上最重要的水体,城市和大工业区大都沿河建立,依靠河流提供水源,便于原料和产品的运输,同时还将河流作为废水排放的场所。因此,在工业地区和人口密集城市的河流大多受到不同程度的污染。其污染状况主要有以下几个特点:

(1)污染程度随径流变化

河流污染程度可用径污比表示,即河流的径流量与排入河水中的污水量之比。若径污比大,稀释能力就强,河流的污染程度就轻,反之就重。河流的径流量随时间、季节等而变化,因此污染程度也就随之变化。

(2)污染影响范围广

河水是流动的,输运能力强,若上游遭到污染,就很快影响到中下游。由于污染物对水生物的生活习性(如鱼类洄游)有影响,若一段河流受到污染,会影响到该河段下游的河流环境。因此,河流污染影响范围不限于污染发生区,还殃及下游地区,甚至影响到海洋。

河流是主要的饮用水源,河水中的污染物可以通过饮用水直接危害人类的健康。不但如此,河流中的污染物还可以通过食物链和河水灌溉农田造成间接危害。

(3)河流的自净能力较强

废水或污染物进入河流后,污染与自净过程就同时开始。距排放口近的水域,污染过程是主要的,表现为水质恶化,形成严重污染区。而在相邻的下游水域,自净过程得到加强,污染强度有所减弱,表现为水质相对有所好转,形成中度或轻度污染区。在轻度污染区下游水域,自净过程是主要的,表现为废水或污染物经河水物理、化学或生物化学作用,污染物或被稀释或被分解或被吸附沉淀,水质恢复到正常状态。

3. 河口污染问题

入海河口往往有三角洲和冲积平原,土地肥沃,人口稠密,工农业生产比较发达,排放污染物也较集中。入海河口的河段由于流量大,比降小,更受到海洋潮汐的影响及台风暴雨的袭击,容易发生海潮倒灌、河水漫滩,使工农业生产受到损失,所以河口的治理与防治是很重要的课题。例如珠江三角洲河口区有大小排污企业6200多家,排污量占全流域的37%,河口会潮点有40多个,受潮汐影响污水回荡不易排出,污染比较严重。目前南海油田的开发,深圳、珠海等经济特区的建立,乡镇企业的迅速发展都使珠江三角洲的水质进一步恶化,政府及水资源管理部门已高度重视,正积极开展调查研究,采取对策和措施进行综合治理。

入海河口是河流与海洋的过渡段,是河流与海洋两种动力相互作用、相互消长的区域。河流动力是指水流和泥沙的下泄,海洋动力是指潮汐的作用。当然,风力也要起作用,但在一个狭长的河口,潮汐起主要的作用;而在宽阔的河口,风力引起的流动将是一个重要的因素。这些动力因素的不同组合使河口的水文情势及污染物的迁移扩散较为复杂,具有明显的独特性。

众所周知,海水是咸水,河水是淡水。河口区中咸淡水的盐度、密度、含沙量不同,混合之后会影响河口的动力状况和沉积情况。咸淡水的混合程度主要取决于涨潮期内进入河口区的淡水量与涨潮量的比值,即混合指数 MI(mixing index)的大小。若 $MI \geqslant 1.0$,则咸淡水分层清楚,常出现在弱潮河口,河道径流量大,淡水从上层流向海洋。若海水盐度大,密度也大,则海水以楔形体沿底层向河口上游延伸,即盐水楔。盐水楔顶端附近是河口区淤积严重地带,因为咸淡水相遇流速减小,导致物质沉积。若 $MI \leqslant 0.1$,潮汐作用占主导地位,咸淡水之间混合强烈,断面上的等盐度线近乎垂直,但在纵向上盐度梯度仍然存在,盐度向海逐渐增大。这类河口一般比较宽阔,呈喇叭形(如钱塘江河口)。若 $0.1 < MI < 1.0$,即介于弱混合型与强混合型之间,即为缓混合型,则咸淡水之间无明显的交界面,但上层与底层盐度仍有显著的差别。当潮汐作用增大时,底层咸水向上混合,上层淡水向下混合,上层的流量从陆向海增大,而下层的流量由海向陆减小,形成河口的环流。

进入河口区的泥沙一般粒径很小。由于化学作用,细颗粒泥沙在淡水中发生电离现象,使其带有负电。颗粒间负电相斥,导致泥沙分散,呈胶体状,很难在重力作用下下沉。而海水是含有电解质的液体,即含有正离子,表面带有负电荷的泥沙胶粒与海水中的离子发生离子交换,致使部分泥沙颗粒之间产生引力,从而颗粒变大,当紊动垂向速度小于其沉降速度时,泥沙下沉。这种物理化学现象便是絮凝作用,是入海河口泥沙沉积的重要因素。

4. 湖泊污染问题

湖泊与河流有着不同的水文条件,湖水流动缓慢、蒸发量大,有相对稳定的水体,且具有调节性。因此,流入和流出水量、水质、日照和蒸发的强度等因素影响着湖泊的水质。许多水较深和容量较大的湖泊出现水温分层,水质成分也呈现不均匀性。下面简要叙述湖泊污染的主要特点:

(1) 湖泊污染来源广、途径多、种类多

上游和湖区的入流水道可携带所流经地区厂矿产生的工业废水和生活污水;湖区周围农田、果园土壤中的化肥、残留农药及代谢产物等污染物通过农田排水和地表径流进入湖泊;湖中生物(水草、鱼类、藻类和底栖动物)死亡后,经微生物分解形成的残留物也会污染湖泊。当流域上大量施用化肥时,还能造成氮、磷等元素进入湖泊,使藻类大量繁殖,形成"富营养化"现象。

(2) 湖水稀释和输运污染物能力弱

湖泊水域广阔、蓄水量大、流速缓慢,污染物进入后不易迅速被湖水稀释达到充分混合,容易沉入湖底,也难于通过湖水流动向下游输运。在洪水季节,由于有滞洪作用,稀释与输运物质能力不如河流那样强。此外,流动缓慢的水面还使水的复氧作用降低,因此对有机物的自净能力也减弱了。

(3) 湖泊对污染物的生物降解、积累和转化能力强

湖泊是孕育水生动物、植物的天然场所。流动缓慢的湖水有利于湖泊生物对微小物质的吸收。不少生物能富集铜、铁、钙、硅、碘等元素,可比水体原来所含浓度大数百倍、数千倍甚至数万倍。在湖泊中,污染物除可直接进入生物体外,还可通过食物链不断富集和转移,如 DDT 及其分解物可通过水→藻→虾→昆虫→小鱼而进入鸥体,鸥体内的浓度则比水中的浓度大 100 万倍以上。有的生物能对污染物进行分解,如酚可通过藻类、细菌或底栖动物的新陈代谢水解为二氧化碳和水,从而有利于湖水的净化。有些生物还能把一些毒性不强的无机物转化成毒性很强的有机物,如无机汞可被生物转化为有机的甲基汞,并在食物链中传递浓缩,使污染危害加重。

5. 水库污染问题

近 20 年来,我国大多数水库经常遭受"白色污染"的冲击,在我国南方的一些水库,还常常受到水葫芦污染的威胁。

水葫芦,学名凤眼莲,是一种水生植物,原产于南美洲,20 世纪 30 年代作为猪饲料引进,并作为观赏和净化水质植物推广种植。水葫芦生命力极强,呈几何级数

疯长。水葫芦的主要危害为：大量生长繁殖后覆盖水面，影响船舶航行及旅游业的发展，堵塞水电站进水口，阻碍汛期抗洪，降低水中溶解氧，危及鱼类生存等。另外，在水葫芦生长区易形成优势物种，导致其他水生植物减少。

"白色污染"主要指泡沫塑料、矿泉水瓶、塑料袋等漂浮物。白色污染物在水库坝前的堆积，会降低水电机组的发电效益，影响工作门、检修门的启闭。1998 年大洪水期间，葛洲坝二江电厂坝前的白色垃圾曾形成一道堆积厚度达 2～4m 的屏障，严重堵塞了葛洲坝水电机组的进水口，迫使葛洲坝电厂停机 51 台次，损失电量5651 万度。

6. 地下水污染问题

大气降水到达地面后，通过地表渗透到地下的水即为地下水。从广义上讲，地下水是指埋藏于地表以下松散土层和固结岩层中的水。它有固态、液态、气态三种形式。固态水仅当土壤或岩石的温度在冰点以下时才存在；气态水滞留于土壤、岩石的孔隙中，成为土壤空气的组成部分；液态水在重力和毛管力作用下存在于土壤、岩石的孔隙中，在分子力的作用下，还有吸附在土壤颗粒表面的水，称为结合水；还有包含于某些矿物中，构成化学状态的结晶水。各种状态的水均能在一定条件下相互转化。

地下水是水文循环中的一个重要环节，常以地下渗流方式补给河流、湖泊和湿地，或者以地下径流方式直接注入海洋；在上层土壤中的水分通过蒸发或植物蒸腾进入大气。地下水是地球上的一种重要水资源，工矿、城市和农业灌溉常常要用到它。其水质的好坏，是否受到污染对使用很有影响。下面着重叙述地下水污染的原因和特点。

(1) 地下水污染的原因

地下水污染的主要原因有：工业废水和生活污水通过各种途径，特别是渗坑、渗井排入地下，污染地下水；工业废渣及城市垃圾经雨水淋滤渗入地下；水源防护带不良；不合理的污水灌溉及化肥、农药的长期使用；人为因素如人工回灌、井壁渗漏、地下水超采等均能导致地下水污染。

(2) 地下水污染的特点

(A) 污染过程缓慢

污染物在地表水下渗过程中不断受到各种阻碍，如截留、吸附、分解等，进入地下水的污染物数量随之减小，通过土层越长，截留的越多，因此污染过程是缓慢的。有些在地表水中容易分解的污染物，进入地下水后难以消除，并且发生大范围的影响，所以防止地下水污染十分重要。

（B）间接污染

地表水污染物在下渗过程中与其他物质发生作用，被携带进入地下水，造成间接污染。如地表水中的酸碱盐类等在下渗过程中使岩层中大量钙镁溶解进入水中，因而地下水硬度增高。又如地表水中的有机物在下渗过程中被生物降解，溶解氧减少等等。

（C）水文地质条件影响大

由于地下水埋藏在地下，在不同类型的水文地质条件下，污染原因、污染程度、污染分布范围各异，分别表现出不同的特征。按水文地质特征我国城市可划分为不同的类型，如山前冲、洪积平原类型，河流阶地或山间谷地类型，滨海类型，岩溶类型，内陆类型等。在保护地下水资源工作中要区别对待，因地制宜地采取防治措施。

7. 热污染问题

热污染是一种能量污染。热电厂、核电站及冶炼等使用的冷却水是产生热污染的主要来源。这种温度升高的水，排入天然水体后，引起水温上升，并形成热污染带。

水温的升高，会降低水中的溶解氧含量。温度增加，将加速有机污染物的分解，增大耗氧作用，也会使水体中某些毒物的毒性提高。这对鱼类的影响很大，甚至引起鱼类死亡。不同地带的鱼类对水温的适应有一定的变化幅度，如热带鱼类适于 $15\sim32℃$，温带鱼类适于 $10\sim22℃$，寒带鱼类适于 $2\sim10℃$ 的范围。鱼类耐温的程度也随鱼种而变化。此外，鱼类在某种温度下虽仍能存活，但可能停止繁殖。其原因可能是缺乏产卵的适宜条件，或限制了幼鱼的存活。在温度、氧浓度和有毒物质之间有着复杂的相互影响。接近耐温限度的上下限时，鱼类抵抗氧浓度的减少以及对付溶解性污染物的能力就显著降低。

水温的升高还破坏生态平衡的温度环境条件，加速某些细菌的繁殖，助长水草丛生，厌气发酵、恶臭。

天然水体一般都含有广泛的藻类品种，绿藻、蓝绿藻、棕藻、红藻、黄绿藻等都可能出现。由于不同的藻类族或科的生产率呈现不同的亲温性，因而在水环境中，随着温度的升高，某一类藻可能替代另一类藻。依此概念，可知一种藻类群落对温度的反应实质上是一个连续体，在由一群优势藻类转变为另一群优势藻类的过程中，其间相应地出现一个迟滞段。

总之，热水的排放，使得水体温度上升，对物理过程和生物过程都有重要的影响，从而对水质引起一定的变化。

8. 城市水环境问题

在社会发展进程中,城市已成为经济、政治、科学、文化的中心。世界人口越来越向城市集中,城市规模也越来越大。在某种程度上,城市化水平的高低成为现代化水平的一个重要标志。近 20 年来,我国城市化的进程大大加快,目前全国的城市化水平为 31%,到 2010 年将为 45%,预计到 2020 年将达到 60%左右。城市化进程加快的重要特征是城市人口膨胀、地表不透水面积增加。这使得城市资源、环境等各方面全面紧张,尤其是城市水环境问题更为突出。城市人口稠密,垃圾量大,加之城市大部分区域由原来的透水性地面变成不透水地面,使降雨径流响应时间缩短、径流系数显著提高,加剧了点源污染和面源污染,从而使城市水环境严重恶化。

二、环境水力学的发展

由上小节知,伴随着人类的经济活动,大量有害于人类和其他生物生息的生活污水、工业废水等未经充分处理而直接排入河流、湖泊、海洋和土壤,使地表水和地下水等天然水体受到严重污染,从而又将制约着人类社会的可持续发展。因此,水环境保护和水资源的可持续利用,已成为当今世界面临的主要任务之一。环境水力学(environmental hydraulics)就是适应水环境保护的需要而发展起来的,于 20 世纪 70 年代已逐步形成为水力学的一个重要分支学科,同时又是一门交叉学科,其内涵较丰富,主要包括污染物在水体中的扩散、迁移及转化规律以及水生物与水流之间的相互关系等。她是水力学与环境科学、环境工程、水利工程、生态学等学科相互交叉、相互渗透的产物,是进行水质评价、水质预报、水生态修复等水环境问题的理论基础。

环境水力学产生 30 多年来,其发展速度是惊人的,无论从深度还是广度,都十分迅速。国际水利研究协会(International Association for Hydraulic Research,IAHR),成立了环境水力学组,中国水利学会水力学专业委员会也成立了环境水力学组。在国外,传统的土木工程系纷纷更名为土木与环境工程系,增设了与环境有关的课程,如环境水力学、水环境数学模型等。国内许多大学、科研单位设立了环境水力学研究机构,开始招收环境水力学研究方向的硕士、博士学位研究生。实际上,我国对环境水力学中的一些课题,诸如火电厂的冷却水问题(水利水电科学研究院 1959)、河口的盐水入侵问题(南京水利科学研究所 1964)等,早在 20 世纪50~60 年代就开始进行了研究。随着我国工农业的迅速发展以及城市化进程的加快,水环境保护问题也愈加迫切,因此,自 20 世纪 70 年代起,对环境水力学的各个领域,都相继开始进行研究。为了适应环境水力学研究的蓬勃发展,IAHR 每两年要召开一次环境水力学国际研讨会,并出版环境水力学会议论文集;中国水利学会水力学专业委员会每两年也召开一次全国性的环境水力学学术会议,及时了解学科发展动态和方向,增进国内同仁的学术交流,正式出版环境水力学会议论文集。

近30年来,国际上权威性的水力学刊物,如 IAHR 的《Journal of Hydraulic Research》,ASCE(美国土木工程师学会,American Society of Civil Engineers)的《Journal of Hydraulic Engineering》等增加了环境水力学方面的文章,ASCE 新增了《Journal of Environmental Engineering》,IAHR 在《Journal of Hydraulic Research》中新增了环境水力学专辑。与此同时,国内相应刊物中环境水力学方面文章的比例也大大增加。随着环境水力学的进一步发展,我国相继出版了几本环境水力学方面的教材,较早的有香港大学李行伟(Joseph Hun-Wei Lee 1981)的《Theory of Buoyant Jets and Its Environmental Applications》、成都科技大学赵文谦(1986)的《环境水力学》、河海大学张书农(1988)的《环境水力学》、武汉水利电力大学徐孝平(1991)的《环境水力学》、清华大学余常昭(1992)的《环境流体力学导论》等。另外,还出版了与环境水力学相关的一些著作,如西安理工大学沈晋、沈冰等(1992)的《环境水文学》、武汉水利电力大学李炜、槐文信(1997)的《浮力射流的理论及应用》以及李炜(1999)主编的《环境水力学研究进展》等。在国外,如德国卡尔斯路赫(Karlsruhe)大学罗迪(W. Rodi 1982)主编的《Turbulent Buoyant Jets and Plumes》,德国斯图加特(Stuttgart)大学 W. 金士博(Kinzelbach 1987)的《水环境数学模型》,美国路易斯安那(Louisiana)州立大学辛格(V. P. Singh)和瑞士联邦理工学院(Swiss Federal Institute of Technology)哈格(W. H. Hager 1996)主编的《Environmental Hydraulics》等。

1-2 水环境基本概念

一、点源污染与非点源污染

由人类活动所产生的污染物给地表水造成的污染可大致分为点源污染和非点源(面源)污染。

1. 点源污染

点源污染又可进一步分为连续点源污染和瞬时点源污染。工业废水、城市生活污水的排放是典型的连续点源污染源,如位于富春江上游的某造纸厂,每天向富春江排放 1000 吨污水。瞬时点源污染,如江都市一油轮在京杭大运河泄漏 350 吨 90♯汽油;2002 年 12 月 27 日,一艘装满高浓度氯化钠的驳船在武汉长江二桥附近水域突然断裂,驳船内的 350 吨高浓度氯化钠则全部流入长江;2001 年 9 月 4 日,一安徽籍船舶往湖北武穴市运送工业用硫酸,行至长江武穴水域三八闸处时沉没,船上所载的 158 吨硫酸全部溢出倾入江中,造成江面污染;2002 年 12 月 11 日,一辆大货车在广西金秀瑶族自治县七建乡至三角乡途中翻下约 60 米高的山坡滑入河道,车上装载的 100 桶共 20 吨三氧化二砷(俗称砒霜),有 33 桶(约 7 吨)跌入河道,其中 30 桶不同程度的破损,少量砒霜散落河水中。

工矿企业在生产过程中所排放的废水、污水、废液等都通称为工业废水。工业废水是水污染的主要污染源。它的特点是量大、种类繁多、成分复杂、毒性强、净化处理也较困难。按其成分大体可分为三大类:

(1) 含无机物的废水:包括冶金、建材、化工无机酸碱生产的废水。

(2) 含有机物的废水:包括食品工业、塑料工业、炼油和石油化工以及皮毛工业的废水等。

(3) 含有大量的有机物,同时又含有大量无机物的废水:如焦化厂、氮肥厂、合成橡胶厂、制药厂、制革厂、造纸厂、人造纤维厂等排出的废水。

随着城市化进程的加快,城市生活污水的排放量越来越大。其来源除家庭生活污水外,还有各种企事业单位等排出的污水。一般所谓城市污水是指排入城市污水管网的各种污水的综合,有生活污水,也有一定量的工业废水。

2. 非点源污染

非点源污染包括农业非点源污染和城市非点源污染。农田施用的化肥、农药除被农作物吸收一小部分外,大部分残留在农田的土壤中,然后随农田排水和降雨径流进入河流、湖泊,对水体造成污染。随着现代化农业和畜牧业的发展,特别是大型饲养场的增加,各种废弃物的排放,也会造成河流、湖泊等水体的污染。城市非点源污染包括工厂排放的煤烟、机动车辆排放的废气、街道粉尘、各种生活垃圾、工业废弃物、重金属、杀虫剂、车辆轮胎磨损产生的碎屑、车辆漏油和废机油、建筑材料以及各种有害有毒物质等。这些污染物平时悬浮在大气中或散布在城区街道和建筑物上,降雨时则随径流运动,汇入水体造成污染。

二、水质度量指标

1. 污染物浓度

评价水环境质量时,污染物在水中的浓度是一个重要的指标,常用 mg/L, ppm, ppb 来表示。ppm 是英文 parts per million 的缩写,意为百万分之一。看起来像是非常小的数量,但其效力却如此之大,以其微小药量就能引起体内的巨大变化。在动物实验中,发现百万分之三,即 3ppm 的药量能阻碍心肌里一个重要酶的活动,仅 5ppm 就能引起干细胞的坏死。

2. 溶解氧

顾名思义,溶解氧指溶解在水中的氧,以 DO(dissolved oxygen)表示,它是衡量水质的一个重要参数。因缺少氧的水一般含有机物质较多,通过测定溶解氧可间接求出水被有机物质污染的程度。

在一定温度和压力下水能溶解氧气的最大值称为饱和溶解氧,它与水温和压力有关,水温越低,饱和溶解氧越大;在同一温度下,饱和溶解氧随水压力增大而提高。图 1-1 是在标准大气压下水的饱和溶解氧 O_S 随温度 T 的变化关系。

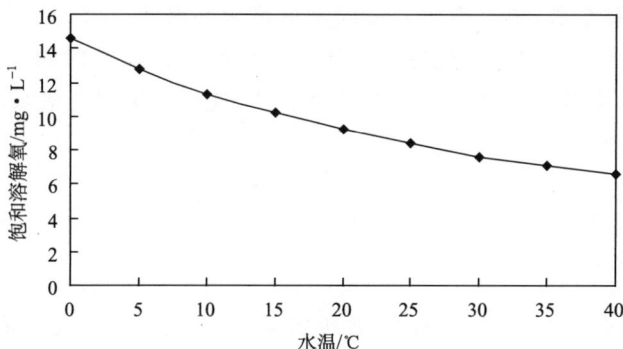

图 1-1　标准大气压下水的饱和溶解氧

标准大气压下饱和溶解氧亦可按下面公式计算:

$$O_S = 14.54 - 0.39T + 0.01T^2 \tag{1-1}$$

或

$$O_S = \frac{468}{31.6 + T} \tag{1-2}$$

式中,T 为水温,以℃计;饱和溶解氧 O_S 以 mg/L 计。

当水中溶解氧的实际值低于饱和值时,大气中的氧就会溶解于水。在正常情况下,清洁的地表水中溶解氧接近饱和状态。水中溶解氧是维持水生态和有机物进行分解的条件,许多鱼类在溶解氧为 3～4mg/L 时,就难以生存。

3. 生化需氧量

废水中的有机物在好气菌的作用下分解变为简单的无机物如二氧化碳、水及硝酸盐之类,在分解过程中需要消耗氧气。由生化分解而需要消耗的氧气量称为生化需氧量,以 BOD(biochemical oxygen demand)表示。BOD 值越高,说明有机物含量越多,因此 BOD 值可用以反映水受有机物污染的程度。

各种有机物经过完全的生物氧化分解所经历的时间很长(约 100 天),因此进行试验耗时太多,目前统一规定把 20℃ 水温下通过 5 天生化作用消耗的氧气作为度量标准,故称 5 日生化需氧量,以 mg/L 计。5 日生化需氧量 BOD_5 与最终生化需氧量 L 之间存在下面的近似关系

$$L = 1.46BOD_5 \qquad (1-3)$$

水体内由于生化分解的持续进行,有机物逐渐被降解,相应的生化需氧量也随着减少。生化需氧量随时间而减少的速率可用下式表示

$$\frac{\mathrm{d}L}{\mathrm{d}t} = -K_1 L \qquad (1-4)$$

式中,K_1 为耗氧系数,负号表明 L 随时间的增大而减小。式(1-4)表明,耗氧速率与水中残留的生化需氧量成比例。由于生化分解速度随温度的升高而加快,所以 K_1 值也将随温度升高而增大。根据试验结果,温度为 T 时耗氧系数 K_1^T 与温度为 20℃ 的耗氧系数 K_1^{20} 之间的关系为

$$K_1^T = K_1^{20} \times 1.042^{T-20} \qquad (1-5)$$

4. 化学需氧量

化学需氧量指氧化水中有机物所需要的氧量,表示水中有机物含量,以 COD(chemical oxygen demand)表示。

三、水污染与自净过程

污染物进入水体后的迁移、扩散和转化,是通过污染物与水体之间相互产生复杂的物理、化学、生物等作用而变化的,整个过程取决于污染物的特性和受纳水体的背景条件。

水污染过程的物理作用是指污染物进入水体后只改变其物理性状、空间位置,而不改变其化学性质、不参与生化作用的过程,如污染物在水中的分子扩散、紊动扩散及随流输运,污染物向底质的沉淀、累积过程,底质被水流冲刷的移动过程等。水污染过程的化学作用是指污染物进入水体后,发生了化学性质或形态、价态上的转化,水质发生了化学性质的变化。水污染过程的生物作用是指污染物通过生物的生理生化作用及食物链的传递过程中发生的生物特有的生命作用过程,如分解作用、转化作用及富集作用。这些作用普遍存在于有水生物的地表水体中,既可以将有害污染物净化为无害物质,又可以将一种有害物转化为另一种有害物,还可以将水中微量污染物浓缩富集千百万倍以上而达到使生物、人体致害的程度。

水体自净作用是指进入水体中的污染物浓度随时间和空间的变化而降低的现象。自然界各种水体本身都有一定的自净能力,按其作用机制可分为三种类型:①物理净化:污染物通过稀释、扩散、混合、沉淀等作用使浓度降低;②化学净化:通

过水体的氧化还原、酸碱反应、分解化合、吸附凝聚等作用,使污染物的存在形态发生变化而降低其浓度;③生物净化:通过水体中的水生物、微生物的生命活动,使污染物的存在状态发生变化而降低其浓度。

在河流水体自净过程中,当有机物耗氧使水中溶解氧下降到饱和浓度以下时,水体就从大气中吸收氧气,以补充氧气的消耗,这一吸收氧气的过程称为“复氧过程”。另外,河流水体中水生植物的光合作用放出的氧也会使水体中的溶解氧增加。因此,水中溶解氧的变化,反映了水中有机物的净化过程,所以把溶解氧作为水体自净的一个指标。

根据耗氧作用和复氧作用的综合效应,沿河流纵剖面可以绘出一条溶解氧下垂曲线,简称氧垂曲线,它是溶解氧亏值随时间而变化的轨迹,如图 1-2 所示。图中 D 为氧亏值,表示饱和溶解氧 O_S 与当前溶解氧 O 的差值,即

$$D = O_s - O \qquad (1\text{-}6)$$

图中溶解氧既可用实际数量表示,也可用占饱和溶解氧的百分数表示,横坐标为时间 t。由图可知,耗氧速率开始时最大,以后逐渐减小而趋于零;复氧速率开始时为零,以后随亏氧量增大而加大。耗氧作用使水中溶解氧在某一时刻降到最低点,此点称为临界点。在临界点以后,复氧作用渐占优势,使水中溶解氧开始上升。

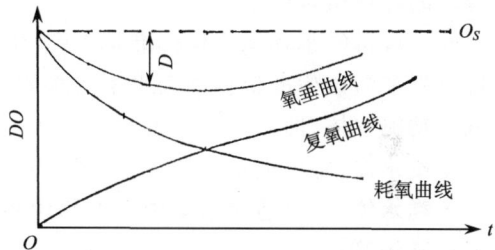

图 1-2　耗氧、复氧和氧垂曲线

四、水环境质量标准

环境质量标准,是为了保护人体健康与正常的生活和工作条件、防止生态系统的破坏而制定的各种污染物在环境中的最高容许浓度或限值。制定环境质量标准的基本原则为:

(1) 要保护人体健康和生态系统不被破坏。由于污染物对人及生物的影响与污染物的种类、浓度、作用时间等有关,因此在制定环境质量标准之前,先要结合毒理学试验、流行性疾病调查等,总结出污染物浓度、作用时间与环境效应之间的相关性,即环境基准。环境基准是科学实验与社会调查研究的结果,它反映的是当时的科学技术水平,没有法律效力。在环境基准的基础上,由政府有关部门根据本国的经济、技术条件和环境状况作出法律性的规定,即环境质量标准。世界卫生组织(WHO)在总结各国资料的基础上,提出了一系列污染物的卫生标准,它是世界各国制定环境质量标准的基本依据。

(2) 要合理协调与平衡实现环境质量标准所付出的代价和收到效益之间的关系。也就是说,所制定的环境质量标准必须与现实的经济、技术条件相适应。如果

标准定得过高,超过现实经济、技术条件的可能性,再好的标准也是无法实现的。反之,如果只迁就经济、技术条件,任意降低环境质量标准,则达不到保护人体健康和维持生态平衡不被破坏的目的。因此,在制定环境质量标准时,必须对实现标准所付出的代价和收到的效益进行分析比较,力求以尽可能小的代价换取最高的效益。

(3)要考虑地区的差异。对于国土辽阔的国家来说,由于各地区的自然环境、人群结构和数量、生态系统的结构和功能都有很大的差异,不同地区的经济、技术条件也不相同。因此,除了国家的环境质量标准外,各地方还要因地制宜地制定出各地区的环境质量标准。

我国现行的水环境质量标准是 1988 年 6 月 1 日颁布的 GB3838-88《地面水环境质量标准》,该标准根据地表水不同水域使用目的和保护目标,将地面水域划分为五类功能水体,即

Ⅰ类水体:主要适用于源头水、国家自然保护区;

Ⅱ类水体:主要适用于集中式生活用水水源地一级保护区、珍贵鱼类保护区、鱼虾产卵场等;

Ⅲ类水体:主要适用于集中式生活用水水源地二级保护区、一般鱼类保护区及游泳区;

Ⅳ类水体:主要适用于一般工业用水区及人体非直接接触的娱乐用水区;

Ⅴ类水体:主要适用于农业用水区及一般景观要求水域。

同一水域兼有多类功能的,依最高功能划分类别。有季节性功能的,可分季划分类别。

在上述分类的基础上,规定了对于不同类别功能水体的 30 个参数的浓度限值(见附录 3),并规定不得用一次监测值作为依据来判别水环境质量。标准值单项超标,即表明使用功能不能保证。危害程度应参考背景值及水生物调查数据,硬度修正方程及有关基准资料综合评价。

1-3　本课程概貌

环境水力学的内涵较为丰富,涉及的知识面也较广。为使读者学完本课程后,能够掌握环境水力学的基本概念、基本理论以及基本的研究方法,本课程在内容的安排上力求做到由浅入深和重点突出。具体地讲,本课程具有以下三个特点:

(1)由浅入深、循序渐进。为使读者既能获得较坚实的环境水力学基础知识,又能了解最新研究进展,本课程从点源污染讲到非点源污染;从瞬时源讲到连续源;从基本的动量射流讲到羽流、浮射流;从最基本的费克扩散讲到紊动扩散、随流输运及剪切离散;在污染物的类型上,由示踪物讲到有机污染物,进而到难降解物

质;从地表水污染讲到地下水污染;由恒定一维问题入手,推广到非恒定三维问题;研究对象由无生命组分进入有生命组分等。

(2)重点突出、难易得当。重点讲述污染物迁移、扩散、离散及转化的原理及规律、分层流理论及生态水力学;在问题的数学描述上,给出物理概念清晰的理论解。

(3)理论与实践相结合。为使读者能将所学理论付诸实践,书中列举了一些例题,每章末还附有一定数量的习题。这些例题和习题旨在扩充和加深所学内容,提高解决实际问题的能力。

本课程内容共分八章,现概括如下:

首先,在第一章讲述环境水力学的发展概况、水环境污染问题的基本概念以及本门课程的概貌。

其次,在第二章从基本的费克定律出发,讲述无限空间中的瞬时源扩散及连续源扩散,进而讲到有边界影响的有界扩散;在扩散迁移的形式上,从分子扩散、到紊动扩散,再到随流扩散;在扩散分析的方法上,介绍分子扩散的随机游动理论、紊动扩散的拉格朗日法及欧拉法、岸边排放和中心排放情形污染带的计算方法。

第三章讨论剪切流离散问题,主要包括泰勒对圆管层流离散和圆管紊流离散的分析、艾尔德对明渠剪切流的离散分析及费舍对非恒定剪切流的离散分析。

第四章系统地阐述射流、羽流和浮射流的基本概念、基本特性及基本理论。在数学描述上,既有概念清晰的理论解,又有数值求解的方法及其图表。另外,还介绍多孔扩散器的水力计算方法。

第五章着重介绍几种典型的水质模型。主要包括河流基本的斯佳特-费尔普斯模型(BOD-DO 耦合模型)、河流综合水质模型(QUAL-2 模型)、瓦伦韦德湖泊模型以及湖泊综合水质模型(巴卡-阿奈特湖泊模型)、重金属污染模型。

第六章为地下水污染模型,这部分内容也是环境水力学的重要组成部分。由于大量工业废水、城市生活污水的排放,固体垃圾的填埋、化肥、农药的大量施用以及地下水超采,地下水污染问题已引起人们的普遍关注。本章重点讨论地下水污染的随机模型、黑箱模型以及几种典型弥散问题的解析解。

第七章介绍分层流理论,主要包括:分层渐变流基本方程、分层均匀流、分层非均匀流、内波运动与交界面的稳定性以及选择性取水问题。

第八章介绍水生态环境中的水力学问题,即生态水力学(ecohydraulics),主要讨论以鱼类为主的水生动物的习性和生境的水力特性等内容。

习　　题

1-1:地表水可分为哪几种类型? 并简述其水力特征。

1-2:简述近海水域污染的特点及其危害。

1-3：简述油污染的危害，并举例说明之。

1-4：河流污染有哪些特点？ 常见的污染类型有哪些？

1-5：如何划分河口水流混合的类型？ 并简述河口水流的特点。

1-6：何谓"富营养化"现象？ 试说明其成因，并简述湖泊污染的特点。

1-7：何谓"白色污染"？ 水库遭受污染的类型有哪些？ 其危害有哪些？

1-8：简述地下水污染的原因和特点。

1-9：何谓热污染？ 有哪些危害？

1-10：试分析城市化对城市水环境有哪些影响？

1-11：何谓点源污染、非点源污染？ 试举例说明之。

1-12：污染物浓度常用哪几种表示法？

1-13：解释名词：DO、BOD、COD

1-14：简述水体的自净过程。

第二章 迁移扩散理论

本章从基本的费克定律出发,讲述瞬时源、连续源在无限空间和有限空间中扩散的规律;在扩散迁移的形式上,讲述分子扩散、紊动扩散及随流扩散;在扩散分析的方法上,介绍分子扩散的随机游动理论、紊动扩散的拉格朗日法和欧拉法。

2-1 费克定律与扩散方程

流体扩散可分为分子扩散和紊动扩散。关于分子扩散,研究最早的学者首推英国科学家格雷厄姆(Graham 1833),他曾对气体扩散和液体扩散进行开拓性实验。他曾用图 2-1 所示的实验装置进行扩散实验。图中的玻璃管内装有氢气,上面有一个灰泥塞子,下端插入水内。管内氢气通过塞子向管外扩散,外面的空气通过塞子向管内扩散,但氢气的扩散比空气为快,玻璃管端的水面就会逐渐上升。格雷厄姆为了避免压差在扩散过程中有所变化,他不断地把玻璃管往下放,以保持水面不变。因此,格雷厄姆的实验是在等压情况下,而不在等容情况下进行的。他的实验结果就是玻璃管内的容积变化,这个容积变化表征了管内气体的扩散特性,得出容积的变化与气体密度的平方根成比例。另外,格雷厄姆还进行了液体扩散的实验,他得到液体扩散比气体扩散至少要慢几百倍。他还发现扩散现象是一个逐渐减小的过程。格雷厄姆(Graham 1850)进一步的研究认为,扩散与扩散溶液中的含盐量成正比。费克(Fick 1855)是位德国医生,他认为数、理、化对医学很重要,他的研究方向主要在生理学、血液流变学及生物力学等方面。他的两篇有关扩散的论文都发表于 1855 年。在他的第一篇论文里,整理了格雷厄姆的实验,同时提出了他对扩散现象的基本思想:溶质的扩散完全取决于分子的特性,并服从热量在导体中传导的定律。换句话说,扩散可用热传导中的傅里叶定律或电传导中的欧姆定律同样的数学形式来描述。在他的第二篇论文里,费克用比拟于傅里叶(Fourier 1822)定律的方法,提出了下面的数学表达式,即

$$P = -D \frac{\partial C}{\partial x} \tag{2-1}$$

上式称为费克第一定律,它表示扩散物质在给定方向每秒钟通过单位面积的输送率与该方向的浓度梯度成比例。式中,C 为扩散物质的浓度;P 为扩散物质沿 x 方向的输送率;D 为分子扩散系数,常见的几个分子扩散系数如表 2-1 所示。式中负号表示扩散物质从高浓度处向低浓度处输移。

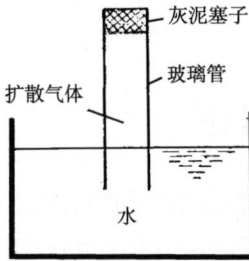

图 2-1　格雷厄姆的气体扩散装置

表 2-1　分子扩散系数表

扩散物质	分子扩散系数 $D/\mathrm{cm}^2 \cdot \mathrm{s}^{-1}$
空气中的 CO_2	0.137
空气中的水蒸气	0.22
空气中的碳氢化合物	0.05～0.08
水中的 CO_2	1.8×10^{-5}
水中的氮气	2.0×10^{-5}
水中 NaCl	1.24×10^{-5}

若在静止液体中注入扩散物质(如有色溶液)将向四周扩散。若在液体中划出一微元六面体,其边长分别为 $\mathrm{d}x, \mathrm{d}y$ 及 $\mathrm{d}z$ 如图 2-2 所示,则在 $\mathrm{d}t$ 时段内,在 x 方向扩散物质进入六面体的量为 $P \mathrm{d}y \mathrm{d}z \mathrm{d}t$,流出六面体的量为 $\left(P + \dfrac{\partial P}{\partial x} \mathrm{d}x\right) \mathrm{d}y \mathrm{d}z \mathrm{d}t$,所以扩散物质在 x 方向进出量之差为

$$-\frac{\partial P}{\partial x}\mathrm{d}x\mathrm{d}y\mathrm{d}z\mathrm{d}t = \frac{\partial}{\partial x}\left(D\frac{\partial C}{\partial x}\right)\mathrm{d}x\mathrm{d}y\mathrm{d}z\mathrm{d}t$$

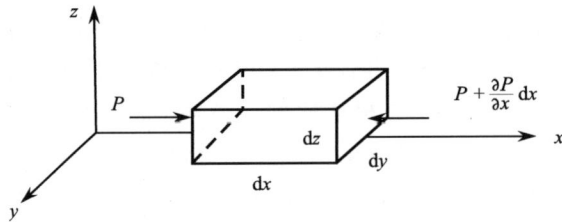

图 2-2　微元六面体扩散物质变化

同理,在 y 方向进出量之差为

$$\frac{\partial}{\partial y}\left(D\frac{\partial C}{\partial y}\right)\mathrm{d}x\mathrm{d}y\mathrm{d}z\mathrm{d}t$$

在 z 方向进出量之差为

$$\frac{\partial}{\partial z}\left(D\frac{\partial C}{\partial z}\right)\mathrm{d}x\mathrm{d}y\mathrm{d}z\mathrm{d}t$$

此时六面体内扩散物质的变化量为 $\dfrac{\partial C}{\partial t}\mathrm{d}x\mathrm{d}y\mathrm{d}z\mathrm{d}t$。由物质守恒定律,进出六面体扩散物质的差值应与六面体内扩散物质的变化量相等,即

$$D\left(\frac{\partial^2 C}{\partial x^2} + \frac{\partial^2 C}{\partial y^2} + \frac{\partial^2 C}{\partial z^2}\right)\mathrm{d}x\mathrm{d}y\mathrm{d}z\mathrm{d}t = \frac{\partial C}{\partial t}\mathrm{d}x\mathrm{d}y\mathrm{d}z\mathrm{d}t$$

即

$$\frac{\partial C}{\partial t} = D\left(\frac{\partial^2 C}{\partial x^2} + \frac{\partial^2 C}{\partial y^2} + \frac{\partial^2 C}{\partial z^2}\right) \tag{2-2}$$

上式称为费克第二定律。

　　以上讨论的是在静止流体中的分子扩散,若流体是流动的,则扩散物质不但有分子扩散,而且还有随流输运。若在流场中划出一边长为 dx, dy, dz 的微元六面体,则经 dt 时段沿 x 方向扩散物质随流流进六面体的量为 $Cu\,dydzdt$,随流流出六面体的量为

$$\left[Cu + \frac{\partial}{\partial x}(Cu)dx\right]dydzdt$$

由分子扩散沿 x 方向流进六面体的量为 $Pdydzdt$,流出的量为 $\left(P+\frac{\partial P}{\partial x}dx\right)dydzdt$,故沿 x 方向进出总量之差为

$$-\left[\frac{\partial}{\partial x}(Cu) + \frac{\partial P}{\partial x}\right]dxdydzdt = -\frac{\partial}{\partial x}\left(Cu - D\frac{\partial C}{\partial x}\right)dxdydzdt$$

同理,沿 y 方向的进出总量之差为

$$-\frac{\partial}{\partial y}\left(Cv - D\frac{\partial C}{\partial y}\right)dxdydzdt$$

沿 z 方向的进出总量之差为

$$-\frac{\partial}{\partial z}\left(Cw - D\frac{\partial C}{\partial z}\right)dxdydzdt$$

在 dt 时段内,由于浓度 C 的变化,六面体内扩散物质的变化量为 $\frac{\partial C}{\partial t}dxdydzdt$。由物质守恒定律,六面体内扩散物质的变化量应等于进出六面体总量之差,由此可得

$$\frac{\partial C}{\partial t} + \frac{\partial}{\partial x}(Cu) + \frac{\partial}{\partial y}(Cv) + \frac{\partial}{\partial z}(Cw) = D\left(\frac{\partial^2 C}{\partial x^2} + \frac{\partial^2 C}{\partial y^2} + \frac{\partial^2 C}{\partial z^2}\right) \tag{2-3}$$

上式称为迁移扩散方程,通常简称为扩散方程。

2-2　瞬时源扩散

　　瞬时源扩散是指扩散物质(如污染物)在某一瞬间投入水体发生的扩散,如油轮失事、运送化学药品的船舶失事等。在静止液体中,污染物的扩散只有分子扩散。今考虑点源、线源及面源在无限空间中的扩散,即污染物的扩散不受边界的影响。对于这种情形,可求出污染物扩散的解析解。本节主要讨论瞬时源在静止液体中的一维、二维、三维分子扩散及其在流动水体中的随流迁移(输运)。

一、瞬时源一维扩散

如图 2-3 所示，管道中充满水，没有流动。在管道某一断面瞬间投放扩散物质。设投放的扩散物质的质量为 M，分子扩散系数为 D。管道内某一点的浓度 C 可表示成

$$C = f(M, D, x, t) \tag{2-4}$$

由量纲分析得

$$C(x, t) = \frac{M}{\sqrt{4\pi Dt}} f\left(\frac{x}{\sqrt{4Dt}}\right) \tag{2-5}$$

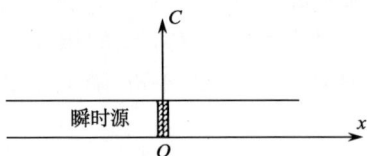

图 2-3　瞬时源一维扩散示意图

令 $\eta = \dfrac{x}{\sqrt{4Dt}}$，则

$$C = \frac{M}{\sqrt{4\pi Dt}} f(\eta) \tag{2-6}$$

$$\frac{\partial C}{\partial t} = -\frac{M}{2} \frac{1}{\sqrt{4\pi Dt}} \frac{1}{t}\left(f + \eta\frac{\mathrm{d}f}{\mathrm{d}\eta}\right) \tag{2-7}$$

$$\frac{\partial^2 C}{\partial x^2} = \frac{M}{4Dt\sqrt{4\pi Dt}} \frac{\mathrm{d}^2 f}{\mathrm{d}\eta^2} \tag{2-8}$$

一维扩散方程为

$$\frac{\partial C}{\partial t} = D\frac{\partial^2 C}{\partial x^2} \tag{2-9}$$

将式(2-7)、(2-8)代入扩散方程得

$$\frac{d^2 f}{\mathrm{d}\eta^2} + 2\eta\frac{\mathrm{d}f}{\mathrm{d}\eta} + 2f = 0 \tag{2-10}$$

亦即

$$\frac{\mathrm{d}}{\mathrm{d}\eta}\left(\frac{\mathrm{d}f}{\mathrm{d}\eta} + 2\eta f\right) = 0 \tag{2-11}$$

上式的通解和特解可分别写成

$$\frac{\mathrm{d}f}{\mathrm{d}\eta} + 2\eta f = \mathrm{const} \tag{2-12}$$

$$\frac{\mathrm{d}f}{\mathrm{d}\eta} + 2\eta f = 0 \tag{2-13}$$

解此常微分方程，得

$$f(\eta) = A\exp(-\eta^2) \tag{2-14}$$

将式(2-14)代入式(2-6)，得

$$C = \frac{M}{\sqrt{4\pi Dt}} A\exp(-\eta^2) \tag{2-15}$$

又

$$M = \int_{-\infty}^{\infty} C \mathrm{d}x = \int_{-\infty}^{\infty} \frac{M}{\sqrt{4\pi Dt}} A \exp(-\eta^2) \mathrm{d}x$$

$$= \int_{-\infty}^{\infty} \frac{MA}{\sqrt{\pi}} \exp\left(-\frac{x^2}{4Dt}\right) \mathrm{d}\left(\frac{x}{\sqrt{4Dt}}\right) = MA \qquad (2\text{-}16)$$

从而可得 $A = 1$。上式中用到 $\int_{-\infty}^{\infty} \exp(-\xi^2) \mathrm{d}\xi = \sqrt{\pi}$。将 A 值代入式(2-15)，得浓度分布

$$C(x,t) = \frac{M}{\sqrt{4\pi Dt}} \exp\left(-\frac{x^2}{4Dt}\right) \qquad (2\text{-}17)$$

上式表明，瞬时源的一维扩散符合正态分布规律。

二、瞬时源二维、三维扩散

若瞬时源投放于宽浅的河流或湖泊上，则污染物的浓度分布可由二维扩散方程解答，即

$$\frac{\partial C}{\partial t} = D_x \frac{\partial^2 C}{\partial x^2} + D_y \frac{\partial^2 C}{\partial y^2} \qquad (2\text{-}18)$$

设浓度

$$C(x,y,t) = C_1(x,t) \cdot C_2(y,t) \qquad (2\text{-}19)$$

将式(2-19)代入扩散方程得

$$C_1 \frac{\partial C_2}{\partial t} + C_2 \frac{\partial C_1}{\partial t} = D_x C_2 \frac{\partial^2 C_1}{\partial x^2} + D_y C_1 \frac{\partial^2 C_2}{\partial y^2} \qquad (2\text{-}20)$$

整理得

$$C_1\left(\frac{\partial C_2}{\partial t} - D_y \frac{\partial^2 C_2}{\partial y^2}\right) + C_2\left(\frac{\partial C_1}{\partial t} - D_x \frac{\partial^2 C_1}{\partial x^2}\right) = 0 \qquad (2\text{-}21)$$

$$C = C_1 \cdot C_2 = \frac{M}{4\pi t} \exp\left(-\frac{x^2}{4D_x t} - \frac{y^2}{4D_y t}\right) \qquad (2\text{-}22)$$

其中，$M = \int_{-\infty}^{\infty} \int_{-\infty}^{\infty} C(x,y,t) \mathrm{d}x \mathrm{d}y$。

对于瞬时源的三维扩散，即从一点投入扩散物质(污染物)在三维空间的扩散，采用三维扩散方程

$$\frac{\partial C}{\partial t} = D_{ii} \frac{\partial^2 C}{\partial x_i \partial x_i} \qquad (2\text{-}23)$$

应用与求解二维扩散方程类似的方法，可得瞬时源三维扩散的解

$$C(x,y,z,t) = \frac{M}{8(\pi t)^{3/2} \sqrt{D_x D_y D_z}} \exp\left(-\frac{x^2}{4D_x t} - \frac{y^2}{4D_y t} - \frac{z^2}{4D_z t}\right) \quad (2\text{-}24)$$

式中，$M = \iiint C \mathrm{d}x \mathrm{d}y \mathrm{d}z \mathrm{d}t$。

三、瞬时源随流扩散

前面所讨论的是假定水体处于静止状态，污染物只有分子扩散。若水体处于流动状态，则水体中不仅有分子的扩散输运，而且还有对流输运。采用动坐标系，即坐标随水流一起运动，这样可把随流扩散问题变为前述的纯扩散问题。

在老坐标系中的空间坐标可表示成

$$x = x' + \bar{u}\, t \tag{2-25}$$

其中，$\bar{u}$ 为平均流速。在新坐标系中，任一点的坐标可表示成

$$x' = x - \bar{u}\, t \tag{2-26}$$

将式（2-26）代入纯扩散情形瞬时源一维扩散的解，得

$$C = \frac{M}{\sqrt{4\pi Dt}} \exp\left[-\frac{(x - \bar{u}\, t)^2}{4Dt}\right] \tag{2-27}$$

对于二维情形，可得

$$C = \frac{M}{4\pi Dt} \exp\left[\frac{-(x - \bar{u}\, t)^2 - y^2}{4Dt}\right] \tag{2-28}$$

对于三维情形，有

$$C = \frac{M}{(4\pi Dt)^{3/2}} \exp\left[\frac{-(x - \bar{u}\, t)^2 - y^2 - z^2}{4Dt}\right] \tag{2-29}$$

例 2-1　一废弃的采石场集水后形成水池，形状为矩形，池底面积为 200m× 200m，水深为 50m。附近一家企业将含有有害物质的废水排入池底，总计有害物质为 4000kg，设有害物质在池底均匀分布，池底及池壁对该物质完全不吸收，物质在水体中的扩散系数为 1.0cm²/s，试估算一年之后池面有害物质浓度。

解：可看作瞬时面源一维扩散问题。因底部完全不吸收，由底部沿垂向的扩散浓度为

$$C = \frac{2M}{\sqrt{4\pi Dt}} \exp\left(-\frac{x^2}{4Dt}\right)$$

式中，x 为自池底量起的距离，取

$$x = 50\mathrm{m}, \qquad t = 365 \text{ 天}, \qquad D = 1.0\mathrm{cm}^2/\mathrm{s} = 8.64\mathrm{m}^2/\text{天},$$

$$M = \frac{4000}{A} = \frac{4000}{200 \times 200} = 0.1\mathrm{kg/m}^2$$

代入公式得一年后水面处有害物质浓度为

$$C = \frac{2 \times 0.1}{\sqrt{4 \times 3.14 \times 8.64 \times 365}} \exp\left(-\frac{50 \times 50}{4 \times 8.64 \times 365}\right) = 0.82 \times 10^{-3} \mathrm{kg/m}^3$$

当 $x=0$ 时,可算得底部一年后的浓度为

$$C = 0.001\text{kg/m}^3$$

由于水面处浓度相对于底部浓度较大,需要考虑水面的反射作用。在距水面以下 50m 处设一虚源,其浓度和池底浓度相同,若只计一次反射,此虚源扩散至水面时的浓度为

$$C = 0.82 \times 10^{-3}\text{kg/m}^3$$

故一年后水面处真实浓度 $C=1.64\times 10^{-3}\text{kg/m}^3$。

2-3　连续源扩散

连续源是指扩散物质(如示踪物、污染物)的排放持续一定的时间。常见的连续源的排放形式有:等强度连续点源、变强度连续点源及分布连续源。示踪物(污染物)在水体中的扩散可分为一维、二维、三维扩散及随流扩散。本节主要讨论等强度连续点源的扩散、变强度连续点源的扩散以及分布连续源的扩散。

一、等强度连续点源的一维扩散

连续点源等强度排放是指示踪物(污染物)的排放浓度不随时间变化。现考察排放浓度不变的一维扩散,现在推求其浓度分布 $C(x,t)$:

一维扩散方程　　　$\dfrac{\partial C}{\partial t} = D\dfrac{\partial^2 C}{\partial x^2}$　　　　　　　　　(2-30)

初始条件　　$t=0$,　　　$C|_{|x|>0}=0$　　　　　　　(2-31)

边界条件　　$x=0$,　　　$C|_{t>0}=C_0$(投放浓度)　　　(2-32)

由量纲分析,组成无量纲变量 $\dfrac{x}{\sqrt{Dt}}$

设浓度分布

$$C(x,t) = C_0\varphi\left(\frac{x}{\sqrt{Dt}}\right) \tag{2-33}$$

令 $\xi=\dfrac{x}{\sqrt{Dt}}$,则

$$C = C_0\varphi(\xi) \tag{2-34}$$

$$\frac{\partial C}{\partial t} = C_0\frac{\mathrm{d}\varphi}{\mathrm{d}\xi}\frac{\partial \xi}{\partial t} \tag{2-35}$$

考虑到 $\dfrac{\partial \xi}{\partial t} = -\dfrac{1}{2t}\dfrac{x}{\sqrt{D}} = -\dfrac{\xi}{2t}$,有

$$\frac{\partial C}{\partial t} = -\frac{C_0}{2t}\xi\frac{\mathrm{d}\varphi}{\mathrm{d}\xi} \tag{2-36}$$

$$\frac{\partial C}{\partial x} = C_0\frac{\mathrm{d}\varphi}{\mathrm{d}\xi}\frac{\partial \xi}{\partial x}, \qquad \frac{\partial^2 C}{\partial x^2} = C_0\left(\frac{\mathrm{d}\varphi}{\mathrm{d}\xi}\frac{\partial^2 \xi}{\partial x^2} + \frac{\partial \xi}{\partial x}\frac{\mathrm{d}^2\varphi}{\mathrm{d}\xi^2}\frac{\partial \xi}{\partial x}\right) \tag{2-37}$$

$$\frac{\partial \xi}{\partial x} = \frac{1}{\sqrt{Dt}}, \qquad \frac{\partial^2 \xi}{\partial x^2} = 0 \tag{2-38}$$

$$\frac{\partial^2 C}{\partial x^2} = C_0\left(\frac{\partial \xi}{\partial x}\right)^2\frac{\mathrm{d}^2\varphi}{\mathrm{d}\xi^2} = \frac{C_0}{Dt}\frac{\mathrm{d}^2\varphi}{\mathrm{d}\xi^2} \tag{2-39}$$

将式(2-36)、(2-39)代入式(2-30),得

$$\frac{\mathrm{d}^2\varphi}{\mathrm{d}\xi^2} + \frac{1}{2}\xi\frac{\mathrm{d}\varphi}{\mathrm{d}\xi} = 0 \tag{2-40}$$

经变换后,把原来的偏微分方程变为常微分方程。相应的边界条件变为

$$x = 0, \quad \varphi = 1; \qquad x = \infty, \quad \varphi = 0 \tag{2-41}$$

解得 $\varphi = 1 - \mathrm{erf}\left(\dfrac{x}{2\sqrt{Dt}}\right) = \mathrm{erfc}\left(\dfrac{x}{2\sqrt{Dt}}\right)$ $\tag{2-42}$

式中误差函数、余误差函数的定义为

$$\mathrm{erf}(x) = \frac{2}{\sqrt{\pi}}\int_0^z \exp(-z^2)\mathrm{d}z \tag{2-43}$$

$$\mathrm{erfc}(x) = 1 - erf(x) \tag{2-44}$$

最后解得浓度分布

$$\frac{C}{C_0} = \mathrm{erfc}\left(\frac{x}{2\sqrt{Dt}}\right) \tag{2-45}$$

上式表明,等强度连续点源做一维扩散引起的浓度分布符合误差函数规律。

二、等强度连续点源的三维扩散

由 2.2 节知,瞬时点源三维扩散的浓度分布可表示成

$$C(x,y,z,t) = \frac{M}{8(\pi t)^{3/2}\sqrt{D_x D_y D_z}}\exp\left(-\frac{x^2}{4D_x t} - \frac{y^2}{4D_y t} - \frac{z^2}{4D_z t}\right) \tag{2-46}$$

考虑到在静止液体中 $D_x = D_y = D_z = D$,则上式可表示成

$$C(r,t) = \frac{M}{8(\pi Dt)^{3/2}}\exp\left(-\frac{r^2}{4Dt}\right) \tag{2-47}$$

其中,$r^2 = x^2 + y^2 + z^2$。

设单位时间投放的示踪物的量为 m,那么在 τ 时刻、$\mathrm{d}\tau$ 时段内的投放量为

$$\mathrm{d}C = \frac{m\mathrm{d}\tau}{[4\pi D(t-\tau)]^{3/2}}\exp\left[-\frac{r^2}{4D(t-\tau)}\right] \tag{2-48}$$

连续点源可看作许多瞬时点源的叠加,对上式积分可得连续点源三维扩散的浓度分布,即

$$C(r,t) = \int_0^t dC = \int_0^t \frac{m}{[4\pi D(t-\tau)]^{3/2}} \exp\left[-\frac{r^2}{4D(t-\tau)}\right] d\tau \qquad (2\text{-}49)$$

若令 $\eta = \dfrac{r}{[4D(t-\tau)]^{1/2}}$,则 $d\eta = \dfrac{r}{\sqrt{4D}} \dfrac{d\tau}{2(t-\tau)^{3/2}}$。

相应地,$\tau = 0$ 时,$\eta = \dfrac{r}{2\sqrt{Dt}}$;$\tau = t$ 时,$\eta = \infty$。

将这些关系式代入式(2-49),得

$$C(r,t) = \frac{m}{4\pi Dr} \frac{2}{\sqrt{\pi}} \int_{r/2\sqrt{Dt}}^{\infty} \exp(-\eta^2) d\eta = \frac{m}{4\pi Dr} \text{erfc}\left(\frac{r}{2\sqrt{Dt}}\right) \qquad (2\text{-}50)$$

上式表明,等强度连续点源做三维扩散引起的浓度分布符合余误差函数规律。

三、等强度连续点源的随流扩散

采用与瞬时源随流扩散类似的方法,设想观察者随平均流速 $\bar{u}$ 一起运动,这样通过动坐标系可将连续源的随流扩散问题转换成连续源的纯扩散问题。

令 $\lambda = \dfrac{r\bar{u}}{4D}$,由式(2-50)可得

$$C(r,t) = \frac{m}{2rD\pi^{3/2}} \exp\left(\frac{x\bar{u}}{2D}\right) \int_{r/2\sqrt{D\pi}}^{\infty} \exp\left[-\left(\eta^2 + \frac{\lambda^2}{\eta^2}\right)\right] d\eta \qquad (2\text{-}51)$$

若 $t \to \infty$,则 $r/2\sqrt{D\pi} \to 0$,这样式(2-51)中的积分下限为零,并且当 $\lambda > 0$ 时,有

$$\int_0^{\infty} \exp\left[-\left(\eta^2 + \frac{\lambda^2}{\eta^2}\right)\right] d\eta = \frac{\sqrt{\pi}}{2} \exp(-2\lambda) \qquad (2\text{-}52)$$

由此可得连续点源三维随流扩散的浓度分布的表达式

$$C(x,y,z) = \frac{m}{4\pi Dr} \exp\left[-\frac{\bar{u}(r-x)}{2D}\right] \qquad (2\text{-}53)$$

在连续点源下游较远的区域,式(2-53)中的 r 可用下列近似关系代替,即

$$r = \sqrt{x^2 + y^2 + z^2} \approx \left(1 + \frac{y^2 + z^2}{2x^2}\right)x \quad \text{或} \quad r - x \approx \frac{y^2 + z^2}{2x} \text{ 及 } r \approx x$$

$$(2\text{-}54)$$

于是,式(2-53)可化为

$$C(x,y,z) = \frac{m}{4\pi Dx} \exp\left[-\frac{\bar{u}(y^2 + z^2)}{4Dx}\right] \qquad (2\text{-}55)$$

相应地,连续点源二维随流扩散的浓度计算公式可写成

$$C(x,y) = \frac{m}{\bar{u}\sqrt{4\pi Dx/\bar{u}}}\exp\left(-\frac{y^2\bar{u}}{4Dx}\right) \tag{2-56}$$

应当指出,连续点源在明渠水流中扩散的浓度分布随水流流态而异,亦即浓度随水流佛汝德数的变化而呈现不同的分布形态。

四、变强度连续点源的一维扩散

若连续点源的投放浓度是随时间变化的,则称之为变强度连续点源。分析变强度连续点源扩散的基本思想是把连续点源看作由许多强度不等的瞬时源组成,也就是说,在每个微分时段 $\delta\tau$ 投放的示踪物扩散的浓度 δC 可按瞬时源计算,然后再对时间积分以得变强度连续点源扩散的浓度分布。对于一维扩散问题,如图2-4所示,设在 τ 时刻、$d\tau$ 微分时段内投放的示踪物的强度为:$\delta m = f(\tau)d\tau$,则经历 $t-\tau$ 时段的扩散浓度可表示成

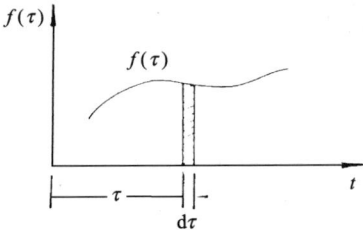

图 2-4 变强度连续点源示意图

$$\delta C = \frac{f(\tau)d\tau}{\sqrt{4\pi D(t-\tau)}}\exp\left[-\frac{x^2}{4D(t-\tau)}\right] \tag{2-57}$$

对上式积分可得整个变强度连续点源扩散时的浓度分布,即

$$C(x,t) = \int_0^t \delta C = \int_0^t \frac{f(\tau)}{\sqrt{4\pi D(t-\tau)}}\exp\left[-\frac{x^2}{4D(t-\tau)}\right]d\tau \tag{2-58}$$

五、分布连续源的一维扩散

若连续源的投放不是集中于一点,而是分布在一定的空间范围内,则称这种排放形式为分布连续源。今考虑分布连续源的一维扩散问题,假定在 x 轴上 $a \leqslant x \leqslant b$ 范围内有一分布连续源,投放的示踪物的强度为时间和空间的函数。在 $x=\xi$ 处取一微元段 $d\xi$,并在 τ 时刻、$d\tau$ 微分时段内投放示踪物的量为 $\delta m = f(\xi,\tau)d\xi d\tau$,则经历 $t-\tau$ 时段在 $x=\xi$ 处的扩散浓度可写成

$$\delta C = \frac{f(\xi,\tau)}{\sqrt{4\pi D(t-\tau)}}\exp\left[-\frac{(x-\xi)^2}{4D(t-\tau)}\right]d\xi d\tau \tag{2-59}$$

对上式积分可得分布连续源做一维扩散的浓度分布,即

$$C(x,t) = \int_a^b\int_0^t \frac{f(\xi,\tau)}{\sqrt{4\pi D(t-\tau)}}\exp\left[-\frac{(x-\xi)^2}{4D(t-\tau)}\right]d\xi d\tau \tag{2-60}$$

例 2-2 有一长直矩形断面明渠,宽 $B=100$m,水深 $h=5$m,断面平均流速 $\bar{u}=0.3$m/s,水流近似为均匀流。设流动方向为 x 轴,横向为 y 轴,若在 $x=0$ 处断面

中心,以强度不变的连续点源投放示踪剂,试问在下游何处水面上可出现岸边浓度 C_b 为中心浓度 C_m 的 40%?

解:已知二维连续点源的浓度计算式为

$$C = \frac{m}{\bar{u}\sqrt{4\pi Dx/\bar{u}}}\exp\left(-\frac{\bar{u}y^2}{4Dx}\right)$$

由 $y=0$ 可得中线浓度 C_m

$$C_m = \frac{m}{\bar{u}\sqrt{4\pi Dx/\bar{u}}}$$

对于岸边浓度的计算,应考虑边界反射的影响。由于对岸的反射影响较之同岸的影响小得多,因而可略去,只考虑同岸的反射,那么岸边浓度 C_b 可表示成

$$C_b = \frac{2m}{\bar{u}\sqrt{4\pi Dx/\bar{u}}}\exp\left[-\frac{\bar{u}(B/2)^2}{4Dx}\right]$$

令 $\dfrac{C_b}{C_m}=0.4$,可得 $\exp\left[-\dfrac{\bar{u}(B/2)^2}{4Dx}\right]=0.2$,解得

$$x = 2428\text{m}$$

即在距投放断面下游约 2428m 处水面上岸边浓度为中心浓度的 40%。

2-4　有限空间的扩散

前面我们讨论了污染物在无限空间中的扩散。实际的受纳水体都是有边界的,如河岸、河床、海岸、湖底等。污染物在受纳水体中扩散至边界时,可能有这样三种情形:一种情形是污染物到达边界后被边界完全吸收;另一种情形是污染物到达边界后被边界完全反射回来;再一种情形是污染物到达边界后,一部分被边界吸收,另一部分则被边界反射。在这三种情形中,前两种属于理想情形,后一种情形在实际中居多。污染物在边界处究竟发生吸收还是反射,主要取决于污染物的种类和边界的特性,其中最不利情形是发生完全反射,本节就完全反射情形做一简单讨论。

一、一侧有边界的一维扩散

设一瞬时平面源向右扩散,如图 2-5 所示,任一点的浓度 $C(x,t)$ 可表示成

$$C(x,t) = \frac{M}{\sqrt{4\pi Dt}}\exp\left(-\frac{x^2}{4Dt}\right)$$

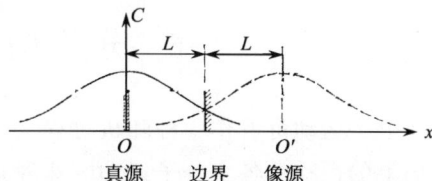

(2-61)　　图 2-5　一侧有边界的一维扩散示意图

今在点 x 处插入一固体壁面,污染物遇到边界有几种情形:被边界完全吸收、完全反射、部分吸收和部分反射,其最不利情形为完全反射。应用物理学中的镜像法,即像源和真源。这样任一点处浓度为真源扩散与像源扩散之和,其数学表达式为

$$C(x,t) = \frac{M}{\sqrt{4\pi Dt}}\exp\left(-\frac{x^2}{4Dt}\right) + \frac{M}{\sqrt{4\pi Dt}}\exp\left[-\frac{(x-2L)^2}{4Dt}\right] \qquad (2\text{-}62)$$

以 $x=L$ 代入上式可得边界上的浓度

$$C(x,t) = \frac{2M}{\sqrt{4\pi Dt}}\exp\left(-\frac{L^2}{4Dt}\right) \qquad (2\text{-}63)$$

由此表明,有边界时的浓度等于该处无边界时浓度的两倍。

二、两侧有边界的一维扩散

仅考虑完全反射情形。如图 2-6 所示,设在纵轴上有一瞬时平面源,向右扩散至边界 $x=L$ 时发生反射,这相当于在 $x=2L$ 处有一像源的作用。反射到左边界 $x=-L$ 时,相当于在 $x=-4L$ 处有一像源的作用。二次反射到右边界 $x=L$ 处时,相当于在 $x=6L$ 处有一像源的作用。这样,经 n 次反射后,任一点浓度 $C(x,t)$ 可表示成

$$C(x,t) = \frac{M}{\sqrt{4\pi Dt}}\sum_{n=-\infty}^{\infty}\exp\left[-\frac{(x\pm 2nL)^2}{4Dt}\right] \qquad (2\text{-}64)$$

实际应用中,一般考虑 1~2 次反射即可满足要求。

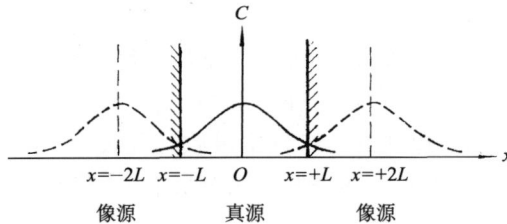

图 2-6　两侧有边界的一维扩散示意图

2-5　分子扩散的随机游动理论

分子运动可看作一种随机过程。今考虑一维扩散问题,即只考虑分子在一个方向上的运动。各个分子运动的速度是不一样的,在两次相邻的碰撞之间所运行的距离也是不一样的。现在假定每步运行的距离都等于分子的平均自由程 l,每一步运动时,向前运动和向后运动的机会相等,即概率相同。在这样简化情况下,

任一个分子,经过 n 次运动以后,将从它原来位置向$+x$ 方向行进的距离为

$$\pm l \pm l \pm l \pm \cdots , 共\ n\ 项$$

因为每次运动前进和后退的机会一样,所以上面系列中出现"＋"号、"—"号的可能性完全相等。因一共有 n 次运动,每次有两种可能性,总共的可能性有 2^n 个。设出现"＋"号的次数为 p,出现"—"号的次数为 q,则

$$p + q = n \tag{2-65}$$

令

$$p - q = s \tag{2-66}$$

经过 n 次运动以后,分子从原地向$+x$ 方向前进的距离为 sl,形成 sl 距离的可能组合为 $\dfrac{n!}{p!\ q!}$,经过 n 次运动后,一个分子在$+x$ 方向行进 sl 距离的概率为

$$P = \frac{n!}{p!q!2^n} \tag{2-67}$$

这就是求解随机游动问题的关系式。随机游动是指每一步运动都是完全随机的,不受以前运动历史的影响。换言之,每步运动都是独立的,不受以前各步的影响,与以后的运动也没有关系。在一维随机游动中,每步运动要么向前要么向后,就是这两种可能性。如果每步都是独立的,与以前和以后的运动都无关系,结果就是向前和向后的机会均等,这是随机游动的主要标志。

将式(2-65)和(2-66)相加、相减后可得

$$p = \frac{1}{2}(n + s) = \frac{n}{2}\left(1 + \frac{s}{n}\right) \tag{2-68}$$

$$q = \frac{1}{2}(n - s) = \frac{n}{2}\left(1 - \frac{s}{n}\right) \tag{2-69}$$

将式(2-68)、(2-69)代入式(2-67),得

$$P = \frac{n!}{2^n \left[\dfrac{n}{2}\left(1 + \dfrac{s}{n}\right)\right]! \left[\dfrac{n}{2}\left(1 - \dfrac{s}{n}\right)\right]!} \tag{2-70}$$

在分子运动里,n 是个大数,$s \ll n$,因此,可用斯特林公式对式(2-70)进行简化。斯特林公式可写成

$$\ln n! = \left(n + \frac{1}{2}\right)\ln n = n + \frac{1}{2}\ln 2\pi \tag{2-71}$$

或写成

$$n! = \sqrt{2n\pi}\left(\frac{n}{e}\right)^n \tag{2-72}$$

当 $n \to \infty$,$s \ll n$ 时,式(2-70)变为

$$\ln P \approx \left(n+\frac{1}{2}\right)\ln n - \frac{1}{2}(n+s+1)\ln\left[\frac{n}{2}\left(1+\frac{s}{n}\right)\right]$$

$$-\frac{1}{2}(n-s+1)\ln\left[\frac{n}{2}\left(1-\frac{s}{n}\right)\right]-\frac{1}{2}\ln 2\pi - n\ln 2 \tag{2-73}$$

因 $s \ll n$, $\ln\left(1\pm\frac{s}{n}\right)$, 可按幂级数展开, 即

$$\ln\left(1\pm\frac{s}{n}\right)=\pm\frac{s}{n}-\frac{s^2}{2n^2}\pm O\left(\frac{s^3}{n^3}\right) \tag{2-74}$$

代入上式后, 有

$$\ln P \approx \left(n+\frac{1}{2}\right)\ln n - \frac{1}{2}\ln(2\pi) - n\ln 2 - \frac{1}{2}(n+s+1)\left(\ln n - \ln 2 + \frac{s}{n} - \frac{s^2}{2n^2}\right)$$

$$-\frac{1}{2}(n-s+1)\left(\ln n - \ln 2 - \frac{s}{n} - \frac{s^2}{2n^2}\right) \tag{2-75}$$

当 $n \rightarrow \infty$ 时, 上式可以写成

$$P = \sqrt{\frac{2}{n\pi}}\exp\left(-\frac{s^2}{2n}\right) \tag{2-76}$$

这就是一个分子在运动极大的 n 次以后, 从原来位置前进一个 sl 距离的概率。

设 $\bar{u}$ 为分子运动的平均速度, t 为分子运动 n 次所经历的时间, 并令

$$sl = x, \qquad \frac{\bar{u}\,t}{l} = n$$

将此关系代入式(2-76), 得

$$P = \sqrt{\frac{2l}{\pi\bar{u}\,t}\exp\left(-\frac{x^2}{2l\bar{u}t}\right)} \tag{2-77}$$

上式与瞬时源一维扩散的浓度分布具有相同的形式。一个表示在 x 处 t 时刻的浓度, 另一个表示一个分子在 t 时刻到达 x 处的概率。这两个概念是等价的, 至少是成比例的。令两式的指数相等, 则分子扩散系数 D 可表示成

$$D = \frac{1}{2}\bar{u}l = \frac{nl^2}{2t} \tag{2-78}$$

将此式代入式(2-77), 有

$$P = \frac{l}{\sqrt{\pi D\,t}}\exp\left(-\frac{x^2}{4D\,t}\right) \tag{2-79}$$

上式给出一个分子在 n 次运动后到达 x 的概率, 我们现在要推求的是经过时间 t 后, 分子位于 x 与 $x+\delta x$ 之间的概率。这个问题可以分析如下:

分子到达 x 以后, 即开始下一步运动。有 1/2 机会向前, 1/2 机会后退。假定分子每一步运动的距离为 l, 于是分子下一步运动中没有离开 x 与 $x+\delta x$ 范围的

机会为 $\delta x/2l$。所以分子在时间 t 位于 x 与 $x+\delta x$ 之内的概率为

$$\delta P = \left[\frac{l}{\sqrt{\pi D t}}\exp\left(-\frac{x^2}{4D t}\right)\right]\frac{\delta x}{2l} = \frac{1}{\sqrt{4\pi D t}}\exp\left(-\frac{x^2}{4D t}\right)\delta x \qquad (2\text{-}80)$$

上式表明,分子在运动过程中,位于 x 与 $x+\delta x$ 之间的概率具有正态分布的规律。分布的标准差为

$$\sigma = \sqrt{2D t} \qquad (2\text{-}81)$$

分布的均值为

$$\bar{x} = \frac{\int_0^\infty x\,\mathrm{d}P}{\int_0^\infty \mathrm{d}P} = 2\sqrt{\frac{D t}{\pi}} \qquad (2\text{-}82)$$

上式表明,分子运动的平均距离与时间的平方根成比例。

分布的均方差为

$$\overline{x^2} = \frac{\int_0^\infty x^2\,\mathrm{d}P}{\int_0^\infty \mathrm{d}P} = 2D t \qquad (2\text{-}83)$$

以上就是应用随机游动理论得出的分子扩散的结果。由于分子运动的随机性,其运动的平均距离与时间的平方根成比例,即游动 2 公里所需的时间为游动 1 公里的 4 倍! 这个分析生动地反映出分子扩散现象的真实过程。

2-6　紊动扩散的拉格朗日法

紊动扩散要比分子扩散快得多,紊动扩散系数比分子扩散系数大 $10^5\sim10^6$ 倍。譬如,燃着的香烟,若用紊动扩散来传播,几秒钟的时间就可以使整个房间处处都能闻到烟味;若仅靠分子扩散,则需要几天才能达到。

泰勒(Taylor 1921)最早应用拉格朗日法研究了均匀紊流中单个质点的扩散问题,奠定了紊动扩散的理论基础。下面就介绍泰勒解决这个问题的途径和方法。

我们知道,拉格朗日法的基本思想是研究流场中单个质点的运动规律。对于任一个质点而言,如 $t=t_0$ 时位于 x 处的质点,函数 $X(x,t)$ 就可以给出这个质点的全部过程。在扩散问题中,最常用的不是 $X(x,t)$ 的函数,而是在某一时刻 τ 这个质点的位移 Y,可表示成

$$Y(\tau) = X(x,t_0+\tau) - x = \int_{t_0}^{t_0+\tau} V(x,t)\,\mathrm{d}t \qquad (2\text{-}84)$$

在均匀紊流场中,设扩散方向为 x_1 方向,一个质点在 $t=t_0$ 时刚好位于原点,则在 $t+t_0$ 时刻,这个质点的位移应用上式得

$$Y_1(t+t_0) = X_1(0, t_0+t) - 0 = \int_{t_0}^{t_0+t} V_1(0, t+t_0)\mathrm{d}t \tag{2-85}$$

由于紊流是均匀的,无论何时开始扩散,也无论从何处开始扩散,作为一个统计特征值,即位移的方差 $\overline{Y_1^2}$ 只是时间 t 的函数,并可用时间平均代替统计平均,因此我们可以写出

$$\overline{Y_1^2}(t) = \frac{1}{T}\int_0^T Y_1^2(t_0+t)\mathrm{d}t_0 \tag{2-86}$$

上式的平均是对许多从原点在不同时刻 t_0 出发的质点而言,应用式(2-85),上式可展开为

$$\begin{aligned}
\overline{Y_1^2}(t) &= \frac{1}{T}\int_0^T \mathrm{d}t_0 \int_0^t \mathrm{d}t_1 \int_0^t V_1(t_1+t_0)V_1(t_2+t_0)\mathrm{d}t_2 \\
&= \int_0^t \mathrm{d}t_1 \int_0^t \mathrm{d}t_2 \left[\frac{1}{T}\int_0^T V_1(t_1+t_0)V_1(t_2+t_0)\mathrm{d}t_0\right] \\
&= \int_0^t \mathrm{d}t_1 \int_0^t \overline{V_1(t_1+t_0)V_1(t_2+t_0)}\mathrm{d}t_2 \tag{2-87}
\end{aligned}$$

t_1, t_2 的面积分是从 0 到 t 的正方形面积的积分,而正方形面积的积分等于对两个对角三角形面积分的 2 倍,考虑到被积函数对 t_1, t_2 是对称的,即

$$\int_0^t\int_0^t \mathrm{d}t_1\mathrm{d}t_2 = 2\int_0^t \mathrm{d}t_1 \int_0^{t_1} \mathrm{d}t_2 \tag{2-88}$$

那么 $\overline{Y_1^2}(t)$ 可进一步写成

$$\overline{Y_1^2}(t) = 2\int_0^t \mathrm{d}t_1 \int_0^{t_1} \overline{V_1(t_1+t_0)V_1(t_2+t_0)}\mathrm{d}t_2 \tag{2-89}$$

被积函数 $\overline{V_1(t_1+t_0)V_1(t_2+t_0)}$ 的物理意义为同一质点在两个不同时刻速度乘积的时均值,可由拉格朗日自相关系数 $R_L(\tau)$ 来表示,即

$$R_L(\tau) = \frac{\overline{V_1(t)V_1(t+\tau)}}{V_1'^2} \tag{2-90}$$

其中,$V_1' = \sqrt{\overline{V_1^2}}$,将式(2-90)代入式(2-89),得

$$\overline{Y_1^2}(t) = 2V_1'^2 \int_0^t \mathrm{d}t_1 \int_0^{t_1} R_L(\tau)\mathrm{d}\tau \tag{2-91}$$

若对式(2-91)进行分部积分,有

$$\begin{aligned}
\int_0^t \mathrm{d}t_1 \int_0^{t_1} R_L(\tau)\mathrm{d}\tau &= \left|t_1\int_0^{t_1} R_L(\tau)\mathrm{d}\tau\right|_0^t - \int_0^t t_1 R_L(t_1)\mathrm{d}t_1 \\
&= t\int_0^t R_L(\tau)\mathrm{d}\tau - \int_0^t \tau R_L(\tau)\mathrm{d}\tau \tag{2-92}
\end{aligned}$$

这样,式(2-91)还可进一步写成

$$\overline{Y_1^2}(t) = 2V_1'^2 \int_0^t (t-\tau) R_L(\tau) \mathrm{d}\tau \tag{2-93}$$

式(2-91)、(2-93)就是泰勒应用拉格朗日法得到的扩散问题的表达式。求解扩散问题首先要已知 $R_L(\tau)$ 的函数关系，但除两种极限情况知其关系式外，目前从理论上还未得到 $R_L(\tau)$ 随 τ 的一般变化关系式。拉格朗日法 $R_L(\tau)$ 的量测要比欧拉法的自相关系数困难得多，因为要跟踪一个质点量测其流速。量测拉格朗日法 $R_L(\tau)$ 通常用示踪摄影的方法，实测资料较少。

这两种极限情况是：

当 $\tau \to 0$ 时，$R_L(0) \to 1$；

当 $\tau \to \infty$ 时，$R_L(\infty) \to 0$

考虑到 $R_L(\tau)$ 随 τ 单调下降，并且紊流是均匀的，可假定 $R_L(\tau)$ 相对于 τ 是个对称函数。现就这两种极限情况讨论如下：

（1）扩散时间很短

若 τ 很小，可认为 $R_L(\tau)$ 为常数，并近似等于1。由式(2-91)可得

$$\overline{Y_1^2}(t) \approx V_1'^2 t^2 \quad \text{或} \quad \sqrt{\overline{Y_1^2}(t)} \approx V_1'(t) \tag{2-94}$$

上式表明，在扩散的初期，质点的扩散距离与扩散时间 t 成正比。

（2）扩散时间很长

令 $t = t^*$，$R_L(t^*) \approx 0$。当 $t \gg t^*$ 时，式(2-91)可写成

$$\overline{Y_1^2}(t) = 2V_1'^2 t \int_0^{t^*} R_L(\tau) \mathrm{d}\tau - \int_0^{t^*} \tau R_L(\tau) \mathrm{d}\tau \tag{2-95}$$

若 $t > t^*$ 时，由于 $R_L(\tau)$ 较大时，则 τ 很小；当 τ 大时，$R_L(\tau)$ 又很小，因此上式右端第二项要比第一项小得多，可略去不计。式(2-95)右端第一项的积分，实际上是拉格朗日时间积分比尺，即

$$T_L = \int_0^{t^*} R_L(\tau) \mathrm{d}\tau \tag{2-96}$$

它表示一个质点在运动过程中经历的时间。

考虑到式(2-96)，那么式(2-94)又可表示成

$$\overline{Y_1^2}(t) \approx 2V_1'^2 t T_L \quad \text{或} \quad \sqrt{\overline{Y_1^2}(t)} \approx V_1' \sqrt{2t T_L} \tag{2-97}$$

上式表明，当扩散时间很长时，质点的扩散距离与 $\sqrt{t}$ 成比例。

究竟如何来判断扩散时间的长短呢？可用拉格朗日时间积分比尺 T_L 来判断，即

当 $t \ll T_L$ 时，式(2-94)成立；

当 $t \gg T_L$ 时，式(2-97)成立。

下面就紊动扩散与分子扩散做一比较。由分子扩散的随机游动理论知，分子

到达某处的概率服从正态分布。其均方差 σ^2 与扩散时间 t 成正比。在均匀紊流中的扩散,当 $t \gg T_L$ 时,扩散的均方差 $\overline{Y_1^2}(t)$ 也与时间 t 成正比。因此,我们可以引入一个类似于分子扩散系数的紊动扩散系数 D_t,即

$$D_t = \frac{\overline{Y_1^2}(t)}{2t} = V_1'^2 T_L = V_1'^2 \int_0^{t^*} R_L(\tau) \mathrm{d}\tau = V_1'^2 \int_0^\infty R_L(\tau) \mathrm{d}\tau \qquad (2\text{-}98)$$

考虑到拉格朗日空间积分比尺 Λ_L,即

$$\Lambda_L = V_1' T_L = V_1' \int_0^\infty R_L(\tau) \mathrm{d}\tau \qquad (2\text{-}99)$$

则式(2-98)可进一步写成

$$D_t = V_1' \Lambda_L \qquad (2\text{-}100)$$

通过上述紊动扩散与分子扩散的比拟,是否就可以认为当 $t \gg T_L$ 以后,紊动扩散到达某处的概率也服从正态分布呢? 从数学上看,方差随 t 做线性变化是费克定律的必要条件,但不是充分条件。不可由此推论,若 $t \gg T_L$ 的话,紊动扩散也符合正态分布,但我们可以引用中心极限定理,把

$$Y_1(t) = \int_{t_0}^t V_1(t_1) \mathrm{d}t_1 \qquad (2\text{-}101)$$

看作是许多对一个固定间隔 τ 积分的总和,各个积分之间并无统计上的联系。那么,当 $t - t_0 \to \infty$ 时,这种积分个数无限增大。正像中心极限定理所指出的,总和的概率分布接近正态分布。因此,当 $t \gg T_L$ 以后,$Y_1(t)$ 可认为是按正态分布的,并被实测资料所证实。$Y_1(t)$ 按正态分布就意味着其概率密度函数

$$C(Y_1, t \mid t_0) = \frac{1}{\sqrt{2\pi \overline{Y_1^2}}} \exp\left(-\frac{Y_1^2}{2 \overline{Y_1^2}}\right) \qquad (2\text{-}102)$$

亦即 C 满足下面的扩散方程

$$\frac{\partial C}{\partial t} = D_t \frac{\partial^2 C}{\partial x^2} \qquad (2\text{-}103)$$

式中,$D_t = \frac{1}{2} \frac{d \overline{Y_1^2}(t)}{\mathrm{d}t}$。

应当指出,对于 $t - t_0$ 较小的扩散,其拉格朗日空间积分比尺(即扩散距离)不服从正态分布,因此扩散物质的浓度也就不满足扩散方程。

2-7   紊动扩散的欧拉法

欧拉法的基本思想是研究空间固定点上不同流体质点的运动情况,也就是从场的角度来研究运动要素的分布场,所以欧拉法也叫流场法。

一、紊动扩散方程

紊流中不但瞬时流速有脉动现象,所含扩散物质的瞬时浓度亦有脉动现象。我们知道,瞬时值可用时均值与脉动值之和来表示,即

$$u = \bar{u} + u', \qquad v = \bar{v} + v', \qquad w = \bar{w} + w', \qquad C = \bar{C} + C' \quad (2\text{-}104)$$

将这些值代入迁移扩散方程式(2-3),取时间平均整理后,可得

$$\frac{\partial \bar{C}}{\partial t} + \frac{\partial \bar{C}\bar{u}}{\partial x} + \frac{\partial \bar{C}\bar{v}}{\partial y} + \frac{\partial \bar{C}\bar{w}}{\partial z} = -\frac{\partial \overline{u'C'}}{\partial x} - \frac{\partial \overline{v'C'}}{\partial y} - \frac{\partial \overline{w'C'}}{\partial z}$$

$$+ D_m \left(\frac{\partial^2 \bar{C}}{\partial x^2} + \frac{\partial^2 \bar{C}}{\partial y^2} + \frac{\partial^2 \bar{C}}{\partial z^2} \right) \quad (2\text{-}105)$$

脱掉上式中的时均符号,写成张量形式,有

$$\frac{\partial C}{\partial t} + \frac{\partial}{\partial x_i}(Cu_i) = -\frac{\partial}{\partial x_i}(\overline{u_i'C'}) + D_m \left(\frac{\partial^2 C}{\partial x_j \partial x_j} \right) \quad (2\text{-}106)$$

这就是最基本的紊动扩散方程。其中 $\overline{u_i'C'}$ 称之为紊动通量,通常采用比拟于分子扩散的费克定律的方法来确定,即鲍辛奈斯克假定

$$\overline{u_i'C'} = -D_{ij} \frac{\partial C}{\partial x_j} \quad (2\text{-}107)$$

其中,D_{ij} 称之为紊动扩散系数,是一个二阶张量。将式(2-107)代入式(2-106),考虑到紊流随机运动尺度远大于分子随机运动尺度,忽略分子扩散项,得

$$\frac{\partial C}{\partial t} + u_i \frac{\partial C}{\partial x_i} = \frac{\partial}{\partial x_i} \left(D_{ij} \frac{\partial C}{\partial x_j} \right) \quad (2\text{-}108)$$

这就是普遍的欧拉法扩散方程。

若把式(2-107)展开,有

$$\overline{u_1'C'} = -D_{11} \frac{\partial C}{\partial x_1} - D_{12} \frac{\partial C}{\partial x_2} - D_{13} \frac{\partial C}{\partial x_3} \quad (2\text{-}109)$$

$$\overline{u_2'C'} = -D_{21} \frac{\partial C}{\partial x_1} - D_{22} \frac{\partial C}{\partial x_2} - D_{23} \frac{\partial C}{\partial x_3} \quad (2\text{-}110)$$

$$\overline{u_3'C'} = -D_{31} \frac{\partial C}{\partial x_1} - D_{32} \frac{\partial C}{\partial x_2} - D_{33} \frac{\partial C}{\partial x_3} \quad (2\text{-}111)$$

D_{ij} 是空间坐标的函数,相对于张量主轴而言,当 $i \neq j$ 时,$D_{ij} = 0$,因此只要流场坐标与张量主轴相一致,D_{ij} 中就只有三项不等于零,即 D_{11},D_{22},D_{33} 不等于零,此时式(2-108)简化为

$$\frac{\partial C}{\partial t} + \frac{\partial}{\partial x_i}(Cu_i) = \frac{\partial}{\partial x_i} \left(D_{ii} \frac{\partial C}{\partial x_i} \right) \quad (2\text{-}112)$$

由于扩散方程(2-112)是一个线性方程,因此可用叠加原理进行问题的求解。

二、紊动施密特数

本小节简单讨论一下污染物扩散的紊动施密特数。考虑恒定、不可压缩、轴对称紊动射流中示踪物的紊动扩散问题。定义两种扩散系数如下

$$\overline{u'v'} = - v_t \frac{\partial u}{\partial r} \tag{2-113}$$

$$\overline{C'v'} = - D_t \frac{\partial C}{\partial r} \tag{2-114}$$

式中，v_t 为紊动黏性系数，亦称涡黏性系数或动量扩散系数；D_t 为物质浓度扩散系数，即紊动扩散系数 D_{ij}。我们知道，总动量扩散系数应为分子和紊动扩散之和，即 $v + v_t$，v 是流体特性的反映，v_t 则取决于流体的紊动特性。紊动射流中，v 非常小，与 v_t 相比可忽略不计。

假定速度剖面和浓度剖面均存在相似性，可得

$$\frac{v_t}{D_t} \frac{d(u/u_m)}{u/u_m} = \frac{d(C/C_m)}{C/C_m} \tag{2-115}$$

式中，u_m，C_m 分别表示轴线速度、轴线浓度。今定义紊动施密特数 Sc 为

$$Sc = \frac{v_t}{D_t} \tag{2-116}$$

假定 Sc 为常数，积分式(2-115)，得

$$\frac{C}{C_m} = \left(\frac{u}{u_m}\right)^{Sc} \tag{2-117}$$

许多研究表明，自由射流的速度剖面和浓度剖面符合正态分布(误差曲线)，即

$$\frac{u}{u_m} = \exp\left[-0.693\left(\frac{r}{b_{1/2}}\right)^2\right] \tag{2-118}$$

$$\frac{C}{C_m} = \exp\left[-0.693\left(\frac{r}{\lambda b_{1/2}}\right)^2\right] \tag{2-119}$$

式中，$b_{1/2}$ 为速度的半值宽，λ 为浓度分布与速度分布的比值。将速度剖面、浓度剖面式(2-118)、(2-119)代入式(2-117)，得

$$Sc = \left(\frac{b_{1/2}}{\lambda b_{1/2}}\right)^2 = \frac{1}{\lambda^2} \tag{2-120}$$

对于轴对称射流，若取 $\lambda = 1.12$，则由上式得 $Sc = 0.8$。福斯特尔、盖洛德(Forstall 和 Gaylord 1955)对于圆形水射流的试验，得出紊动施密特数为 $0.75 \sim 0.85$。

2-8 岸边排放与中心排放污染带的计算

经污水处理厂初步处理(或深度处理)的生活污水、工业废水，通常就近排入附

近的河流中。若排放口的位置位于河流的岸边，则称之为岸边排放；若排放口设置于河流的中央，则为中心排放，如图 2-7 所示。由图可见，无论岸边排放，还是中心排放，在其后均会形成一个污染带。已有研究资料表明，长江干流沿岸近 500 个取水口中，均不同程度地受到岸边排放污染带的影响。从平面上看，排放口的位置可近似看作一个点，所以岸边排放和中心排放又称之为点源排放。岸边排放和中心排放污染带计算的任务就是要确定：污染带的浓度分布、污染带的宽度、从点源排放开始至全断面均匀混合所需的距离等。

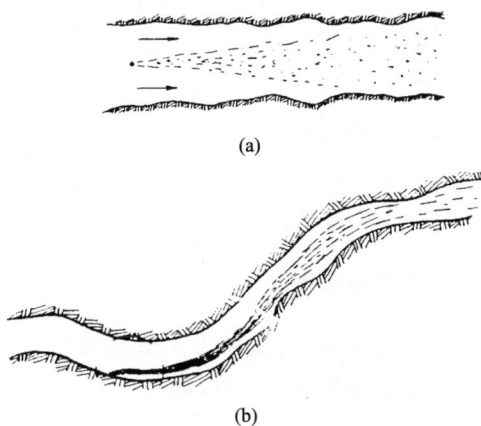

图 2-7　中心排放与岸边排放示意图
(a)中心排放；(b)岸边排放

一、污染带浓度分布

通常，河道的宽度远大于水深，即 $B \gg h$，可看作二维流动。这样可假设污染物在垂向均匀混合，每一条垂线可视为浓度均匀分布的线源，污染带的扩展即从线源开始。取如图 2-8 所示的坐标系，沿水流方向设为 x 轴，沿横向设为 y 轴，沿垂向设为 z 轴。设线源的强度为 $\dot{M}$，则点源的强度为 $\dot{M}/h$。在无限空间中，连续点源二维随流扩散的浓度分布函数为

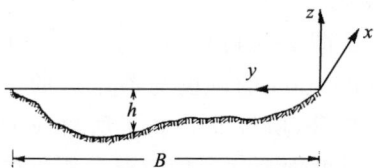

图 2-8　污染带扩展的坐标系定义

$$C(x,y) = \frac{\dot{M}/h}{\bar{u}\sqrt{4\pi D_y x/\bar{u}}}\exp\left(-\frac{\bar{u}y^2}{4D_y x}\right)$$

$$(2\text{-}121)$$

今有河岸存在，上式应加上边界反射项。首先设点源横坐标 $y = y_0$，以无量纲量表示的横坐标、纵坐标为：

无量纲横坐标：　　$y' = y/B$

无量纲纵坐标：　　$x' = x\Big/\left(\dfrac{\bar{u}B^2}{D_y}\right)$

无量纲点源坐标：　$y_0' = y_0/B$

起始断面平均浓度：　$C_0 = \dfrac{\dot{M}}{Q} = \dfrac{\dot{M}}{\bar{u}hB}$

考虑两岸边界的反射作用，由镜像法可得相对浓度分布

$$\frac{C}{C_0} = \frac{1}{\sqrt{4\pi x'}} \sum_{n=-\infty}^{\infty} \left\{ \exp\left[-\frac{(y'-2n-y_0')^2}{4x'} \right] + \exp\left[-\frac{(y'-2n+y_0')^2}{4x'} \right] \right\}$$

(2-122)

中心排放与岸边排放的扩散特性:

(1) 岸边排放的浓度约为中心排放的 2 倍;

(2) 岸边排放的横向扩展宽度约为中心排放的 2 倍。

二、污染带宽度

从理论上讲,污染物可扩散至无穷远,但从实际情况看,同一断面上边远点的浓度为最大浓度的 5% 时,即

$$\frac{C(x,y)}{C(x,0)} = 0.05$$

(2-123)

则定义为污染带的边界点。对于中心排放,其最大浓度 C_{max} 在中心线上;对于岸边排放,C_{max} 位于排放岸。实际上,污染带宽度计算是一个横向浓度分布问题。

三、均匀混合的纵向距离

连续点源二维扩散的横向浓度符合正态分布,随着纵向距离的增加,浓度分布曲线变坦并趋于均匀化。通常,我们定义断面上最大浓度与最小浓度之差不超过 5%,即认为均匀混合或叫完全混合。

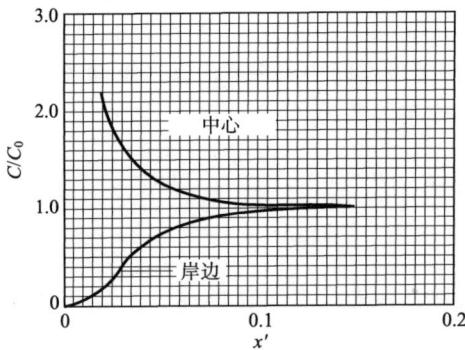

图 2-9　中心排放与岸边排放浓度分布

从图 2-9 可以看出,当 $x' \approx 0.1$ 时,沿中心线的浓度与沿岸边的浓度趋于相等,所以 $x'=0.1$ 所对应的距离就是断面上达到均匀混合所需的距离 L_m。

中心排放:　　$L_m = 0.1 \dfrac{\bar{u}B^2}{D_y}$

(2-124)

岸边排放:　　$L_m = 0.4 \dfrac{\bar{u}B^2}{D_y}$

(2-125)

由此可知,岸边排放需要 4 倍的中心排放距离才能达到断面上的均匀混合。

例 2-3　在一条宽阔略有弯曲的河流中心设有一工业排污口,污水流量为 0.2m³/s,污水中含有害物质的浓度为 100ppm,河流水深为 4m,流速为 1.0m/s,摩阻流速 $u_* = 0.061$m/s,假定污水排入河流后,在垂向可立即均匀混合,已知横向扩散系数 $D_y = 0.4hu_*$,试估算排污口下游 400m 处污染带宽度及断面上最大浓

度。设排污口下游 400m 断面上允许最大浓度为 5ppm,问排污口的排污流量可增加多少倍(假定排污浓度维持不变)?

解:(1) 排污带宽度的计算

利用二维点源迁移扩散公式

$$C(x,y) = \frac{\dot{M}}{\bar{u}h\sqrt{4\pi D_y x/\bar{u}}}\exp\left(-\frac{\bar{u}y^2}{4D_y x}\right)$$

距离为 x 处断面上最大浓度为 $C(x,0)$,距离为 x 处的断面距中心点为 b 的浓度为 $C(x,b)$,令 $\dfrac{C(x,b)}{C(x,0)}=0.05$ 时的 z 值即为污染带的一半宽度

$$\frac{C(x,b)}{C(x,0)} = \exp\left(-\frac{\bar{u}b^2}{4D_y x}\right) = 0.05$$

由上式可解出中心排放时污染带半宽的计算公式

$$b = 3.46\sqrt{D_y x/\bar{u}}$$

将已知数据代入上式可得距排放口下游 400m 处污染带宽度

$$2b = 43.23\text{m}$$

(2) 下游 400m 处断面上的最大浓度

$$C_{\max} = \frac{\dot{M}}{\bar{u}h\sqrt{4\pi D_z x/\bar{u}}} = 0.225\text{ppm}$$

(3) 按 400m 处断面允许最大浓度推求排污流量

由最大浓度公式可解出排污口每秒钟内所排放的污染物质量

$$M = \bar{u}hC_{\max}\sqrt{4\pi D_y x/\bar{u}} = 4.428 \times 10^5\text{mg}$$

因排污浓度为 100mg/L,故允许排污流量为 4428L/s。

例 2-4　在一顺直矩形断面的河段,有岸边排污口恒定连续排放污水。已知河宽 $B=50$m,水面比降 $J=0.0002$,水深 $h=2$m,平均流速 $\bar{u}=0.8$m/s,水流近于均匀流。若取横向扩散系数 $D_y=0.4hu_*$,试估算污染物扩散至对岸以及达到断面均匀混合分别所需要的距离。

解:(1) 估算到达对岸的距离

由岸边排放所造成的浓度,可由式(2-122)导出,当尚未到达对岸以前,令式中 $n=0$,其浓度公式为

$$C(x,y) = \frac{2\dot{M}}{\bar{u}h\sqrt{4\pi D_y x/\bar{u}}}\exp\left(-\frac{\bar{u}y^2}{4D_y x}\right)$$

令上式中 $y=0$,即为最大浓度,令 $y=B$,即为到达对岸时的浓度。

当 $\dfrac{C(x,B)}{C(x,0)}=0.05$ 时的距离 x,即为到达对岸所需的距离 L_B

$$\frac{C(x,B)}{C(x,0)} = \exp\left(-\frac{\bar{u}B^2}{4D_y L_B}\right) = 0.05$$

由上式可解出 $L_B = \dfrac{\bar{u}B^2}{11.97D_y}$

摩阻流速 $u_* = \sqrt{ghJ} = 0.0626\text{m/s}$

$$D_y = 0.4hu_* = 0.05\text{m}^2/\text{s}$$

代入 L_B 得：$L_B = 3341.7\text{m}$

（2）求达到断面上均匀混合所需的距离

岸边排放达到断面上均匀混合所需的距离 L_m 为

$$L_m = 0.4\frac{\bar{u}B^2}{D_y} = 16\text{km}$$

习　题

2-1：何谓瞬时源、连续源？并比较两者扩散的特点。

2-2：试推导瞬时源三维扩散的基本解。

2-3：试推导用欧拉法描述的紊动扩散方程。

2-4：比较中心排放与岸边排放扩散的特性。

2-5：怎样定义污染带宽度、均匀混合或完全混合？

2-6：某排污口向一均匀河段稳定排放含酚废水，起始断面河水的含酚浓度为 20mg/L，河水断面平均流速为 40km/d，扩散系数为 1km²/d，酚的衰减系数为 2d⁻¹，求 50km 处河水含酚的浓度。

2-7：在河流某处投放 10kg 示踪剂，河流流速为 0.5m/s，扩散系数为 50m²/s，断面面积为 20m²，求投放示踪剂下游 500m 处河水示踪剂浓度随时间的变化曲线。

2-8：在某河流起始断面投放浓度为 1 居里/L 的放射性废水 387.5L，放射性物质半衰期为 10.6 小时，河流断面面积为 13.86m²，平均流速为 0.53m/s，扩散系数为 22m²/s。求距起始断面 8km 处放射性浓度随时间变化的情况（提示：在扩散方程中考虑源项）。

2-9：宽度为 2.0m 的矩形明渠中充满了深度为 1.0m 的静水。今有质量为 2kg 的普通盐投放到水体中，并迅速扩散到明渠全断面。试确定：

（1）盐分随时间的纵向扩展；

（2）最大浓度随时间的变化；

（3）绘制时间为 10⁷s 时的浓度分布。

（盐的分子扩散系数为 $1.24 \times 10^{-5}\text{cm}^2/\text{s}$）

2-10：某种污染物沿着一条静止等截面长渠道的初始浓度分布：对于 $0 < x < h$：$C = C_0$，而对于 $x > h$：$C = 0$。

（1）如果 $x = 0$ 处关闭，求 $x > 0$ 处的浓度 $C(x,t)$；

（2）如果在 $x = 0$ 处保持 $C = 0$，譬如与一未污染的水池相连的话，试求 $x > 0$ 处的 $C(x,t)$。

2-11：在一等截面渠道中，起初水是清洁的（$C = 0$）。在 $t = 0$ 时刻，一扇在 $x = 0$ 处与受污染水池相连的闸门开启。当 $t > 0$ 时，流速 U 与扩散系数 D 为常数，在 $x = \infty$ 处，$C = 0$，而在 $x = 0$ 处，$C = C_0$，试求浓度 $C(x,t)$（提示：通过对扩散方程取拉普拉斯变换）。

2-12：一矩形明渠中水流的流量控制在 $Q=103.7\text{m}^3/\text{s}$ 不变，测得水力要素如下：

$$U=1.05\text{m/s}, \quad h=1.09\text{m}, \quad B=90.6\text{m}, \quad u_*=0.07\text{m/s}, \quad J=0.0005$$

明渠中水流为缓流，水温为 10℃，水体中的含盐量为 $C=1\text{kg/m}^3$。该明渠接纳了来自附近污水处理厂的废水，流量为 $Q_u=0.5\text{m}^3/\text{s}$，废水温度为 20℃，含盐量为 $C_u=30\text{kg/m}^3$。试对所排放废水的垂向扩散进行计算：

（1）推导垂向扩散的公式；

（2）确定均匀混合所需的距离；

（3）计算与均匀混合后垂向平均浓度的一半相等的浓度出现在水面时，该断面至排放点的距离；

（4）计算并绘制盐分浓度及温度随距离的变化；

（5）提出测量垂向扩散系数的方法。

2-13：在矩形渠道岸边排放污水，该渠道宽度为 6m，水深为 0.5m，流速为 0.3m/s，渠道糙率为 0.03，横向扩散系数为 $0.16hu_*$。试求污水到达对岸的纵向距离。

2-14：一流量为 $Q=103.7\text{m}^3/\text{s}$ 的明渠水力要素如下：

$$U=1.05\text{m/s}, \quad h=1.09\text{m}, \quad B=90.6\text{m}, \quad u_*=0.07\text{m/s}, \quad J=0.0005$$

明渠水流为均匀流，今有含盐量为 30kg/m^3 的废水以流量为 $0.5\text{m}^3/\text{s}$ 排放到明渠中。试对废水投放点分别位于中心和岸边两种情形的横向扩散进行计算（假定垂向扩散瞬间完成）：

（1）计算上述两种情况下在明渠整个宽度上达到完全混合所需要的距离；

（2）计算并绘制在 0.5,20km 两个断面上废水浓度的横向分布。

2-15：一明渠水流可看作缓流，已测得水力要素如下：

$$U=1.0\text{m/s}, \quad h=0.7\text{m}, \quad B=6\text{m}, \quad u_*=0.07\text{m/s}$$

今有质量为 4kg 的盐被投放到水流中，并在瞬间扩散到明渠的全断面上。试确定以下三种工况下，投放点下游 1km 处断面上浓度随时间的变化：

（1）工况 A：盐在 $x=0$ 处断面上瞬时投放；

（2）工况 B：盐在 $x=0$ 处断面上在 8min 内投放；

（3）工况 C：在 $x=0$ 和 250m 处的断面上同时各投放 2kg 盐；

（4）对上述三种情况，计算在 1km 处断面上浓度高于 0.002kg/m^3 的时间；

（5）计算工况 A 和工况 B 在时间为 1000s 时的浓度分布。

2-16：某经过整治的河流流量几乎为恒定值 $1200\text{m}^3/\text{s}$，在附近化工厂发生的一次事故期间，有总量为 3600kg 的可发生化学反应的物质在 12h 内泄漏到污水管中，污水经位于河底的中心排放口排入河流。假定河道断面为矩形，水深为 5.7m，宽度为 300m。现欲求泄漏物质云团何时到达事故发生点下游 200km 及 330km 断面上。

2-17：某宽阔河流中心有一恒定排放的排污口，污水流量为 $0.2\text{m}^3/\text{s}$，污水中含难降解污染物，其浓度为 100mg/L，该河流水深为 4.0m，流速为 1.9m/s，摩阻流速为 0.061m/s。假定污水排出后，河水垂向完全混合。已知横向扩散系数为 $0.4hu_*$，试计算排污口下游 400m 处的污染扩展宽度和最大浓度。

2-18：在一条顺直的矩形渠道的一侧有一岸边恒定排放口，渠道宽 50m，比降为 0.0002，水深为 2.0m，平均流速为 0.8m/s，横向扩散系数为 $0.4hu_*$。求污染物达到断面上完全混合的距离。

第三章　剪切流离散

剪切流是指横断面上具有流速梯度的流动,即由于横断面上流速分布不均匀,在流体内部产生剪切应力的流动,如管流、明渠水流。剪切流中由于流速分布不均匀使污染物(或示踪物)随流散开的现象,称之为剪切流离散。离散与扩散是两个不同的概念,扩散是指与分子运动和紊流脉动有关的输运,用于表征流场内某一点的混合情况。本章主要讨论圆管剪切流的离散、明渠剪切流的离散以及非恒定剪切流的离散。

3-1　管道剪切流离散

英国水力学家泰勒较早地对剪切流的离散问题进行了研究。他于 1953 年发表了一篇关于可溶解物质(溶质)在圆管层流中离散的论文,一年后又将其推广到紊流情形(Taylor 1954)。

一、二维层流离散分析

在具有流速梯度的二维层流中,假定有两个分子随流迁移,一个位于轴线上,另一个位于壁面附近。若给定足够的时间,由于分子的扩散作用,任何单个分子将在管道断面上随机游动,并代表断面上任一点的速度。

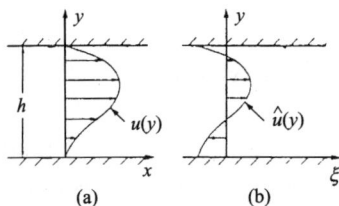

今考察一个平行壁面间的恒定二维层流运动,如图 3-1(a)所示,设壁面间距为 h,流速分布为 $u(y)$,断面平均流速为 U。无论流速分布具有何种形式,其断面平均流速均可表示成下面的积分形式

$$U = \frac{1}{h}\int_0^h u\mathrm{d}y \qquad (3-1)$$

图 3-1　二维层流运动的流速分布

断面上任一点的流速 $u(y)$ 与其断面平均流速 U 的差值 $\hat{u}$,称为离散流速,即

$$\hat{u}(y) = u(y) - U \qquad (3-2)$$

设流动挟带溶质的浓度为 $C(x,y)$,分子扩散系数为 D,任意断面上的平均浓度 $\bar{C}$ 定义为

$$\bar{C} = \frac{1}{h}\int_0^h C\mathrm{d}y \qquad (3-3)$$

断面上任一点的浓度 $C(y)$ 与相应的断面平均浓度 $\overline{C}$ 的差值为 $\hat{C}(y)$，称为离散浓度，即

$$\hat{C}(y) = C(y) - \overline{C} \tag{3-4}$$

由于只有 x 方向的流动，其扩散方程可写成

$$\frac{\partial}{\partial t}(\overline{C} + \hat{C}) + (U + \hat{u})\frac{\partial}{\partial x}(\overline{C} + \hat{C}) = D\left[\frac{\partial^2}{\partial x^2}(\overline{C} + \hat{C}) + \frac{\partial^2 \hat{C}}{\partial y^2}\right] \tag{3-5}$$

由于我们讨论的是层流运动，因此不需考虑紊动对质量输运的影响。下面通过坐标变换来化简式(3-5)，采用动坐标系，并设坐标原点以断面平均流速 U 运动。令

$$\xi = x - Ut, \qquad \tau = t \tag{3-6}$$

由高等数学，知

$$\frac{\partial}{\partial x} = \frac{\partial \xi}{\partial x}\frac{\partial}{\partial \xi} + \frac{\partial \tau}{\partial x}\frac{\partial}{\partial \tau} = \frac{\partial}{\partial \xi}$$

及

$$\frac{\partial}{\partial t} = \frac{\partial \xi}{\partial t}\frac{\partial}{\partial \xi} + \frac{\partial \tau}{\partial t}\frac{\partial}{\partial \tau} = -U\frac{\partial}{\partial \xi} + \frac{\partial}{\partial \tau} \tag{3-7}$$

因此，式(3-5)变为

$$\frac{\partial}{\partial \tau}(\overline{C} + \hat{C}) + \hat{u}\frac{\partial}{\partial \xi}(\overline{C} + \hat{C}) = D\left[\frac{\partial^2}{\partial \xi^2}(\overline{C} + \hat{C}) + \frac{\partial^2 \hat{C}}{\partial y^2}\right] \tag{3-8}$$

通过变换 ξ, τ，我们就可以在动坐标系上来观察流动。在动坐标系中，唯一可观察的速度为 $\hat{u}$，如图 3-1(b)所示。因此在变换后的方程中不包括断面平均速度 U。前已述及，由速度剖面引起的沿流动方向的扩展率比由分子扩散引起的扩展率大得多。这样，可忽略式(3-8)中纵向扩散项，得

$$\frac{\partial \overline{C}}{\partial \tau} + \frac{\partial \hat{C}}{\partial \tau} + \hat{u}\frac{\partial \hat{C}}{\partial \xi} + \hat{u}\frac{\partial \overline{C}}{\partial \xi} = D\frac{\partial^2 \hat{C}}{\partial y^2} \tag{3-9}$$

式(3-9)仍难处理，因为 $\hat{u}$ 随 y 在变化。处理含变系数的偏微分方程的一般步骤还没有，找不到式(3-9)的一般解。泰勒抛弃了方程左端四项中的前三项，并且包括 $\dfrac{\partial \overline{C}}{\partial \tau}$ 项，该项正是我们要求解的浓度衰减率。这样剩下一个容易求解 $\hat{C}(y)$ 的方程

$$\hat{u}\frac{\partial \overline{C}}{\partial \xi} = D\frac{\partial^2 \hat{C}}{\partial y^2} \tag{3-10}$$

并且在 $y=0, h$ 处

$$\frac{\partial \hat{C}}{\partial y} = 0$$

如果对式(3-9)中的每一项取断面平均，即算子 $\dfrac{1}{h}\displaystyle\int_0^h (\ )\mathrm{d}y$，有

$$\frac{\partial \overline{C}}{\partial \tau} + \overline{\hat{u} \frac{\partial \hat{C}}{\partial \xi}} = 0 \tag{3-11}$$

由式(3-10)减去式(3-11),得

$$\frac{\partial \hat{C}}{\partial \tau} + \hat{u} \frac{\partial \overline{C}}{\partial \xi} + \hat{u} \frac{\partial \hat{C}}{\partial \xi} - \overline{\hat{u} \frac{\partial \hat{C}}{\partial \xi}} = D \frac{\partial^2 \hat{C}}{\partial y^2} \tag{3-12}$$

在某些情形下,$\overline{C}$,$\hat{C}$ 均为缓变函数,并且 $\hat{C}$ 比 $\overline{C}$ 小得多。如果这样,则第三项、第四项彼此近乎平衡,并比第二项小得多。去掉第三项、第四项,得横断面上的扩散方程

$$\frac{\partial \hat{C}}{\partial \tau} - D \frac{\partial^2 \hat{C}}{\partial y^2} = - \hat{u} \frac{\partial \overline{C}}{\partial \xi} \tag{3-13}$$

上式方程右端项起一个变强度源项的作用。若源项保持为常数,则式(3-13)的解即为由式(3-10)得到的稳态解。换言之,泰勒抛弃式(3-9)中的前三项是不无道理的。式(3-10)的解隐含着断面浓度剖面 $\hat{C}(y)$ 是由纵向对流输运与断面扩散输运相平衡得出的,如图 3-2 所示。泰勒假定这种平衡是可以达到的。式(3-10)的解可表示成

$$\hat{C}(y) = \frac{1}{D} \frac{\partial \overline{C}}{\partial x} \int_0^y \int_0^y \hat{u} \mathrm{d}y \mathrm{d}y + \hat{C}(0) \tag{3-14}$$

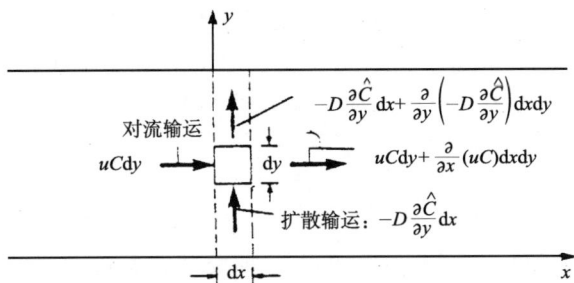

图 3-2　对流通量与扩散通量的平衡

在流向的质量输运率 $\dot{M}$ 可写成

$$\dot{M} = \int_0^h \hat{u} \hat{C} \mathrm{d}y = \frac{1}{D} \frac{\partial \overline{C}}{\partial x} \int_0^h \hat{u} \int_0^y \int_0^y \hat{u} \mathrm{d}y \mathrm{d}y \mathrm{d}y \tag{3-15}$$

由于 $\int_0^h \hat{u} \mathrm{d}y = 0$,因此 $\int_0^h \hat{u} [\hat{C}(0)] \mathrm{d}y = 0$。

注意到,流向的总质量输运与流向的浓度梯度成比例。对于分子扩散来说这是确切的结果,但现在得到的是沿流动方向的扩散。

比拟于分子扩散的费克定律,纵向离散系数 E_{L} 可表示成

$$E_L = -\frac{\dot{M}}{h\partial \overline{C}/\partial x} \tag{3-16}$$

式中，h 为水深。将式(3-15)代入式(3-16)，得

$$E_L = -\frac{1}{hD}\int_0^h \hat{u}\int_0^y\int_0^y \hat{u}\,\mathrm{d}y\mathrm{d}y\mathrm{d}y \tag{3-17}$$

因此，我们可以写出断面平均的一维离散方程，在动坐标系中，有

$$\frac{\partial \overline{C}}{\partial \tau} = E_L\,\frac{\partial^2 \overline{C}}{\partial \xi^2} \tag{3-18}$$

要返回定坐标系，必须重新引入包含平均对流速度的项，于是

$$\frac{\partial \overline{C}}{\partial t} + U\,\frac{\partial \overline{C}}{\partial x} = E_L\,\frac{\partial^2 \overline{C}}{\partial x^2} \tag{3-19}$$

上式即为一维迁移离散方程，该式在离散分析中经常要用到。

例 3-1 两平行平板间的层流运动，如图 3-3 所示。设平板间距为 h，顶板相对于底板以速度 U_0 运动。为简单计，假定顶板以速度 $U_0/2$ 向右运动，底板以速度 $U_0/2$ 向左运动。平板间层流运动的离散速度分布为

$$\hat{u}(y) = yU_0/h \tag{3-20}$$

今在平板间投放一团示踪物，且经历时间 h^2/D 后消失，以使示踪物充分混合，试确定其离散系数。

解：由式(3-14)可写出示踪物在平行平板间的浓度分布

$$
\begin{aligned}
\hat{C}(y) &= \frac{1}{D}\frac{\partial \overline{C}}{\partial x}\int_{-h/2}^y\int_{-h/2}^y \frac{U_0 y}{h}\mathrm{d}y\mathrm{d}y + \hat{C}\left(-\frac{h}{2}\right)\\
&= \frac{1}{D}\frac{\partial \overline{C}}{\partial x}\frac{U_0}{2h}\left(\frac{y^3}{3} - \frac{h^2 y}{4} - \frac{h^3}{12}\right) + \hat{C}\left(-\frac{h}{2}\right)
\end{aligned} \tag{3-21}
$$

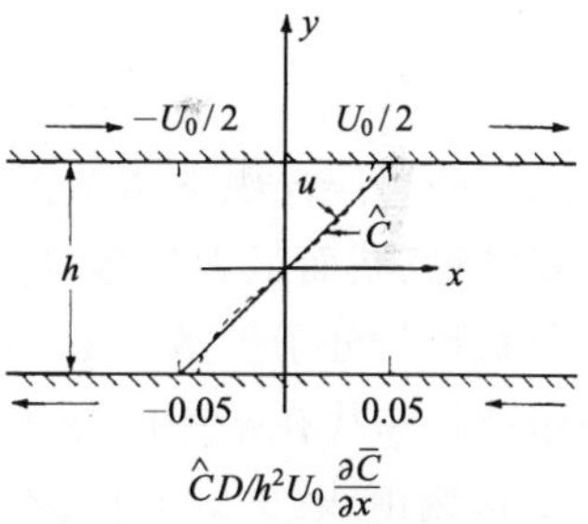

在 $y=-h/2$ 处，可由 $\hat{C}$ 的平均值为零的条件求得 $\hat{C}$，或简单地由对称条件，即在 $y=0$ 处 $\hat{C}=0$ 求得。图 3-3 示出浓度分布，没有必要计算 $\hat{C}(-h/2)$ 的值，因为其积分为零。由式(3-15)、(3-16)可确定离散系数

图 3-3 平行平板间流动的离散

$$
\begin{aligned}
E_L &= -\frac{1}{h\partial \overline{C}/\partial x}\int_{-h/2}^{h/2} \hat{u}\hat{C}\,\mathrm{d}y\\
&= -\frac{U_0}{2h^2 D}\int_{-h/2}^{h/2}\frac{U_0 y}{h}\left[\frac{y^3}{3} - \frac{h^2 y}{4} - \frac{h^3}{12} + \hat{C}\left(-\frac{h}{2}\right)\right]\mathrm{d}y = \frac{U_0^2 h^2}{120D}
\end{aligned} \tag{3-22}
$$

二、轴对称层流离散分析

在泰勒 1953 年发表的经典论文中，分析了溶质在圆管层流中的离散。他假定

溶质在横断面上混合均匀,这样可看作是轴对称的。速度分布可表示成

$$u(r) = u_m(1 - r^2/r_0^2) \tag{3-23}$$

式中,r_0 为圆管半径,u_m 为轴线流速,即断面最大速度。由积分得平均速度为 $u_m/2$。在柱坐标系中的对流扩散方程可写作

$$\frac{\partial C}{\partial t} + u_m\left(1 - \frac{r^2}{r_0^2}\right)\frac{\partial C}{\partial x} = D\left(\frac{\partial^2 C}{\partial r^2} + \frac{1}{r}\frac{\partial C}{\partial r} + \frac{\partial^2 C}{\partial x^2}\right) \tag{3-24}$$

将上式变换为以平均速度 $u_m/2$ 运动的动坐标系,同前面一样,忽略 $\partial^2 C/\partial x^2$ 和 $\partial C/\partial t$,并且令 $r' = r/r_0$,得

$$\frac{u_m r_0^2}{D}\left(\frac{1}{2} - r'^2\right)\frac{\partial \overline{C}}{\partial x} = \frac{\partial^2 \hat{C}}{\partial r'^2} + \frac{1}{r'}\frac{\partial \hat{C}}{\partial r'} \tag{3-25}$$

对上式积分两次,并应用边界条件:在 $r' = 1$ 处,$\dfrac{\partial \hat{C}}{\partial r'} = 0$,有

$$\hat{C} = \frac{u_m r_0^2}{8D}\left(r'^2 - \frac{r'^4}{2}\right)\frac{\partial \overline{C}}{\partial x} + \text{const} \tag{3-26}$$

同前,令纵向离散系数 E_L

$$E_L = -\frac{\dot{M}}{A\partial \overline{C}/\partial x} = \frac{1}{A\partial \overline{C}/\partial x}\int_A \hat{u}\hat{C}dA \tag{3-27}$$

其中,$A = \pi r_0^2$ 为横断面积,对上式积分得

$$E_L = \frac{r_0^2 u_m^2}{192D} \tag{3-28}$$

这就是圆管层流纵向离散系数的表达式。上式表明,圆管层流的纵向离散系数与圆管半径、断面最大流速成正比,而与分子扩散系数成反比。可粗略估算一下纵向离散系数与分子扩散系数的大小:今考察盐在直径为 4mm 的圆管层流中的离散问题。已知盐在水中的分子扩散系数 $D = 10^{-5}\,\text{cm}^2/\text{s}$,设圆管层流的轴线流速为 1cm/s,则由式(3-28)可得相应的纵向离散系数 $E_L = 21\text{cm}^2/\text{s}$,显然,盐的纵向离散系数约为其分子扩散系数的 200 万倍。

三、紊动剪切流离散分析

在剪切紊流里,时均流速各处大小不一定相等,即有时均流速梯度的存在。由于各处的时均流速不同,时均流速就会使两处的两个质点产生相对扩散,这是剪切紊流扩散不同于均匀紊流扩散之所在。今将泰勒的层流离散分析直接推广到紊流情形。紊流的速度剖面不同于层流情形,断面上的紊动混合系数 ε_m 起层流中分子扩散的作用。前面得到的关于一维离散方程的结论仍然适用,唯一的主要区别是断面混合系数随 y 而变,即 $\varepsilon_m(y)$,如在平行平板间的单向紊流中,其扩散方程和纵向离散系数可分别表示成

$$\hat{u}\,\frac{\partial \overline{C}}{\partial \xi} = \frac{\partial \varepsilon_{\mathrm{m}}}{\partial y}\,\frac{\partial \hat{C}}{\partial y} \tag{3-29}$$

$$E_{\mathrm{L}} = -\frac{1}{h}\int_0^h \hat{u} \int_0^y \frac{1}{\varepsilon_{\mathrm{m}}} \int_0^y \hat{u}\,\mathrm{d}y\mathrm{d}y\mathrm{d}y \tag{3-30}$$

对于紊动管流,前人的试验结果表明,速度剖面可写成下面的形式

$$u = u_{\mathrm{m}} - \sqrt{\frac{\tau_0}{\rho}}f(r') = u_{\mathrm{m}} - u_* f(r') \tag{3-31}$$

其中,τ_0 为管壁切应力,其余符号同层流分析一节。摩阻流速 u_* 在管流分析中经常用到。$f(r')$ 为一经验函数。

断面混合系数可由雷诺比拟得到,即动量混合系数与质量混合系数相同。通过表面的动量通量,等价于质量通量,可表示成该面上的切应力与密度之比。另外,由距管道中心线距离为 r 处力的平衡条件易知,总切应力由 $\frac{\tau}{\tau_0} = \frac{r}{r_0}$ 给出,因此

$$\varepsilon_{\mathrm{m}} = \frac{q}{-\partial C/\partial r} = \frac{\tau}{-\rho\,\partial u/\partial r} = \frac{r_0 r'}{\mathrm{d}f/\mathrm{d}r'}u_* \tag{3-32}$$

泰勒把 $\hat{u}(r) = u(r) - U$ 和 $\varepsilon_{\mathrm{m}}(r)$ 的值制成表,并把式(3-29)改用柱坐标表示,即

$$\hat{u}\,\frac{\partial \overline{C}}{\partial \xi} = \varepsilon_{\mathrm{m}}\left(\frac{\partial^2 \hat{C}}{\partial r^2} + \frac{1}{r}\,\frac{\partial \hat{C}}{\partial r}\right) \tag{3-33}$$

对式(3-33)进行数值积分可得 $\hat{C}(r)$ 值,再由式(3-30)数值积分可得纵向离散系数 E'_{L}

$$E'_{\mathrm{L}} = 10.06 r_0 u_* \tag{3-34}$$

这就是泰勒最初得到的圆管紊流的纵向离散系数的表达式。在以上分析中,泰勒没有考虑纵向紊动扩散系数 D_{L} 的影响,后来对 D_{L} 进一步研究后建议用下式计算

$$D_{\mathrm{L}} = 0.052 r_0 u_* \tag{3-35}$$

综合式(3-34)、(3-35),可得圆管紊流纵向离散系数的计算式

$$E_{\mathrm{L}} = 10.1 r_0 u_* \tag{3-36}$$

由式(3-34)～(3-36)不难看出,在圆管紊流的纵向离散问题中,纵向紊动扩散的作用比纵向离散的作用小得多。

3-2　明渠剪切流离散

二维明渠紊流与管道紊流有同样的统计特性,泰勒对管道剪切流的离散分析为解决二维明渠中的离散问题开辟了途径。如果二维明渠流沿程均匀,则质点速度在失去其投放点的影响之后,将是一个平稳的随机过程,相对于断面平均速度而言,质点速度将具有正态分布形式,从而表明离散系数将为一个常量。因此,可按

泰勒分析管流离散那样来分析明渠离散问题。艾尔德(Elder 1959)首先应用泰勒的分析方法求解了宽浅明渠的纵向离散问题。从紊动扩散方程出发,针对二维明渠情况,忽略了方程中的分子扩散项及沿纵向的紊动扩散项,并令横向流速 $v=0$,得到二维明渠流动的紊动扩散方程

$$\frac{\partial C}{\partial t} + u \frac{\partial C}{\partial x} = \frac{\partial}{\partial y}\left(D_y \frac{\partial C}{\partial y}\right) \tag{3-37}$$

考虑到 $C=C(x,y,t)$,于是有

$$\frac{\mathrm{d}C}{\mathrm{d}t} = \frac{\partial C}{\partial t} + \frac{\partial C}{\partial x}\frac{\mathrm{d}x}{\mathrm{d}t} + \frac{\partial C}{\partial y}\frac{\mathrm{d}y}{\mathrm{d}t} = \frac{\partial C}{\partial t} + u\frac{\partial C}{\partial x} + v\frac{\partial C}{\partial y} = \frac{\partial C}{\partial t} + u\frac{\partial C}{\partial x} \tag{3-38}$$

把式(3-38)代入式(3-37),得

$$\frac{\mathrm{d}C}{\mathrm{d}t} = \frac{\partial}{\partial y}\left(D_y \frac{\partial C}{\partial y}\right) = \frac{\partial C}{\partial t} + u\frac{\partial C}{\partial x} \tag{3-39}$$

令任意点的时均流速 u 由两部分组成,即

$$u = U + \hat{u} \tag{3-40}$$

式中,U 为断面平均流速,$\hat{u}$ 为任意点时均纵向流速与断面平均流速的差值,即离散流速。将纵向固定坐标 x 改成以断面平均流速 U 移动的坐标 ξ,即

$$\xi = x - Ut \tag{3-41}$$

将式(3-40)及(3-41)代入式(3-39),得

$$\frac{\mathrm{d}C}{\mathrm{d}t} = \frac{\partial C}{\partial t} + U\frac{\partial C}{\partial \xi} + \hat{u}\frac{\partial C}{\partial \xi} \tag{3-42}$$

仿照泰勒的做法,忽略式(3-42)中右端的前两项的作用,即

$$\frac{\partial C}{\partial t} + U\frac{\partial C}{\partial \xi} = 0 \tag{3-43}$$

则式(3-42)变为

$$\frac{\partial}{\partial y}\left(D_y \frac{\partial C}{\partial y}\right) = \hat{u}\frac{\partial C}{\partial \xi} \tag{3-44}$$

铅垂方向采用无量纲坐标,即

$$\eta = y/h \tag{3-45}$$

式中,h 为明渠水深。这样,式(3-44)可写成

$$\frac{\partial}{\partial \eta}\left(D_y \frac{\partial C}{\partial \eta}\right) = h^2 \hat{u}\frac{\partial C}{\partial \xi} \tag{3-46}$$

设浓度剖面上任意点的时均浓度 C 与其断面平均浓度 $\overline{C}$ 的差值为 $\hat{C}$,即离散浓度

$$C = \overline{C} + \hat{C} \tag{3-47}$$

考虑到 $\frac{\partial \overline{C}}{\partial \eta}=0$,$\frac{\partial \hat{C}}{\partial \xi}=0$,$\frac{\partial \overline{C}}{\partial \xi}=\mathrm{const}$,那么,式(3-46)可进一步表示成

$$\frac{\partial}{\partial \eta}\left(D_y \frac{\partial \hat{C}}{\partial \eta}\right) = h^2 \hat{u} \frac{\partial \overline{C}}{\partial \xi} \tag{3-48}$$

积分上式,得

$$\hat{C} = h^2 \frac{\partial \overline{C}}{\partial \xi} \int_0^\eta \frac{1}{D_y}\left(\int_0^\eta \hat{u} \, \mathrm{d}\eta\right) \mathrm{d}\eta \tag{3-49}$$

设由纵向离散引起的任意断面的浓度通量 J 为

$$J = \int_A \hat{u}\hat{C} \, \mathrm{d}A \tag{3-50}$$

类比紊动扩散的处理方法,浓度通量 J 还可表示成

$$J = -E_L \frac{\partial \overline{C}}{\partial \xi} A \tag{3-51}$$

联立式(3-50)、(3-51),可得纵向离散系数的表达式

$$E_L = -\int_A \hat{u}\hat{C} \, \mathrm{d}A \Big/ A \frac{\partial \overline{C}}{\partial \xi} \tag{3-52}$$

对于矩形断面明渠,$A = bh$, $\mathrm{d}A = b\mathrm{d}y = bh\mathrm{d}\eta$,将这些关系式连同 $\hat{C}$ 的表达式 (3-49)代入上式后,得

$$E_L = -h^2 \int_0^1 \hat{u}\left[\int_0^\eta \frac{1}{D_y}\left(\int_0^\eta \hat{u} \, \mathrm{d}\eta\right)\mathrm{d}\eta\right]\mathrm{d}\eta \tag{3-53}$$

关于式中的垂向紊动扩散系数,可用雷诺比拟确定,即

$$D_y = \frac{\tau/\rho}{-\mathrm{d}u/\mathrm{d}y} \tag{3-54}$$

由断面上切应力的关系式 $\dfrac{\tau}{\tau_0} = \dfrac{y}{h} = \eta$,可得

$$\frac{\tau}{\rho} = \frac{\tau_0 \eta}{\rho} = u_*^2 \eta \tag{3-55}$$

应用速亏定律,并采用对数形式的断面流速分布函数,即

$$u = u_m + \frac{u_*}{\kappa}\ln(1-\eta) \tag{3-56}$$

$$U = u_m - u_* \int_0^1 f(\eta) \, \mathrm{d}\eta \tag{3-57}$$

式中,u_m 为垂线上最大流速,κ 为卡门常数。

将式(3-54)~(3-57)代入纵向离散系数的表达式(3-53),得

$$E_L = \frac{hu_*}{\kappa^3} \int_0^1 \frac{1-\eta}{\eta}\left[\ln(1-\eta)\right]^2 \mathrm{d}\eta \tag{3-58}$$

上式中的积分可由 Γ 函数得出,其值约等于 0.4041,若取卡门常数 $\kappa = 0.41$,则

$$E_L = 5.86hu_* \tag{3-59}$$

以上推导中忽略了纵向的紊动扩散，得出的纵向离散系数偏小。纵向紊动扩散可表示成

$$E_* h \frac{\partial \overline{C}}{\partial \xi} = h \int_0^1 D_x \frac{\partial \overline{C}}{\partial \xi} \mathrm{d}\eta \tag{3-60}$$

式中，E_* 为由纵向紊动扩散引起的离散系数。

将式(3-55)、(3-56)代入式(3-54)，得

$$D_y = \kappa hu_*(1-\eta)\eta \tag{3-61}$$

设明渠水流为各向同性紊流，有

$$D_x = D_y = \kappa hu_*(1-\eta)\eta \tag{3-62}$$

将式(3-62)代入式(3-60)，得

$$E_* = hu_* \int_0^1 \kappa \eta(1-\eta)\eta = \frac{1}{6}\kappa hu_* = 0.067hu_* \tag{3-63}$$

这样，修正后的纵向离散系数可表示成

$$E_M = E_L + E_* = (5.86 + 0.067)hu_* = 5.93hu_* \tag{3-64}$$

上式即为艾尔德仿照泰勒分析法得到的矩形断面明渠水流纵向离散系数的表达式。实测资料表明，艾尔德的结果应用于非棱柱体明渠或天然河道时出入较大。据费舍的分析，主要原因是由于垂线平均流速沿横向分布不均匀所致。影响纵向离散系数的因子不是紊动强度，而是时均流速分布不均匀，如垂向分布不均匀、侧向分布不均匀。天然河流的宽深比一般都在 10 以上，因此，横向流速分布不均匀的影响比垂向分布不均匀要大 100 倍以上。

对于天然河流的纵向离散系数，可用费舍等人（Fischer et al 1979）提出的公式近似估算，即

$$E_M = 0.67 \frac{B^2(\overline{u}_y - U)^2}{hu_*} \text{ 或 } \qquad E_M = 0.011 \frac{B^2 U^2}{hu_*} \tag{3-65}$$

式中，B 为河宽，$\overline{u}_y$ 为垂线平均流速，U 为断面平均流速。由于天然河流的情况复杂，影响因素众多，目前还没有公认的计算离散系数的公式。

3-3　非恒定剪切流离散

前两节我们主要讨论了恒定剪切流的离散问题。实际上，真实的环境水流常常是非恒定的，如潮汐河口的往复流、湖泊中的风生流动等。费舍等人（Fischer et al 1979）曾将泰勒关于恒定流的离散分析方法推广到非恒定剪切流的离散，即在恒定流分量上叠加一个振荡分量以形成非恒定流。

在层流剪切流的离散分析中,曾给出浓度剖面式(3-21),如果这种流动可反向流动,即 $u=-Uy/h$,则浓度剖面也是反向的,即在式(3-21)中以 $-y$ 代替 y,那么由式(3-22)得到的离散系数也是相同的。现在考虑这样一种反向流动,即经过每一时间间隔 $T/2$ 后,流速由 $u=Uy/h$ 反向为 $u=-Uy/h$。经每一反向后,浓度剖面发生改变,但是在浓度剖面完全响应新速度剖面前,需要经历的时间 $T_c=h^2/D$。在此,我们讨论两种极限情形,一种是反向周期 T 比 T_c 长得多,另一种是反向周期 T 比 T_c 短得多。

首先,考虑反向周期 T 很长情形,即 $T\gg T_c$,此时浓度剖面有足够的时间使其在每一方向响应速度剖面,亦即 $\hat{C}$ 达到由式(3-21)给出的剖面所需要的时间短,因此,其离散系数与恒定流情形相同。

其次,考虑反向周期 T 很短的情形(与横断面混合时间比较),即 $T\ll T_c$。在这种情形,浓度剖面来不及响应速度剖面,但可预期 $\hat{C}$ 围绕轴对称剖面的平均值波动,此时 $\hat{C}=0$,那么其离散系数趋于零。

由上所述,可把这两种极限情形归纳如下:

若 $T\gg T_c$,则离散与恒定流情形相同;

若 $T\ll T_c$,则速度剖面没有引起离散。

第二种极限情形还可用图 3-4 示意性地说明。由图不难看出,当 $T\ll T_c$ 时瞬时线源短暂的变化情况。在此时段内,流动是单向的,线源被拉伸。但是当流动反向后,线源回复到原来的位置。这种结果发生在流动反向前,断面上基本没有混合的情形。

泰勒曾做过这两种极限情形的实验。在一只圆形容器的中心安装一个圆柱体,以使圆柱体与容器同轴,并且圆柱体可在容器内旋转。在圆柱体与容器间的环形空间内充满甘油,并在甘油表面用颜料画了一条直线。当圆柱体旋转时,可产生平行壁面间的剪切流。实验中观察到颜色线被扭曲,直到圆柱体旋转几圈后变得难以辨别。然后,圆柱体再以反方向旋转同样的圈数,当回复到原有位置时,颜色线再现在甘油表面,仿佛变魔术似的。

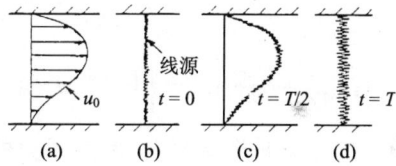

图 3-4　当 $T\ll T_c$ 往复流的剪切效应

(a)假想的速度分布,$u=u_0\sin\left(\dfrac{2\pi t}{T}\right)$;(b)在 $t=0$ 时刻引入线源;(c)在 $t=T/2$ 时刻线源的分布;(d)在 $t=T$ 时刻线源的分布

若要定量地分析非恒定流的离散,则需要求解式(3-13),即由泰勒方法简化后的扩散方程,但保留了 $\hat{C}$ 的非恒定项以及式(3-66)给出的速度剖面。其边界条件可表示成

在　　　　　　　　　　$y=\pm\dfrac{h}{2}$ 处,　　　　$\dfrac{\partial\hat{C}}{\partial y}=0$ 　　　　　　　(3-66)

不失一般性,可假定初始条件 $\hat{C}(y,0)=0$。式(3-13)中的对流项为一非恒定源项,

可近似用一个等强度源项代替这个非恒定源项，若令 $t=t_0$，则式(3-13)变为

$$\frac{\partial C^*}{\partial t} - D\frac{\partial^2 C^*}{\partial y^2} = -\frac{Uy}{h}\frac{\partial \overline{C}}{\partial x}\sin\left(\frac{2\pi t_0}{T}\right) \tag{3-67}$$

$$y=\pm\frac{h}{2} \text{ 和 } C^*(y,0)=0:\frac{\partial C^*}{\partial y}=0 \tag{3-68}$$

式中，C^* 为瞬时加入一个等强度源而引起的浓度分布。对一系列变强度源引起的浓度分布积分，有

$$\hat{C}(y,t) = \int_0^t \frac{\partial}{\partial t}C^*(y,t-t_0;t_0)\mathrm{d}t_0 \tag{3-69}$$

另外，当 $t-t_0$ 变大时，$\dfrac{\partial C^*}{\partial t}\to 0$。于是，这个解仅取决于 $C^*(y,t;t_0)$ 的新值。因此，对于大的 t 值，可写出

$$\hat{C}(y,t) = \int_{-\infty}^t \frac{\partial}{\partial t}C^*(y,t-t_0;t_0)\mathrm{d}t_0 \tag{3-70}$$

经过冗长的分析，积分后得

$$\hat{C} = \frac{2Uh^2}{\pi^3 D}\frac{T}{T_c}\frac{\partial \overline{C}}{\partial x}\sum_{n=1}^{\infty}\frac{(-1)^n}{(2n-1)^2}\sin(2n-1)\pi\frac{y}{h}$$

$$\times\left[\left(\frac{\pi}{2}(2n-1)^2\frac{T}{T_c}\right)^2+1\right]^{-1/2}\sin\left(\frac{2\pi t}{T}+\theta_{2n-1}\right) \tag{3-71}$$

其中，$\theta_{2n-1}=\arcsin\left\langle-\left\{\left[\dfrac{\pi}{2}(2n-1)^2\dfrac{T}{T_c}\right]^2+1\right\}^{-1/2}\right\rangle$。

在一个振荡周期内，离散系数的平均值可表示成

$$E = \frac{1}{T}\int_0^T\left(-\int_{-h/2}^{h/2}\hat{u}C\mathrm{d}y\Big/h\frac{\partial \overline{C}}{\partial x}\right)\mathrm{d}t$$

$$= \frac{u^2 h^2}{\pi^4 D}\left(\frac{T}{T_c}\right)^2\sum_{n=1}^{\infty}(2n-1)^{-2}\left\{\left[\frac{\pi}{2}(2n-1)^2\left(\frac{T}{T_c}\right)^2\right]^2+1\right\}^{-1} \tag{3-72}$$

对于 $T\ll T_c$，则 $E\to 0$；

对于 $T\gg T_c$，则 $E=\dfrac{U^2 h^2}{240D}=E_0$ \hfill (3-73)

对于恒定流的线性速度剖面，$u=U\left(\dfrac{y}{h}\right)\sin\alpha$，其中 α 为常数，我们知道其离散系数可表示成

$$E = \frac{1}{120}\frac{U^2 h^2\sin^2\alpha}{D} \tag{3-74}$$

对所有 α，对 E 取系综平均得

$$\overline{E} = \frac{1}{240}\frac{u^2 h^2}{D} \tag{3-75}$$

对于介于上述两者之间的离散系数,可由式(3-72)求得,并示于图3-5中。

　　依照费舍等人的思路,今在恒定流分量上叠加一个振荡分量,其数学表达式为

$$u(y) = u_1(y)\sin\frac{2\pi t}{T} + u_2(y)$$

$$(3-76)$$

若式中 $u_1 = u_2 = U\dfrac{y}{h}$,则 $u(y)$ 表示一种脉冲流动,如血管中的脉冲流动等。

　　令 $\hat{C}_1$ 是方程

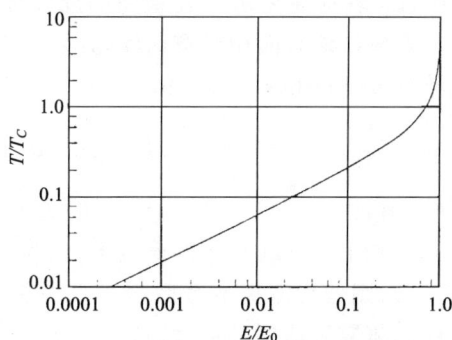

图 3-5　离散系数与振荡周期的关系

$$\frac{\partial \hat{C}_1}{\partial t} + u_1\sin\left(\frac{2\pi t}{T}\right)\frac{\partial \overline{C}}{\partial x} = \varepsilon\frac{\partial^2 \hat{C}_1}{\partial y^2}$$

$$(3-77)$$

的解,式中 ε 为紊动混合系数。另外,令 $\hat{C}_2$ 是方程

$$\frac{\partial \hat{C}_2}{\partial t} + u_2\frac{\partial \overline{C}}{\partial x} = \varepsilon\frac{\partial^2 \hat{C}_2}{\partial y^2}$$

$$(3-78)$$

的解,那么,$\hat{C} = \hat{C}_1 + \hat{C}_2$ 是下面方程的解

$$\frac{\partial \hat{C}}{\partial t} + u(t)\frac{\partial \hat{C}}{\partial x} = \varepsilon\frac{\partial^2 \hat{C}}{\partial y^2}$$

$$(3-79)$$

其周期平均的离散系数可表示成

$$\widetilde{E} = \frac{1}{T}\int_0^T - \frac{1}{h\partial C/\partial x}\int_{-h/2}^{h/2}\left(u_1\sin\frac{2\pi t}{T} + u_2\right)(\hat{C}_1 + \hat{C}_2)\mathrm{d}y\mathrm{d}t$$

$$(3-80)$$

由前述知,$\hat{C}_1$ 为正弦函数,那么被积函数的叉积项在振荡周期上的积分应为零。因此,有

$$\widetilde{E} = -\frac{1}{h\partial C/\partial x}\left(\frac{1}{T}\int_0^T\int_{-h/2}^{h/2}u_1\hat{C}_1\sin\frac{2\pi t}{T}\mathrm{d}y\mathrm{d}t + \int_{-h/2}^{h/2}u_2\hat{C}_2\,\mathrm{d}y\right) = E_1 + E_2$$

$$(3-81)$$

式中,E_1 为振荡分量的离散系数,E_2 为恒定流分量的离散系数。E_1 受 T/T_C 的影响,E_2 不受其影响。

　　以上分析了非恒定流振荡对纵向离散系数的影响,下面以潮汐河口的离散问题为例做一简要分析。若令 $T/T_C = T'$ 表示横断面混合的无量纲时间比尺,T 为潮周期,T_C 为横断面混合时间。联立式(3-72)、(3-73),得

$$E = E_0 f(T')$$

$$(3-82)$$

式中，E_0 表示潮周期 T 比横断面混合时间 T_C 长得多时的离散系数，即式(3-73)。

若河口横断面相对宽而浅，并且可忽略密度效应，则可用下式计算河口的纵向离散系数(Fischer et al,1979)

$$E = 0.1\,\overline{\hat{u}^2}T\left[\left(\frac{1}{T'}\right)f(T')\right] \tag{3-83}$$

式中，函数 $[(1/T')f(T')]$ 与 T' 的关系示于图 3-6 中，由图不难看出，当 T' 约为 1.0 时，$[(1/T')f(T')]$ 的值最大，约为 0.8。由此表明，若河口很宽(T' 小)或很窄(T' 大)，则剪切流离散系数很小。如果潮周期与横断面混合需要的时间相当，则剪切流离散可达到其最大值。

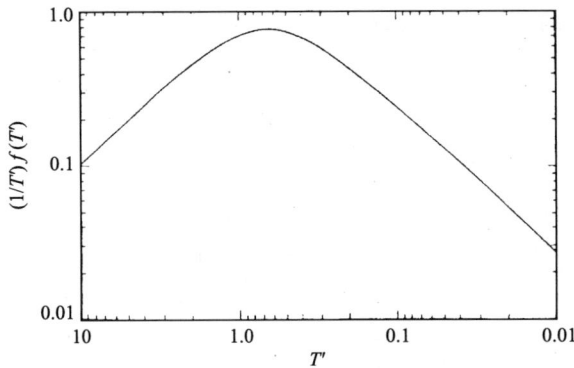

图 3-6　函数 $[(1/T')f(T')]$ 与 T' 之关系曲线

习　　题

3-1：离散与扩散有何区别？试比较之。

3-2：试比较圆管层流的纵向离散系数与圆管紊流的纵向离散系数。

3-3：如何确定紊动管流的纵向离散系数、明渠水流的纵向离散系数？

3-4：试分析比较河流的纵向离散系数与河口的纵向离散系数的影响因子有何不同？

3-5：对于某一确定河段，若已测得横断面的几何特性及足够的横断面上的流速分布资料，试问是否可通过式(3-53)，即

$$E_L = -h^2\int_0^1 \hat{u}\left[\int_0^\eta \frac{1}{D_y}\left(\int_0^\eta \hat{u}\,\mathrm{d}\eta\right)\mathrm{d}\eta\right]\mathrm{d}\eta$$

求得该河段的纵向离散系数？

3-6：一宽浅矩形断面明渠均匀流，水深 $h=2.13\mathrm{m}$，底坡 $i=0.0001$，断面平均流速 $U=0.65\mathrm{m/s}$，试估算其纵向离散系数。

3-7：一明渠均匀流的底坡为 1/5000，糙率为 0.012，水深为 2.0m，过水断面为宽浅型矩形断面，试求其纵向离散系数和纵向紊动扩散引起的离散系数。

3-8：在一宽度较大的明渠中，水流以平均流速 0.1m/s 缓慢流动，且可视为一维流动，水深

为 1.0m,水的密度为 1000kg/m³,温度为 15℃。在某一时刻,盐水以恒定流量由多孔扩散器连续地排放到明渠水流中,且能在瞬间达到全断面均匀混合。已测得扩散器出口断面上的密度为 1010kg/m³,温度为 22℃,离散系数为 0.1m²/s,仅考虑 x 方向的纵向离散,试计算:

（1）浓度分布；

（2）自开始排放时刻起 1h 及 24h 后的温度分布；

（3）在扩散器下游 1km 处水体的密度为 1001kg/m³ 所需的时间。

第四章　射流、羽流和浮射流

　　射流是指流体从各种形式的孔口或喷嘴射入同一种或另一种流体的流动。按照驱使射流在下游环境中进一步运动和扩散的动力来划分,可分为动量射流(俗称射流)、浮力羽流(俗称羽流)及浮力射流(俗称浮射流)。本章就射流、羽流及浮射流的基本特性、基本理论进行较为系统的论述。

4-1　紊动射流基本方程

一、紊流基本方程

　　紊流是黏性流体在一定条件下所产生的一种运动状态,因而描述黏性流体的运动方程同样适用于紊流。但由于紊流运动极其复杂,企图求解瞬时流动的全部过程,不但是不可能的,亦是没有必要的。紊动是一种随机过程,最简单的统计特征是平均值。下面我们就从雷诺平均概念出发,建立紊流运动的基本方程,其方法就是把黏性流体的连续性方程和运动方程中的各个变量看作随机变量,即由时均值与脉动值组成,然后取时间平均,即可得到紊流时均流动的基本方程。

　　不可压缩黏性流体的连续性方程为

$$\frac{\partial u_i}{\partial x_i} = 0 \tag{4-1}$$

以 $u_i = \bar{u}_i + u'_i$ 代入上式,并取时间平均得

$$\frac{\partial \bar{u}_i}{\partial x_i} = 0 \tag{4-2}$$

因 $\dfrac{\partial u_i}{\partial x_i} = \dfrac{\partial \bar{u}_i}{\partial x_i} + \dfrac{\partial u'_i}{\partial x_i} = 0$,并考虑到式(4-2),则有

$$\frac{\partial u'_i}{\partial x_i} = 0 \tag{4-3}$$

上式表明脉动流速也满足连续性方程。

　　黏性不可压缩流体的运动方程可写作

$$\frac{\partial u_i}{\partial t} + u_j \frac{\partial u_i}{\partial x_j} = f_i - \frac{1}{\rho} \frac{\partial p}{\partial x_i} + \nu \frac{\partial^2 u_i}{\partial x_j \partial x_j} \tag{4-4}$$

以 $u_i = \bar{u}_i + u'_i$,$p = \bar{p} + p'$ 代入上式,并取时间平均得

$$\frac{\partial \bar{u}_i}{\partial t} + \bar{u}_j \frac{\partial \bar{u}_i}{\partial x_j} + \overline{u'_j \frac{\partial u'_i}{\partial x_j}} = f_i - \frac{1}{\rho} \frac{\partial \bar{p}}{\partial x_i} + \nu \frac{\partial^2 \bar{u}_i}{\partial x_j \partial x_j} \tag{4-5}$$

式中左边第三项可改写如下

$$\overline{u'_j \frac{\partial u'_i}{\partial x_j}} = \frac{\partial}{\partial x_j}(\overline{u'_i u'_j}) - \overline{u'_i \frac{\partial u'_j}{\partial x_j}}$$

据式(4-3),上式右边第二项为零,故

$$\overline{u'_j \frac{\partial u'_i}{\partial x_j}} = \frac{\partial}{\partial x_j}(\overline{u'_i u'_j})$$

将这个关系代入式(4-5),则得

$$\frac{\partial \bar{u}_i}{\partial t} + \bar{u}_j \frac{\partial \bar{u}_i}{\partial x_j} = f_i - \frac{1}{\rho} \frac{\partial \bar{p}}{\partial x_i} + \frac{1}{\rho} \frac{\partial}{\partial x_j}\left(\mu \frac{\partial \bar{u}_i}{\partial x_j} - \rho \overline{u'_i u'_j} \right) \tag{4-6}$$

此式即为紊流时均运动方程,常称为雷诺方程。式(4-6)中的 $-\rho \overline{u'_i u'_j}$ 称为雷诺应力,它表示脉动对时均流动的影响,这是雷诺方程不同于 N-S 方程而特有的一项。雷诺方程(4-6)与连续性方程(4-2)一起构成紊流时均运动的基本方程组,其未知量共 10 个,但只有 4 个方程,方程组不封闭。为使方程组封闭,必须寻求其他途径来解决这个问题(见 4-2 节)。

二、恒定紊流边界层方程

不可压缩流体的紊流边界层方程可由雷诺方程简化得到。按照边界层厚度 δ 远小于其长度 l 的特性,用量级比较的方法,忽略方程中量级较小的项后可导出不可压缩恒定流动的边界层方程。现给出常用的两种形式:

对于恒定二维边界层,有

$$\frac{\partial \bar{u}}{\partial x} + \frac{\partial \bar{v}}{\partial y} = 0 \tag{4-7}$$

$$\bar{u} \frac{\partial \bar{u}}{\partial x} + \bar{v} \frac{\partial \bar{u}}{\partial y} = f - \frac{1}{\rho} \frac{\partial \bar{p}}{\partial x} + \frac{1}{\rho} \frac{\partial}{\partial y}\left(\mu \frac{\partial \bar{u}}{\partial y} - \rho \overline{u' v'} \right) \tag{4-8}$$

$$\frac{\partial \bar{p}}{\partial y} = 0 \tag{4-9}$$

对于恒定轴对称边界层方程,有

$$\frac{\partial \bar{u}}{\partial x} + \frac{1}{r} \frac{\partial (r\bar{v})}{\partial r} = 0 \tag{4-10}$$

$$\bar{u} \frac{\partial \bar{u}}{\partial x} + \bar{v} \frac{\partial \bar{u}}{\partial r} = f - \frac{1}{\rho} \frac{\partial \bar{p}}{\partial x} + \frac{1}{\rho r} \frac{\partial}{\partial r}\left[r\left(\mu \frac{\partial \bar{u}}{\partial r} - \rho \overline{u' v'} \right) \right] \tag{4-11}$$

$$\frac{\partial \bar{p}}{\partial r} = 0 \tag{4-12}$$

在紊动射流中,黏性切应力项 $\mu\dfrac{\partial\overline{u}}{\partial y}$ 远小于雷诺应力项 $-\rho\overline{u_i'u_j'}$,可以忽略不计。

对于自由射流,压力梯度近似为零,即 $\dfrac{\partial\overline{p}}{\partial x}\approx 0$,因此方程又可进一步简化。

为简洁起见,今后在使用本节给出的各时均流方程时,常常脱掉冠以变量上面的时均符号。

4-2　紊流的半经验理论

由 4.1 节知,由于雷诺应力的出现使得描述紊流运动的基本方程组不封闭,人们无法通过雷诺方程求解紊流问题。虽然紊流理论和实验研究已取得很大进展,但迄今为止,关于紊流的机理还未彻底搞清,还谈不上有一种紊流理论能普遍而有效地应用于工程实际问题。另外,工程中有大量的紊流问题需要解决,不能束手等待理论的发展。于是使得根据经验方法或实验数据等建立起来的一些半经验理论方法得到了发展和应用。本节我们主要介绍在紊动射流中常用的普朗特混合长度理论、普朗特自由紊流理论。关于其他半经验理论可参阅《冲击射流》(笔者1997)。

一、普朗特混合长度理论

普朗特于 1925 年提出了混合长度理论,其基本思想是把紊流脉动比拟于分子运动。由分子动量输运而引起的黏性切应力可表示成

$$\tau_1 = \mu\frac{\mathrm{d}u}{\mathrm{d}y} \tag{4-13a}$$

与此相应,认为紊动引起的紊动切应力亦可表示成上述形式,即

$$\tau_t = -\rho\overline{u'v'} = \mu_t\frac{\mathrm{d}\overline{u}}{\mathrm{d}y} \tag{4-13b}$$

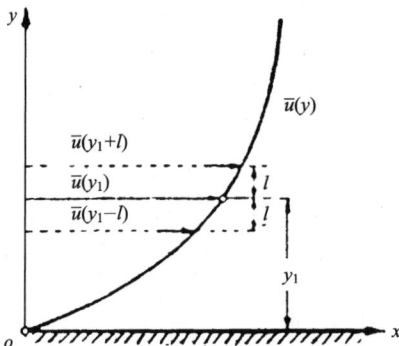

图 4-1　混合长度理论示意图

并称 μ_t 为紊动黏性系数或涡黏性系数。

现在让我们研究图 4-1 所示的简单平行流动。ox 轴取在壁面上,oy 轴垂直向上,平均流速为 $\overline{u}$,它只是 y 的函数,即 $\overline{u}=\overline{u}(y)$。

现考察 $y=y_1$ 上的雷诺应力。设在 y_1-l 处具有速度为 $\overline{u}(y_1-l)$ 的流体微团向上移动一段距离 l,这个距离 l 称之为普朗特混合长度。若该流体微团保持原有的动

量,则当它到达新的流层 y_1 处,此微团之速度较 y_1 处流体的速度为小。这个速度差可展开为泰勒级数,略去高阶小量,则有

$$\Delta u_1 = \bar{u}(y_1) - \bar{u}(y_1 - l) \approx l \left(\frac{\mathrm{d}\bar{u}}{\mathrm{d}y}\right)_{y_1} \tag{4-14}$$

由于流体微团是从下向上运动,故 y 方向的脉动速度为正,即 $v' > 0$。同样,自 $y_1 + l$ 处具有速度 $\bar{u}(y_1 + l)$ 的流体微团向 y_1 处流层运动,将具有比 y_1 处流体有较高的速度,其速度差为

$$\Delta u_2 = \bar{u}(y_1 + l) - \bar{u}(y_1) \approx l \left(\frac{\mathrm{d}\bar{u}}{\mathrm{d}y}\right)_{y_1} \tag{4-15}$$

由于流体微团是从上向下运动,因此,$v' < 0$。混合长度把上面所说的任一速度差,假定为 $y = y_1$ 流层处由流体微团横向运动所引起的 x 方向紊流脉动速度,即

$$|u'| = \frac{1}{2}(|\Delta u_1| + |\Delta u_2|) = l \left|\frac{\mathrm{d}\bar{u}}{\mathrm{d}y}\right| \tag{4-16}$$

y 方向脉动速度 v' 的量级可由下面假设得出:流体微团从上侧或下侧进入所讨论的那一层,它们以相对速度 $l \dfrac{\mathrm{d}\bar{u}}{\mathrm{d}y}$ 互相接近或离开,于是由此而引起同样量级的横向速度,因此 v' 必定亦是 u' 的量级,故

$$|v'| \sim l \left|\frac{\mathrm{d}\bar{u}}{\mathrm{d}y}\right| \tag{4-17}$$

而横向脉动 v' 与纵向脉动 u' 的符号相反,即

$$\overline{u'v'} = -k \overline{|u'||v'|} \tag{4-18}$$

式中,k 为常数。将式(4-16)和(4-17)代入上式,得

$$\overline{u'v'} = -cl^2 \left(\frac{\mathrm{d}\bar{u}}{\mathrm{d}y}\right)^2 \tag{4-19}$$

应当注意,式中常数 c 与式(4-18)中的常数 k 并不相同,若将上式中的常数归并到前面引入的但尚未确定的混合长度 l 中去,则上式可写成

$$\overline{u'v'} = -l^2 \left(\frac{\mathrm{d}\bar{u}}{\mathrm{d}y}\right)^2 \tag{4-20}$$

将上式代入式(4-13),得

$$\tau_t = \rho l^2 \left(\frac{\mathrm{d}\bar{u}}{\mathrm{d}y}\right)^2 \tag{4-21}$$

考虑到 τ_t 的符号必须随 $\mathrm{d}\bar{u}/\mathrm{d}y$ 的符号而改变,所以更正确的写法是

$$\tau_t = \rho l^2 \left|\frac{\mathrm{d}\bar{u}}{\mathrm{d}y}\right| \frac{\mathrm{d}\bar{u}}{\mathrm{d}y} \tag{4-22}$$

这就是普朗特的混合长度假说,后面将会看到,它在紊动射流的理论分析中是非常有用的。

式(4-22)还可写成

$$\tau_t = \mu_t \frac{\mathrm{d}\bar{u}}{\mathrm{d}y}, \qquad \mu_t = \rho l^2 \left| \frac{\mathrm{d}\bar{u}}{\mathrm{d}y} \right| \tag{4-23}$$

值得指出,层流黏性系数 μ 是分子的运动特性,与宏观运动无关;而紊动黏性系数 μ_t 不仅与紊流脉动有关,而且与平均流场有关。所以这种比拟的混合长度理论在本质上是有缺陷的。然而,实验表明,这种理论对于某些流动,的确与实验符合得很好。

二、普朗特自由紊流理论

普朗特的混合长度理论在 $\mathrm{d}\bar{u}/\mathrm{d}y$ 等于零的那些点上,即在速度有最大值和最小值的那些点上,涡黏性系数等于零。事实上,在最大速度点上,紊动掺混并未消失,已被许多实验所证实。为了克服这些困难,普朗特(1942)建立了一个相当简单的涡黏性系数表达式,它只适用于自由紊流(混合层、射流及尾流)情形,而且是根据理查德(Reichardt 1942)对自由紊流的大量测量数据得出的。在建立这个假说时,普朗特假定紊流混合中沿横向运动的流体微团的尺度与混合区的宽度有相同的量级。由前一小节我们知道,混合长度理论中的流体微团与流动区域的横向尺度相比是小量。现在涡黏性系数由时均速度的最大差值与正比于混合区宽度 b 的一个长度的积组成,即

$$\mu_t = \rho k b (\bar{u}_{\max} - \bar{u}_{\min}) \tag{4-24}$$

或

$$\nu_t = k b (\bar{u}_{\max} - \bar{u}_{\min}) \tag{4-25}$$

其中,k 为常数,由实验确定;$\bar{u}_{\max}$,$\bar{u}_{\min}$ 分别为轴向最大、最小时均速度。由上式知,在每个横截面的整个宽度上 μ_t 保持常数,而混合长度理论,即使假定混合长度 l 不变,μ_t 亦是变化的。紊动切应力可由下式给出

$$\tau_t = \rho k b (\bar{u}_{\max} - \bar{u}_{\min}) \frac{\mathrm{d}\bar{u}}{\mathrm{d}y} \tag{4-26}$$

上述半经验理论在早期看来很满意,因为当时只量测了时均流速分布,而这个分布对于半经验理论中的假定又不太敏感,尤其是有些系数需由实测资料加以确定,理论结果与实测资料甚为一致。但当更精细的实测资料积累以后,不难看出这些理论在原理上的缺陷和应用上的局限性。为了弥补这些缺陷,人们从雷诺应力方程出发来建立紊流模型,感兴趣的读者可参阅《射流力学》(笔者 2005)。从紊流模型的角度来看,半经验理论属于零方程模型。有了 4.1 节的基本方程和本节的

半经验理论后,我们就可以着手讨论紊动射流的特性了。

4-3　自由紊动射流的一般特性

本节先介绍一下自由紊动射流的一些基本特性,以使我们对射流有一初步的认识。

射流以初始流速 u_0 自孔口出射后与周围静止流体间形成速度不连续的间断面,如图 4-2 所示。由紊流力学知,速度间断面是不稳定的,必定会产生波动,并发展成涡旋,从而引起紊动。这样就会把原来周围处于静止状态的流体卷吸到射流中,这就是射流的卷吸现象。随着紊动的发展,被卷吸并与射流一起运动的流体不断增多,射流边界逐渐向两侧扩展,流量沿程增大(关于射流卷吸和扩展的机理,可参阅《射流力学》)。由于周围静止流体与射流的掺混,相应产生了对射流的阻力,使射流边缘部分流速降低,难以保持原来的初始流速。射流与周围流体的掺混自边缘逐渐向中心发展,经过一定距离发展到射流中心,自此以后射流的全断面上都发展成紊流。由孔口边界开始向内外扩展的掺混区称之为剪切层或混合层。其中心部分未受掺混的影响,仍保持原出口流速 u_0 的区域称为射流的势流核。从孔口至势流核末端之间的这一段称为射流的初始段。紊流充分发展以后的射流称为射流的主体段。在初始段与主体段之间有一个很短的过渡段,一般在分析中不予考虑。

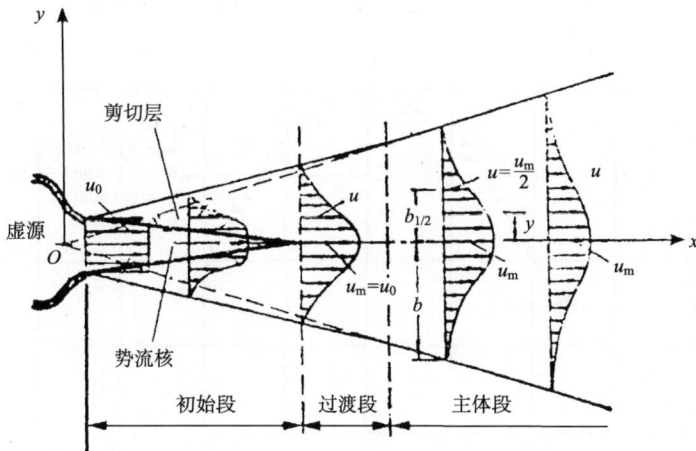

图 4-2　自由紊动射流流动特征示意图

据艾尔伯森、戴氏、詹森等人（Albertson，Dai，Jensen et al 1950）、阿勃拉莫维奇（Абрамович 1960）的实验研究和理论分析表明，自由紊动射流具有以下重要特性：

一、断面流速分布的相似性

图 4-3(a)为平面紊动自由射流不同断面的流速分布图，各个断面流速分布显示出相似性质，轴线上流速最大，距轴越远流速越小。若将流速 u 和断面上横向坐标 y 分别以无量纲坐标 u/u_m 和 $y/b_{1/2}$ 来表示，则所有各断面上无量纲流速分布均落在同一条曲线上，如图 4-3(b)所示。u 表示任意断面上距轴线 y 处流速，u_m 为该断面轴线流速，$b_{1/2}$ 为半值宽，即 $u=0.5u_m$ 处的 y 值。

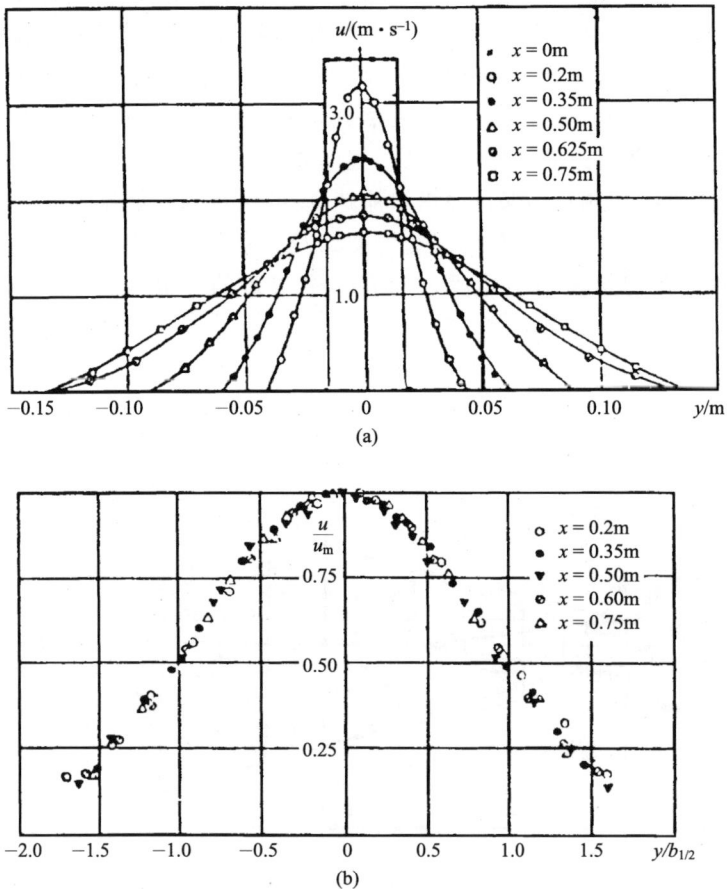

(a)

(b)

图 4-3　射流横断面流速分布

二、射流边界线性扩展

实测结果与理论分析表明，紊动射流的混合层厚度随距离发展呈线性增加。若将主体段射流的上下边界线延长，则交汇于 O 点，该点称之为射流的"虚源"。根据厚度线性增长的规律，则有

$$b/x = \tan\theta = \text{const} \qquad (4\text{-}27)$$

式中，θ 为射流边界线与轴线的夹角。初始段边界的发展也为直线，但扩散角与主体段不同。

应当指出，射流的边界为线性扩展，这仅仅是宏观的概念，由于紊动作用在边界面附近表现的很剧烈，从实验观察到的边界线并不是一条光滑笔直的直线，而是锯齿形线。

三、动量通量守恒

自由射流中的压强可认为等于周围流体的压强。根据这一特性，射流中的压强沿 x 方向没有变化，即

$$\frac{\partial p}{\partial x} = 0 \qquad (4\text{-}28)$$

既然在 x 方向没有压差存在，则在 x 方向必定保持动量守恒，即

$$\int_A \rho u^2 \mathrm{d}A = \text{const} \qquad (4\text{-}29)$$

通过以上讨论，我们已对自由紊动射流的一般物理特性有了初步了解。为了深入理解紊动射流的特性，我们将在本章下面两节（4-4 和 4-5 节）中分别对平面紊动射流和圆形紊动射流的时均流动特性进行理论分析。

4-4　平面紊动射流

本节我们对平面自由紊动射流进行理论分析。首先介绍格特勒的经典解答，其次介绍主体段和初始段一些特征物理量的变化规律。

从缝隙或窄长孔口喷出的射流可按平面问题分析。一般当出口雷诺数 $Re = 2b_0 u_0/\nu > 30$ 时，可认为射流是紊动的。本节讨论无限静止流体空间中平面紊动射流运动。由于射流的纵向尺度远大于其横向尺度，可应用边界层理论进行分析。对于恒定平面紊动射流，忽略黏性切应力后，其基本微分方程组式（4-7）～（4-9）变为

$$u\frac{\partial u}{\partial x} + v\frac{\partial u}{\partial y} = \frac{1}{\rho}\frac{\partial \tau}{\partial y} \qquad (4\text{-}30)$$

$$\frac{\partial u}{\partial x} + \frac{\partial v}{\partial y} = 0 \tag{4-31}$$

其中，$\tau = -\rho \overline{u'v'}$，即雷诺应力。

　　求解上面的方程组时，关键在于对雷诺应力项的模拟。托尔敏（Tollmien 1926）应用普朗特混合长度理论做了求解，其后格特勒（Gortler 1942）基于普朗特的自由紊流理论提出了解答。下面就格特勒的经典解做一介绍，至于托尔敏的经典解可参阅《冲击射流》（笔者 1997）。

一、格特勒解

　　格特勒根据普朗特的自由紊流理论，求解了平面射流的流速分布，兹介绍如下：

　　对于在静止流体中扩散的射流，普朗特自由紊流理论中的 $u_{min} = 0$，则 $\nu_t = kbu_m$，u_m 为轴线流速。将 ν_t 值代入紊流边界层方程（4-30），得

$$u\frac{\partial u}{\partial x} + v\frac{\partial u}{\partial y} = kbu_m\frac{\partial^2 u}{\partial y^2} \tag{4-32}$$

　　取某一特征断面，x 坐标值为 s，射流宽度为 b_s，轴线流速为 u_{ms}，则按动量通量守恒条件可得到 $u_m \propto 1/\sqrt{x}$ 及 $b \propto x$ 的关系。对于距离为 x 的任意断面，其轴线流速和射流宽度可写成

$$\frac{u_m}{u_{ms}} = \sqrt{\frac{s}{x}}, \qquad \frac{b}{b_s} = \frac{x}{s}$$

从而 $\dfrac{\nu_t}{\nu_{ts}} = \sqrt{\dfrac{x}{s}}$，其中 $\nu_{ts} = kb_s u_{ms}$。

　　引入新变量 $\eta = \sigma y/x$，σ 为一待定常数，并引入流函数 ψ

$$\psi = \frac{u_{ms}}{\sigma}s^{1/3}x^{1/2}F(\eta)$$

则有

$$\frac{u}{u_{ms}} = \sqrt{\frac{s}{x}}F' \text{ 和} \qquad \frac{v}{u_{ms}} = \sqrt{\frac{s}{x}}\frac{1}{\sigma}\left(\eta F' - \frac{1}{2}F\right)$$

将上列关系式代入式（4-32）得出求 $F(\eta)$ 的微分方程

$$\frac{1}{2}F' + \frac{1}{2}FF'' + \frac{\nu_{ts}}{u_{ms}}\sigma^2 F''' = 0 \tag{4-33}$$

其边界条件为：

　　　　当 $\eta = 0$ 时，　　$F = 0$ 及 $F' = 1$
　　　　当 $\eta = \infty$ 时，　　$F' = 0$

方程（4-33）的解为

$$F = \tanh\eta \tag{4-34}$$

由此得流速 u 为

$$\frac{u}{u_{\mathrm{ms}}} = \sqrt{\frac{s}{x}}(1 - \tanh^2\eta) \tag{4-35}$$

特征断面的轴线流速 u_{ms} 可通过单宽射流的动量通量守恒条件推求,动量通量为

$$J = \rho\int_{-\infty}^{\infty} u^2\,\mathrm{d}y$$

积分后得

$$J = \frac{4}{3}\rho u_{\mathrm{ms}}^2 \frac{s}{\sigma}$$

令 $K = J/\rho$,最后得流速分布表达式为

$$u = \frac{\sqrt{3}}{2}\sqrt{\frac{k\sigma}{x}}(1 - \tanh^2\eta) \tag{4-36}$$

$$v = \frac{\sqrt{3}}{4}\sqrt{\frac{k}{x\sigma}}\left[2\eta(1 - \tanh^2\eta) - \tanh\eta\right] \tag{4-37}$$

唯一的经验常数 σ 的值由理查德(Reichardt 1942)求得 $\sigma = 7.67$。

　　图 4-4 绘出格特勒解与托尔敏解及佛斯曼(Forthmann 1933)实验结果的比较。由图可知,在轴线附近,格特勒解比托尔敏解与实测值吻合得好些,而在靠近射流边缘处后者比前者符合得好些。

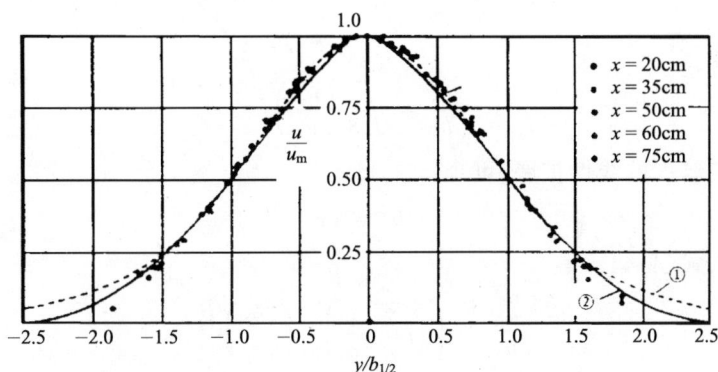

图 4-4　平面紊动射流速度分布理论与实验比较(①格特勒解,②托尔敏解)

二、平面射流主体段

1. 轴线流速衰减规律

　　现利用射流动量通量守恒原理来推导射流轴线流速的沿程变化规律。射流任

意断面上单位宽度沿 x 方向的动量应为

$$J = \int_{-\infty}^{\infty} \rho u^2 \, \mathrm{d}y \tag{4-38}$$

由孔口出射的初始单宽动量为

$$J_0 = 2b_0 \rho u_0^2 \tag{4-39}$$

由动量守恒原理得

$$\int_{-\infty}^{\infty} \rho u^2 \, \mathrm{d}y = 2b_0 \rho u_0^2 \tag{4-40}$$

考虑到断面流速分布的相似性,即

$$\frac{u}{u_{\mathrm{m}}} = f\left(\frac{y}{b}\right) \tag{4-41}$$

式中,b 为射流的特征半厚度,可视计算方便加以选择。通常采用高斯分布形式,即

$$\frac{u}{u_{\mathrm{m}}} = \exp\left[-\left(\frac{y}{b}\right)^2\right] \tag{4-42}$$

关于射流特征半厚度 b,这样选择比较方便:当 y 等于该特征半厚度时,刚好使 $u/u_{\mathrm{m}} = 1/\mathrm{e}$,令满足这种条件的特征半厚度为 b_{e},显然在 $y = b_{\mathrm{e}}$ 的点上 $u/u_{\mathrm{m}} = 1/\mathrm{e}$。将式(4-42)代入式(4-38),动量积分式成为

$$\rho \int_{-\infty}^{\infty} u^2 \, \mathrm{d}y = 2\rho \int_0^{\infty} u_{\mathrm{m}}^2 \exp\left[-2\left(\frac{y}{b}\right)^2\right] \mathrm{d}y = \rho b_{\mathrm{e}} \sqrt{\frac{\pi}{2}} u_{\mathrm{m}}^2 \tag{4-43}$$

由式(4-40),有

$$\frac{b_{\mathrm{e}}}{b_0} = \sqrt{\frac{\pi}{8}} \left(\frac{u_{\mathrm{m}}}{u_0}\right)^2 \tag{4-44}$$

考虑到射流厚度的线性扩展,可令

$$b_{\mathrm{e}} = cx \tag{4-45}$$

将上式代入式(4-44),得

$$\frac{u_{\mathrm{m}}}{u_0} = \left(\sqrt{\frac{2}{\pi}} \frac{1}{c}\right)^{1/2} \left(\frac{2b_0}{x}\right)^{1/2} \tag{4-46}$$

据艾尔伯森、戴氏、詹森等人的实验,$c = 0.154$,代入上式可得射流轴线流速 u_{m} 沿程变化关系式

$$\frac{u_{\mathrm{m}}}{u_0} = 2.28 \sqrt{\frac{2b_0}{x}} \tag{4-47}$$

该式表明,平面紊动射流轴线流速随 $x^{-1/2}$ 而变化。另外,由托尔敏解得到的轴线流速 u_{m} 随 x 的衰减关系为

$$\frac{u_m}{u_0} = 1.2 / \sqrt{\frac{ax}{b_0}}, \qquad 其中\ a = \sqrt[3]{2c^2} \tag{4-48}$$

平面射流虚源（如图 4-5 所示）位于孔口之内，系射流主体段两条外边界线的交点，亦是理论分析中的坐标原点。若设孔口出口断面的位置以 s_0 表示，则

$$\frac{s_0}{b_0} = \frac{0.41}{a} = \frac{0.41}{(2c^2)^{1/3}} \tag{4-49}$$

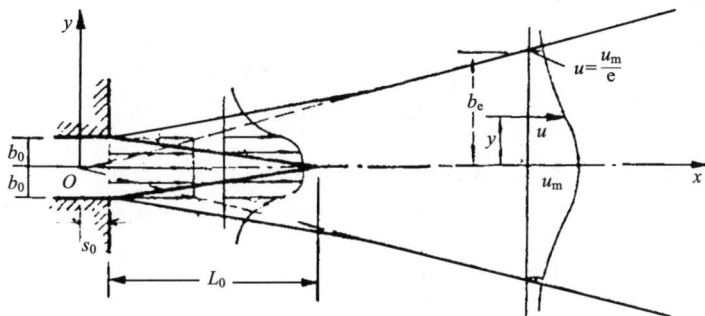

图 4-5　平面自由紊动射流

2. 流量沿程变化

由于射流的卷吸作用，流量将沿程增大，任意断面上单宽流量为

$$q = \int_{-\infty}^{\infty} u \mathrm{d}y \tag{4-50}$$

将式（4-42）代入上式，得

$$q = 2\int_{-\infty}^{\infty} u_m \exp\left[-\left(\frac{y}{b_e}\right)^2\right]\mathrm{d}y = \sqrt{\pi}b_e u_m \tag{4-51}$$

设孔口出射的初始单宽流量为 q_0，即 $q_0 = 2b_0 u_0$，因而

$$\frac{q}{q_0} = \frac{\sqrt{\pi}}{2}\frac{b_e}{b_0}\frac{u_m}{u_0} \tag{4-52}$$

将式（4-44）、（4-46）代入上式，得

$$\frac{q}{q_0} = 0.62\sqrt{\frac{x}{2b_0}} \tag{4-53}$$

若射流为含有某种物质的废水，则 q/q_0 为任意断面上废水的平均稀释度。

3. 射流卷吸系数

将式（4-44）、（4-46）代入式（4-52）微分得

$$\frac{\mathrm{d}q}{\mathrm{d}x} = \frac{1}{2}(\sqrt{2\pi}c)^{1/2}\left(\frac{2b_0}{x}\right)^{1/2}u_0 = \frac{\sqrt{\pi}}{2}cu_\mathrm{m} \tag{4-54}$$

若射流为不可压缩流体,按照连续性原理,在 $\mathrm{d}x$ 流段内流量的增加,应当与从正交于射流轴线方向卷吸的流量相等。设两侧的卷吸速度为 v_e,则单宽卷吸流量为 $2v_\mathrm{e}\mathrm{d}x$,即

$$\frac{\mathrm{d}q}{\mathrm{d}x} = 2v_\mathrm{e} \tag{4-55}$$

将上式与式(4-54)比较得

$$2v_\mathrm{e} = \frac{\sqrt{\pi}}{2}cu_\mathrm{m} \tag{4-56}$$

由此可见,卷吸速度 v_e 与 u_m 成比例,于是可令

$$v_\mathrm{e} = \alpha u_\mathrm{m} \tag{4-57}$$

式中,α 为卷吸系数,对于平面射流,有

$$\alpha = \frac{\sqrt{\pi}}{4}c \tag{4-58}$$

采用艾尔伯森、戴氏、詹森等人的实验结果,$c=0.154$,则平面射流的卷吸系数 $\alpha=0.069$。

三、平面紊动射流初始段长度

利用射流轴线流速变化关系式(4-47),令式中 $u_\mathrm{m}=u_0$,则可求出初始段的长度

$$L_0 = 5.2(2b_0) \tag{4-59}$$

4-5　圆形紊动射流

平面紊动射流和圆形紊动射流是实际应用中常见的两种射流形态。在 4.5 节我们已对平面射流作了较详细的讨论,本节讨论圆形紊动射流,与 4.5 节类似,主要从理论解、主体段和初始段等方面加以论述。

一、施里赫廷解

施里赫廷(Schlichting 1979)应用普朗特的自由紊流理论,将雷诺应力表示为

$$-\rho\overline{u'v'} = \rho\nu_\mathrm{t}\frac{\partial u}{\partial r}\text{(柱坐标形式)} \tag{4-60}$$

考虑到 $b\propto x$,$u_\mathrm{m}\propto 1/x$ 的关系,则

$$\nu_t \propto x \cdot \frac{1}{x} = x^0$$

故沿流 $\nu_t = \mathrm{const}$，表明在整个射流中涡黏性系数保持为常数。

控制方程的边界条件为

$$r = 0 \; 处 : v = 0, \frac{\partial u}{\partial r} = 0; \qquad r = \infty \; 处 : u = 0 \tag{4-61}$$

设断面上流速分布是相似的，令 $\eta = \sigma r / x$，并引入流函数 $\psi = \nu_t x F(\eta)$，则流速分量为

$$u = \frac{\sigma^2 \nu_t}{x} \frac{F'}{\eta} \tag{4-62}$$

$$v = \frac{\sigma \nu_t}{x} \left(F' - \frac{F}{\eta} \right) \tag{4-63}$$

将上式代入轴对称紊流边界层方程(4-10)，得

$$\frac{FF'}{\eta^2} - \frac{F'^2}{\eta} - \frac{FF''}{\eta} = \frac{\mathrm{d}}{\mathrm{d}\eta} \left(F'' - \frac{F'}{\eta} \right) \tag{4-64}$$

其边界条件为：

当 $\eta = 0$ 时，$F = 0$，$F' = 0$

积分式(4-64)一次得

$$FF' = F' - \eta F'' \tag{4-65}$$

上式满足边界条件的一个特解为

$$F = \eta^2 \Big/ \left(1 + \frac{1}{4} \eta^2 \right) \tag{4-66}$$

因此，由式(4-62)、(4-63)得

$$u = \frac{\nu_t}{x} \sigma \frac{1}{\eta} \frac{\mathrm{d}F}{\mathrm{d}\eta} = \frac{\nu_t}{x} \frac{2\sigma^2}{\left(1 + \frac{1}{4} \eta^2 \right)^2} \tag{4-67}$$

$$v = \frac{\nu_t}{x} \sigma \left(\frac{\mathrm{d}F}{\mathrm{d}\eta} - \frac{F}{\eta} \right) = \frac{\nu_t}{x} \sigma \frac{\eta - \frac{1}{4} \eta^3}{\left(1 + \frac{1}{4} \eta^2 \right)^2} \tag{4-68}$$

于是射流的动量通量可写成

$$J = 2\pi\rho \int_0^\infty u^2 r \mathrm{d}r = \frac{16}{3} \pi\rho\sigma^2 \nu_t^2 \tag{4-69}$$

最后，式(4-67)、(4-68)可写成以 ν_t 及 $K = J/\rho$ 表示的形式

$$u = \frac{3}{8\pi} \frac{K}{\nu_t} \frac{1}{x(1 + \eta^2/4)^2} \tag{4-70}$$

$$v = \frac{1}{4}\sqrt{\frac{3}{\pi}}\ \frac{\sqrt{K}}{x}\ \frac{\eta - \eta^3/4}{(1+\eta^2/4)^2} \tag{4-71}$$

式中，$\eta = \sqrt{\dfrac{3}{16\pi}}\dfrac{\sqrt{K}}{\nu_t}\dfrac{r}{x}$，上式即为圆形紊动射流的速度分布，与层流情形的速度分布（见《射流力学》）对比，我们不难发现两者在形式上完全相同。

　　图 4-6 绘出施里赫廷解与托尔敏(1926)解和理查德(1942)实测值对比的流速分布。由图可知，类似于平面紊动射流情形，在靠近射流轴线处，施里赫廷解优于托尔敏解，而在靠近射流边缘处，托尔敏解比施里赫廷解符合得好些。尽管托尔敏解法比较复杂繁琐(笔者 1997)，但与实测资料符合较好是其优点。

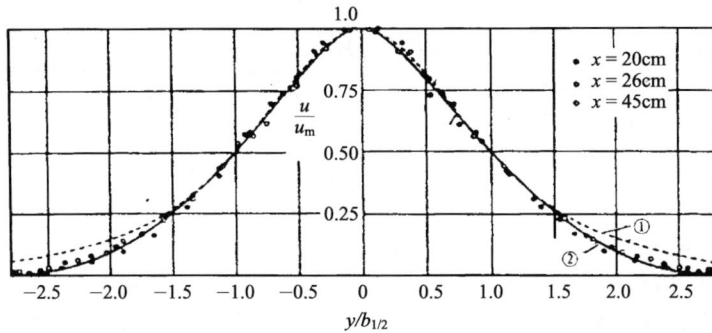

图 4-6　圆形紊动射流速度分布理论与实验比较(①施里赫廷解，②托尔敏解)

二、圆形紊动射流主体段

1. 轴线流速衰减规律

　　与平面射流一样，流场按静压分布，射流各断面动量通量守恒，均等于出口断面的动量通量，即

$$J = \int_0^\infty \rho u^2 \cdot 2\pi r\mathrm{d}r = \rho u_0^2 \pi r_0^2 \tag{4-72}$$

式中，u_0，r_0 分别为出口断面的流速和半径，如图 4-7 所示。

　　考虑到主体段各断面的流速分布存在相似性，即

$$\frac{u}{u_m} = f\left(\frac{r}{b}\right) = \exp\left[-\left(\frac{r}{b}\right)^2\right] \tag{4-73}$$

取 b_e 作为特征半厚度，当 $r = b_e$ 时，$u = u_m/e$，以其代入式(4-72)积分，得

$$\int_0^\infty u^2 \cdot 2\pi r\mathrm{d}r = \frac{\pi}{2}u_m^2 b_e^2 = u_0^2\frac{\pi D^2}{4} \tag{4-74}$$

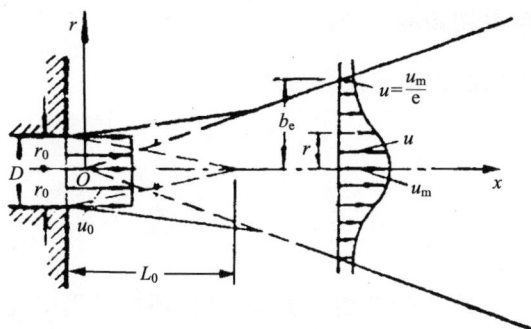

图 4-7 轴对称自由射流

设射流厚度线性扩展,即

$$b_e = cx \tag{4-75}$$

代入上式得

$$\frac{u_m}{u_0} = \frac{1}{\sqrt{2}c}\left(\frac{D}{x}\right) \tag{4-76}$$

据艾尔伯森、戴氏、詹森等人(Albertson,Dai,Jensen et al 1950)的实测资料得 $c=0.114$,则上式变为

$$\frac{u_m}{u_0} = 6.2\frac{D}{x} \tag{4-77}$$

该式表明,圆形紊动射流轴线流速随 x^{-1} 而变化。

2. **流量沿程变化**

射流任意断面的流量可表示成

$$Q = \int_0^\infty u \cdot 2\pi r \mathrm{d}r = 2\pi\int_0^\infty u_m \exp\left[-\left(\frac{r}{b_e}\right)^2\right]r\mathrm{d}r$$

$$= 2\pi u_m \frac{b_e^2}{2}\int_0^\infty \exp\left[-\left(\frac{r}{b_e}\right)^2\right]\mathrm{d}\left(\frac{r}{b_e}\right)^2 = \pi u_m b_e^2 \tag{4-78}$$

考虑到出口流量 $Q_0 = \frac{1}{4}\pi D^2 u_0$,故流量比为

$$\frac{Q}{Q_0} = \frac{4c^2 x^2}{D^2}\frac{u_m}{u_0} \tag{4-79}$$

将式(4-77)及 c 值代入上式,得

$$\frac{Q}{Q_0} = 0.32\frac{x}{D} \tag{4-80}$$

三、圆形紊动射流初始段长度

令 $u_m = u_0$，可得圆形紊动射流初始段长度

$$L_0 = 6.2D \qquad (4\text{-}81)$$

4-6　羽　流

前面主要讨论了密度不变的均质射流，但在环境工程中我们经常会遇到密度变化的非均质射流，常见的射流形式有：羽流、浮射流。射流密度的变化通常由两种因素引起：一种是由浓度变化，另一种是由温度变化。由密度差或温度差而产生的浮力作用决定了这类射流的流动特性。本节着重讨论羽流问题。羽流是指射流的初始出射动量很小，进入环境以后靠浮力的作用来促使其进一步运动和扩散，浮力起着支配作用。由于浮力引起的扩散云团形似羽毛状，故称羽流。浮力的产生一般来自两种原因：其一是由于射流流体本身的密度和周围环境的流体密度不同，如密度小的废水排入盐度大的海水中；其二是由于温差引起的浮力，如冷却水排入河流，烟囱排入大气的烟雾等。本节应用积分方法、量纲分析法分别对圆形羽流、平面羽流的流动特性进行分析，并给出特征量的计算式。

一、积分方法

1. 圆形羽流

圆形羽流可概化为点源羽流，即在无限空间静止环境中从点源发生的羽流，如

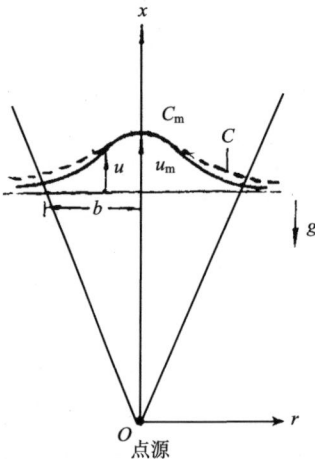

图 4-8　点源羽流示意图

图 4-8 所示。由于圆形羽流的轴对称性，可采用柱坐标系，沿羽流上升方向设为 x 轴，径向为 r 轴，相应的轴向时均流速为 u，径向流速为 v。在恒定流状态下，以柱坐标形式表示的羽流控制方程如下：

连续性方程

$$\frac{\partial u}{\partial x} + \frac{1}{r}\frac{\partial}{\partial r}(rv) = 0 \qquad (4\text{-}82)$$

运动方程：

因羽流在径向的尺度 r 比其轴向尺度 x 小得多，和射流一样可采用边界层方程，考虑到质量力只有重力，并忽略黏性切应力，则柱坐标形式的边界层方程可写成

$$u \frac{\partial u}{\partial x} + v \frac{\partial u}{\partial r} = -g - \frac{1}{\rho} \frac{\partial p}{\partial x} - \frac{1}{r} \frac{\partial}{\partial r}(r \overline{u'v'}) \tag{4-83}$$

以 ρ_a 表示周围流体密度,并设周围流体的压强在垂向为静压分布,有

$$\frac{\partial p}{\partial x} = -\rho_a g \tag{4-84}$$

在密度差不大的情形,可采用鲍辛奈斯克的方法,即只在重力上保留密度变化的作用,其余各项都把密度当作常数,在式(4-83)中压力梯度项的 ρ 以 ρ_a 代替,则式(4-83)变为

$$u \frac{\partial u}{\partial x} + v \frac{\partial u}{\partial r} = \frac{\rho_a - \rho}{\rho_a} g - \frac{1}{r} \frac{\partial}{\partial r}(r \overline{u'v'}) \tag{4-85}$$

柱坐标形式的扩散方程:

浓度扩散方程

$$u \frac{\partial C}{\partial x} + v \frac{\partial C}{\partial r} = -\frac{1}{r} \frac{\partial}{\partial r}(r \overline{u'v'}) \tag{4-86}$$

若羽流中某点浓度 C 与周围浓度 C_a 之差为 ΔC,则相应的扩散方程可写成

$$u \frac{\partial \Delta C}{\partial x} + v \frac{\partial \Delta C}{\partial r} = -\frac{1}{r} \frac{\partial}{\partial r}(r \overline{u' \Delta C'}) \tag{4-87}$$

若羽流中某点温度 T 与周围流体温度 T_a 之差为 ΔT,则温差扩散方程可写成

$$u \frac{\partial \Delta T}{\partial x} + v \frac{\partial \Delta T}{\partial r} = -\frac{1}{r} \frac{\partial}{\partial r}(r \overline{u' \Delta T'}) \tag{4-88}$$

在浓度差、温度差较小的情形,可认为浓度差、温度差与密度差之间存在线性关系,即

$$\Delta C \propto \Delta \rho, \qquad \Delta T \propto \Delta \rho$$

上述运动方程、扩散方程中含有脉动量的二阶相关项 $\overline{u'v'}$,$\overline{u' \Delta C'}$ 等,可用紊流模型直接求解上述微分方程。工程中常采用一些较合理的假定,用积分方法求得表征羽流特性的有关参数,其中一些待定系数则由实验确定。现介绍积分法,有两个假定:

(1)相似性假定:假定羽流各横断面上流速分布 $u(x,r)$、浓度分布 $C(x,r)$ 等存在相似性,并服从高斯分布,即

$$\frac{u}{u_m} = \exp\left[-\left(\frac{r}{b}\right)^2\right] \tag{4-89}$$

$$\frac{\Delta C}{\Delta C_m} = \exp\left[-\left(\frac{r}{\lambda b}\right)^2\right] \tag{4-90}$$

$$\frac{\Delta \rho}{\Delta \rho_m} = \exp\left[-\left(\frac{r}{\lambda b}\right)^2\right] \tag{4-91}$$

式中，λ 为浓度分布与流速分布的厚度比；b 为羽流特征半厚度，并满足

$$当\ r = b\ 时，\quad \frac{u}{u_{\mathrm{m}}} = \frac{1}{\mathrm{e}} \tag{4-92}$$

$$当\ r = \lambda b\ 时，\quad \frac{C}{C_{\mathrm{m}}} = \frac{1}{\mathrm{e}} \tag{4-93}$$

由实验得知，λ 为略大于 1 的系数，说明浓度分布曲线比速度分布曲线要平坦些，亦即浓度扩散比动量扩散要快些。

(2) 卷吸假定：认为羽流的卷吸速度 v_{e} 与轴线流速 u_{m} 成比例，即 $v_{\mathrm{e}} \propto u_{\mathrm{m}}$。根据连续性原理，沿轴向羽流流量的变化应等于单位长度被卷吸的流量，因此单位长度羽流的卷吸流量为

$$Q_{\mathrm{e}} = \frac{\mathrm{d}}{\mathrm{d}x} \int_0^\infty u \cdot 2\pi r \mathrm{d}r = 2\pi b \alpha u_{\mathrm{m}} \tag{4-94}$$

式中，α 为卷吸系数，对于点源羽流可设 α 为常数。

有了这两个假定，我们就可以对控制方程积分。将流速分布相似剖面式 (4-89) 代入式 (4-94) 积分，得

$$\frac{\mathrm{d}}{\mathrm{d}x}(\pi u_{\mathrm{m}} b^2) = 2\pi \alpha u_{\mathrm{m}} b \tag{4-95}$$

对运动方程 (4-85) 从 $r=0$ 到 $r=\infty$ 对断面积分，并注意到当 $r=0, r=\infty$ 时，$v=0, \overline{u'v'}=0$，可得

$$\frac{\mathrm{d}}{\mathrm{d}x} \int_0^\infty u^2 2\pi r \mathrm{d}r = \int_0^\infty \frac{\rho_{\mathrm{a}} - \rho}{\rho_{\mathrm{a}}} g 2\pi r \mathrm{d}r \tag{4-96}$$

上式的左边是单位质量流体的动量通量沿程的变化率，右边是单位质量流体在单位流程上的浮力。将式 (4-89) 和 (4-91) 代入上式，积分整理得

$$\frac{\mathrm{d}}{\mathrm{d}x}\left(\frac{\pi}{2} u_{\mathrm{m}}^2 b^2\right) = \pi \frac{\Delta \rho_{\mathrm{m}}}{\rho_{\mathrm{a}}} g \lambda^2 b^2 \tag{4-97}$$

根据质量守恒原理，可得密度差 $\Delta\rho$ 通量守恒关系

$$\int_0^\infty u \frac{\Delta \rho}{\rho_{\mathrm{a}}} g 2\pi r \mathrm{d}r = \mathrm{const} \tag{4-98}$$

以式 (4-89)、(4-90) 代入上式积分，得

$$\frac{\mathrm{d}}{\mathrm{d}x}\left(\pi \frac{\lambda^2}{1+\lambda^2} u_{\mathrm{m}} \frac{\Delta \rho_{\mathrm{m}}}{\rho_{\mathrm{a}}} g b^2\right) = 0 \tag{4-99}$$

通过上述推导，就把原来的连续性方程、运动方程和扩散方程化为 (4-94)、(4-97) 及 (4-99) 三个常微分方程。解这组方程可求出 u_{m}, b 和 $\Delta \rho_{\mathrm{m}}$。

为便于求解，对应于上述三个常微分方程可分别定义单位质量流体的质量通量、动量通量和浮力通量，即

比质量通量(体积流量)：　　　$Q = \pi u_m b^2$　　　　　　　　　　(4-100)

比动量通量：　　$M = \dfrac{m}{\rho} = \dfrac{\pi}{2} u_m^2 b^2$　　　　　　　　(4-101)

其中，m 为动量通量。

比浮力通量：　　$B = \dfrac{\pi \lambda^2}{1 + \lambda^2} u_m \dfrac{\Delta \rho_m}{\rho_a} g b^2$　　　　　　(4-102)

由此可得

$$u_m = 2M/Q \qquad\qquad (4\text{-}103)$$

$$b = Q/\sqrt{2\pi M} \qquad\qquad (4\text{-}104)$$

根据式(4-94)、(4-97)，有

$$\frac{\mathrm{d}Q}{\mathrm{d}x} = \alpha \sqrt{8\pi M} \qquad\qquad (4\text{-}105)$$

$$\frac{\mathrm{d}M}{\mathrm{d}x} = \frac{B(1 + \lambda^2)Q}{2M} \qquad\qquad (4\text{-}106)$$

又

$$\frac{\mathrm{d}M^2}{\mathrm{d}x} = 2M \frac{\mathrm{d}M}{\mathrm{d}x} = B(1 + \lambda^2)Q \qquad\qquad (4\text{-}107)$$

从而

$$\frac{\mathrm{d}^2 M^2}{\mathrm{d}x^2} = \alpha B(1 + \lambda^2)\sqrt{8\pi M} \qquad\qquad (4\text{-}108)$$

因为 $M(0) = 0$，可设 $M(x)$ 的解为幂函数，即

$$M(x) = ax^n \qquad\qquad (4\text{-}109)$$

则

$$\frac{\mathrm{d}^2 M^2}{\mathrm{d}x^2} = 2na^2(2n-1)x^{2n-2} \qquad\qquad (4\text{-}110)$$

由式(4-109)，有 $\sqrt{M} = \sqrt{a} x^{n/2}$，那么式(4-110)可写成

$$\frac{\mathrm{d}^2 M^2}{\mathrm{d}x^2} = \alpha B(1 + \lambda^2)\sqrt{8\pi}\sqrt{a} x^{n/2} \qquad\qquad (4\text{-}111)$$

比较式(4-110)、(4-111)中 x 的指数关系，可得

$$n = 4/3 \qquad\qquad (4\text{-}112)$$

且有

$$\alpha B(1 + \lambda^2)\sqrt{8\pi}\sqrt{a} = a^2 2n(2n-1) \qquad\qquad (4\text{-}113)$$

则

$$a = \left(\frac{9}{40}\right)^{2/3} \left[\alpha B(1+\lambda^2)\sqrt{8\pi}\right]^{2/3} \tag{4-114}$$

所以

$$M(x) = \left(\frac{9}{40}A\right)^{2/3} x^{4/3} \tag{4-115}$$

式中

$$A = \alpha B(1+\lambda^2)\sqrt{8\pi} = \text{const} \tag{4-116}$$

这样

$$\frac{\mathrm{d}M}{\mathrm{d}x} = \frac{4}{3}\left(\frac{9}{40}A\right)^{2/3} x^{1/3} \tag{4-117}$$

联立式(4-115)、(4-106)及(4-117),得

$$Q = \frac{6}{5}\left[\frac{9}{20}(1+\lambda^2)\right]^{1/3}(2\pi)^{2/3}\alpha^{4/3}B^{1/3}x^{5/3} \tag{4-118}$$

将上式代入式(4-103),得

$$u_{\mathrm{m}} = \frac{5}{3(2\pi)^{1/3}}\left[\frac{9}{20}(1+\lambda^2)\right]^{1/3}\alpha^{-2/3}B^{1/3}x^{-1/3} \tag{4-119}$$

将式(4-118)代入式(4-104),得

$$b = \frac{6}{5}\alpha x \tag{4-120}$$

将式(4-103)、(4-104)及(4-118)代入式(4-102),得

$$\frac{\Delta\rho_{\mathrm{m}}}{\rho_{\mathrm{a}}}g = \left(\frac{6}{5}\alpha\right)^{-1}\left(\frac{9\alpha\lambda^2}{5}\right)^{-1/3}\left(\frac{1+\lambda^2}{\pi\lambda^2}\right)^{2/3}B^{2/3}x^{-5/3} \tag{4-121}$$

联立式(4-100)、(4-102),得

$$B = \frac{\lambda^2}{1+\lambda^2}\frac{\Delta\rho_{\mathrm{m}}}{\rho_{\mathrm{a}}}gQ \tag{4-122}$$

由式(4-99)知,$\mathrm{d}B/\mathrm{d}x=0$,即比浮力通量沿程不变,可得

$$B = \frac{\lambda^2}{1+\lambda^2}\frac{\Delta\rho_{\mathrm{m}}}{\rho_{\mathrm{a}}}gQ = B_0 = \frac{\Delta\rho_0}{\rho_{\mathrm{a}}}gQ_0 \tag{4-123}$$

式中,B_0,$\Delta\rho_0$ 及 Q_0 分别表示羽流初始断面的比浮力通量,密度差及体积流量。

由式(4-123),可得

$$\frac{\Delta\rho_{\mathrm{m}}}{\Delta\rho_0} = \frac{1+\lambda^2}{\lambda^2}\frac{Q_0}{Q} \tag{4-124}$$

根据浓度差与密度差的线性比例关系,可得

$$\frac{\Delta C_{\mathrm{m}}}{\Delta C_0} = \frac{\Delta\rho_{\mathrm{m}}}{\Delta\rho_0} = \left(\frac{1+\lambda^2}{2\pi}\right)^{2/3}\frac{1}{\lambda^2}\left(\frac{625}{486}\right)^{1/3}\alpha^{-4/3}Q_0B^{-1/3}x^{-5/3} \tag{4-125}$$

若背景浓度为零,则

$$\frac{\Delta C_\mathrm{m}}{\Delta C_0} = \frac{C_\mathrm{m}}{C_0} \tag{4-126}$$

式中,C_0,ΔC_0 分别表示羽流初始断面的浓度、浓度差。实际上,$\Delta C_\mathrm{m}/\Delta C_0$ 是轴线上的稀释度。

若把密度佛汝德数写成如下形式

$$F_d = \frac{u_\mathrm{m}}{\sqrt{gb\,\Delta\rho_\mathrm{m}/\rho_\mathrm{a}}} \tag{4-127}$$

将上面求得的有关值代入,得

$$F_d = \sqrt{\frac{5}{4}}\,\frac{\lambda}{\sqrt{\alpha}} = \mathrm{const} \tag{4-128}$$

由此可见,在整个羽流过程中,密度佛汝德数保持不变,即惯性力与浮力之比保持不变。罗斯、易家训、汉弗莱斯(Rouse,Yih 和 Humphreys 1952)的实验结果给出 $\alpha = 0.085$,$\lambda = 1.16$,将 α,λ 值代入上述圆形羽流特征参数的表达式,得

体积流量:$Q = 0.156B_0^{1/3}x^{5/3}$ $\qquad$ (4-129)

比动量通量:$M = 0.37B_0^{2/3}x^{4/3}$ $\qquad$ (4-130)

轴线流速:$u_\mathrm{m} = 4.74B_0^{1/3}x^{-1/3}$ $\qquad$ (4-131)

轴线浓度:$C_\mathrm{m} = 11.17Q_0C_0B_0^{1/3}x^{-5/3}$ $\qquad$ (4-132)

羽流半厚度:$b = 0.102x$ $\qquad$ (4-133)

密度佛汝德数:$F_d = 4.45$ $\qquad$ (4-134)

2. 平面羽流

平面羽流可概化为线源羽流,其分析方法与圆形羽流相同,这里不再赘述。这里只介绍平面羽流的主要特征参数计算式:

卷吸系数:$\alpha = 0.13$ $\qquad$ (4-135)

浓度分布与流速分布的厚度比:$\lambda = 1.24$ $\qquad$ (4-136)

初始比浮力通量:$B_0 = gQ_0\Delta\rho_0/\rho_\mathrm{a}$ $\qquad$ (4-137)

体积流量:$Q = 0.535B_0^{1/3}x$ $\qquad$ (4-138)

比动量通量:$M = 0.774B_0^{2/3}x$ $\qquad$ (4-139)

轴线流速:$u_\mathrm{m} = 2.05B_0^{1/3}$ $\qquad$ (4-140)

轴线浓度:$C_\mathrm{m} = 2.4Q_0C_0B_0^{-1/3}x^{-1}$ $\qquad$ (4-141)

羽流半厚度:$b = 0.147x$ $\qquad$ (4-142)

密度佛汝德数:$F_d = 3.48$ $\qquad$ (4-143)

二、量纲分析法

1. 时均特征参数

考虑恒定羽流情形,忽略羽流的初始流量和初始动量,并认为羽流的时均特性是比浮力通量 B、轴向距离 x、运动黏性系数 ν 及热扩散系数 k 的函数(Rodi 1982)。例如,羽流时均轴线流速 u_m 可表示为

$$u_m = f(B,x,\nu,k) \tag{4-144}$$

对点源羽流(圆形羽流),经量纲分析得

$$u_m = \left(\frac{B}{x}\right)^{1/3} f\left(\frac{B^{1/3}x^{2/3}}{\nu},\frac{\nu}{k}\right) \tag{4-145}$$

其中,$B^{1/3}x^{2/3}/\nu$ 为当地雷诺数,ν/k 为普朗特数。

对于充分发展的紊动羽流,可假定流动存在相似性。这意味着式(4-145)中函数 f 趋于一个非零极限常数 k_r。因此,对于圆形羽流,我们有

$$u_m = K_r \left(\frac{B}{x}\right)^{1/3} \tag{4-146}$$

同理,经量纲分析可得圆形羽流其他特征参数的表达式:

体积流量:$Q = K_Q B^{1/3} x^{5/3}$ $\tag{4-147}$

比动量通量:$M = K_M B^{2/3} x^{4/3}$ $\tag{4-148}$

轴线浓度:$C_m = K_C Y B^{-1/3} x^{-5/3}$ $\tag{4-149}$

其中,Y 为羽流示踪物的总通量,即 $Y = QC$。

对于线源羽流(平面羽流),用同样的量纲分析,可得

$$u_m = K_p B^{1/3} \tag{4-150}$$

$$Q = K'_Q B^{1/3} x \tag{4-151}$$

$$M = K'_M B^{2/3} x \tag{4-152}$$

$$C_m = K'_C Y B^{-1/3} x^{-1} \tag{4-153}$$

关于圆形羽流、平面羽流特征参数表达式中系数的取值,对于轴线流速,罗斯、易家训、汉弗莱斯(Rouse,Yih 和 Humphreys 1952)取 $K_r = 4.7$;陈景仁、罗迪(Chen C J,Rodi 1980)取 $K_r = 3.5$,$K_p = 1.9$;后来罗迪又认为取 $K_p = 1.66$ 更合理;乔治、阿尔珀特、塔玛尼尼(George,Alpert 和 Tamanini 1977)、Nakagome 和 Hirata (1976)以及比犹瑟(Beuther 1980)的实验结果为:$K_r = 3.4 \sim 3.9$,其平均值为 3.65。关于轴线浓度,考茨维诺斯(Kotsovinos 1978)、陈景仁、罗迪对于圆形羽流的实验给出 $K_C = 9.1$;考茨维诺斯、李斯特(Kotsovinos 和 List 1977)对于平面羽流的实验给出 $K'_C = 2.4$。对于体积流量、比动量通量中的系数,圆形羽流可取

$K_Q = 0.156, K_M = 0.37$;平面羽流可取 $K'_Q = 0.535, K'_M = 0.774$。

羽流的一个重要特征是,仅用一个羽流特征参数——比浮力通量 B 来描述羽流的时均特性。

2. 羽流不变量

对于圆形羽流,从体积流量表达式(4-147)、比动量通量表达式(4-148)中消去比浮力通量 B,得

$$\frac{Q}{M^{1/2}} = \frac{K_Q}{K_M^{1/2}} x \tag{4-154}$$

由此引出一个羽流不变量

$$C_r = \frac{Q}{\sqrt{M}x} = 0.25 \tag{4-155}$$

同理,从式(4-147)、(4-148)中消去 x,可得另一个羽流不变量

$$R_r = \frac{QB^{1/2}}{M^{5/4}} = 0.55 \tag{4-156}$$

这是羽流的理查森数。

对于平面羽流,同理可得相应的不变量

$$C_p = \frac{Q^2}{Mx} = 0.29 \tag{4-157}$$

$$R_p = \frac{Q^2 B^{2/3}}{M^2} = 0.74 \tag{4-158}$$

3. 羽流卷吸率

卷吸率即羽流单位长度卷吸的流量。对于圆形羽流,对体积流量表达式(4-147)微分,得

$$\frac{\mathrm{d}Q}{\mathrm{d}x} = \frac{5}{3} K_Q B^{1/3} x^{2/3} = \frac{5}{3} C_p M^{1/2} \tag{4-159}$$

上式表明,羽流单位长度的卷吸流量由比动量通量所决定。

类似地,对于平面羽流,可得

$$\frac{\mathrm{d}Q}{\mathrm{d}x} = \sqrt{C_p \frac{M}{x}} \tag{4-160}$$

4-7 圆形浮射流

紊动浮射流既受射流初始动量的作用,又受周围环境浮力的影响,是介于动量

射流和浮力羽流之间的一种射流形态。李行伟(Joseph Hun-Wei Lee 1981)、赵文谦(1986)较早地论述了这个问题。通常,紊动浮射流又分为圆形浮射流(轴对称浮射流)和平面浮射流(二维浮射流)。根据紊动浮射流所处周围环境的不同,本节分别讨论静止均质环境和静止线性分层环境中圆形浮射流的特性。

一、静止均质环境中圆形浮射流

不失一般性,现考察一倾斜浮射流,如图 4-9 所示。设其倾角为 θ_0,浮射流出射速度为 u_0,出口密度为 ρ_1,周围环境流体密度为 ρ_a,对于均质环境,$\rho_a = \mathrm{const}$,喷口直径为 D,将坐标原点放在喷口中心 O,分别采用直角坐标系和自然坐标系来描述(图 4-9)。

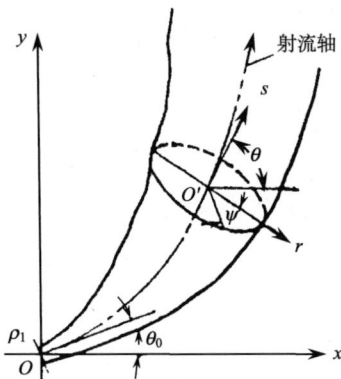

图 4-9　静止均质环境中圆形浮射流示意图

1. 基本假定

(1) 卷吸假定:沿浮射流单位长度流量的变化等于从周围卷吸的流量,即

$$\frac{\mathrm{d}Q}{\mathrm{d}s} = 2\pi b u_e = 2\pi b \alpha u_m \qquad (4\text{-}161)$$

式中,u_e,u_m 分别为浮射流的卷吸速度、轴线速度,α 为浮射流的卷吸系数,b 为浮射流的特征半厚度。

(2) 相似性假定:假定浮射流的流速分布、浓度分布及密度差分布存在相似性,并服从高斯分布,即

$$\frac{u(s,r)}{u_m(s)} = \exp\left[-\left(\frac{r}{b}\right)^2\right] \qquad (4\text{-}162)$$

$$\frac{C(s,r)}{C_m(s)} = \exp\left[-\left(\frac{r}{\lambda b}\right)^2\right] \qquad (4\text{-}163)$$

$$\frac{\rho_0 - \rho(s,r)}{\rho_0 - \rho_m(s)} = \exp\left[-\left(\frac{r}{\lambda b}\right)^2\right] \qquad (4\text{-}164)$$

式中,λ 符号意义同前,ρ_0 为参考密度,通常取喷口处周围环境流体密度,即 $\rho_0 = \rho_a(0)$。

2. 基本方程

(1) 浮射流轨迹方程
根据图 4-2 几何关系,可得

$$\frac{\mathrm{d}x}{\mathrm{d}s} = \cos\theta \qquad (4\text{-}165)$$

$$\frac{\mathrm{d}y}{\mathrm{d}s} = \sin\theta \tag{4-166}$$

（2）连续性方程

按照卷吸假定，有

$$\frac{\mathrm{d}}{\mathrm{d}s}(u_m b^2) = 2b\alpha u_m \tag{4-167}$$

（3）动量方程

沿 x 方向压力不变，动量守恒，可得

$$\frac{\mathrm{d}}{\mathrm{d}s}\left[\int_0^\infty \rho u(u\cos\theta)2\pi r\mathrm{d}r\right] = 0 \tag{4-168}$$

将流速分布式（4-162）代入上式积分，得

$$\frac{\mathrm{d}}{\mathrm{d}s}\left(\frac{u_m^2 b^2}{2}\cos\theta\right) = 0 \tag{4-169}$$

沿 y 方向动量的改变应等于密度差引起的浮力，即

$$\frac{\mathrm{d}}{\mathrm{d}s}\left[\int_0^\infty \rho u(u\sin\theta)2\pi r\mathrm{d}r\right] = \int_0^\infty g(\rho_0 - \rho)2\pi r\mathrm{d}r \tag{4-170}$$

将流速分布式（4-162）、密度差分布式（4-163）代入后积分，得

$$\frac{\mathrm{d}}{\mathrm{d}s}\left(\frac{u_m^2 b^2}{2}\sin\theta\right) = \frac{\rho_0 - \rho_m}{\rho_0}g\lambda^2 b^2 \tag{4-171}$$

（4）密度差通量守恒方程

与羽流类似，浮射流的密度差通量亦沿程不变，即

$$\frac{\mathrm{d}}{\mathrm{d}s}\left[\int_0^\infty u(\rho_0 - \rho)2\pi r\mathrm{d}r\right] = 0 \tag{4-172}$$

将上式括弧内积分，得

$$\frac{\mathrm{d}}{\mathrm{d}s}\left[u_m b^2(\rho_0 - \rho_m)\right] = 0 \tag{4-173}$$

（5）示踪物浓度方程

由质量守恒原理，有

$$\frac{\mathrm{d}}{\mathrm{d}s}\left(\int_0^\infty Cu2\pi r\mathrm{d}r\right) = 0 \tag{4-174}$$

将流速分布式（4-162）、浓度分布式（4-164））代入上式积分，得

$$\frac{\mathrm{d}}{\mathrm{d}s}(C_m u_m b^2) = 0 \tag{4-175}$$

以上共导出 7 个微分方程，未知量亦正好 7 个：u_m，C_m，ρ_m，b，θ，x，y，所以方程组是封闭的。在这 7 个方程中，3 个守恒方程可直接求解：

x 方向的动量守恒方程积分后得

$$\frac{u_{\mathrm{m}}^2 b^2}{2} \cos\theta = \mathrm{const} \tag{4-176}$$

密度差通量守恒方程积分后得

$$u_{\mathrm{m}} b^2 (\rho_{\mathrm{m}} - \rho_{\mathrm{a}}) = u_0 b_0^2 (\rho_{\mathrm{m}} - \rho_{\mathrm{a}}) \tag{4-177}$$

示踪物浓度质量守恒方程积分后得

$$C_{\mathrm{m}} u_{\mathrm{m}} b^2 = C_0 u_0 b_0^2 \tag{4-178}$$

但是,对 7 个微分方程全部给出解析解相当困难,通常用数值解。关于上述方程的处理方法可参阅李行伟的著作(Joseph Hun-Wei Lee 1981)。

3. 边界条件

当 $s=0$ 时,$u_{\mathrm{m}}=u_0$,$C_{\mathrm{m}}=C_0$,$\rho_{\mathrm{m}}=\rho_1$,$b=b_0$,$\theta=\theta_0$,$x=0$,$y=0$

4. 范乐年–布鲁克斯法

本节介绍范乐年、布鲁克斯(Fan Loh-Nien,Brooks 1969)关于浮射流的数值解法。他们将数值解结果绘制成较完整的曲线,在实际应用中较为方便。

(1) 方程无量纲化

为使计算方便和成果应用的通用性,范乐年、布鲁克斯将各种变量无量纲化,并使相应的微分方程变为标准化的无量纲微分方程。首先,定义无量纲变量如下:

无量纲流量:$\mu = \dfrac{u_{\mathrm{m}} b^2}{u_0 b_0^2}$ \hfill (4-179)

无量纲动量:$m = \left[\dfrac{g \lambda^2 u_0^3 b_0^6 (\rho_0 - \rho_1)}{4\sqrt{2}\alpha\rho_0} \right]^{-2/5} \dfrac{u_{\mathrm{m}}^2 b^2}{2}$ \hfill (4-180)

$\quad m$ 的水平分量以 h 表示:$h = m\cos\theta$ \hfill (4-181)

$\quad m$ 的铅垂分量以 v 表示:$v = m\sin\theta$ \hfill (4-182)

无量纲轴向坐标:$\zeta = R_1 s$ \hfill (4-183)

无量纲水平坐标:$\eta = R_1 x$ \hfill (4-184)

无量纲垂向坐标:$\xi = R_1 y$ \hfill (4-185)

其中,ζ,η,ξ 分别对应于 s,x,y;

$$R_1 = \left[\frac{\rho_0 u_0^2 b_0^4}{32\alpha^4 \lambda^2 g (\rho_0 - \rho_1)} \right]^{-1/5} \tag{4-186}$$

其次,将方程标准化。将上述无量纲变量式(4-179)~(4-185)代入基本微分方程(4-165)~(4-167)、(4-169)、(4-171)、(4-173)、(4-175)整理后得

$$\frac{\mathrm{d}\mu}{\mathrm{d}\zeta} = \sqrt{m} \tag{4-187}$$

$$h = \sqrt{m^2 - v^2} = h_0 = \text{const} \tag{4-188}$$

$$\frac{\mathrm{d}v}{\mathrm{d}\zeta} = \frac{\mu}{m} \tag{4-189}$$

$$\frac{\mathrm{d}\eta}{\mathrm{d}\zeta} = \frac{h}{m} \tag{4-190}$$

$$\frac{\mathrm{d}\xi}{\mathrm{d}\zeta} = \frac{v}{m} \tag{4-191}$$

相应的边界条件变为：

当 $\zeta = 0$ 时，$\mu = 1$，$m = m_0$，$\eta = 0$，$\xi = 0$，$\theta = \theta_0$

（2）数值解曲线

范乐年、布鲁克斯以浮射流初始角 θ_0、初始动量 m_0 为参数进行数值积分后，绘出了特殊角 $\theta_0 = 0°$，$15°$，$30°$，$45°$，$60°$ 及 $90°$ 的数值解曲线。今以入射角 $\theta_0 = 45°$ 圆形浮射流的计算曲线为例作一简要介绍，关于其他角的计算曲线可参阅赵文谦的著作（赵文谦　1986）。图 4-10 为浮射流轨迹及厚度的求解图，由图可见，图中有两族曲线，一族以 m_0 为参数的曲线用以求解浮射流轴线轨迹；另一族以 b/b_0 为参数的曲线用以求解浮射流特征半厚度 b_0。曲线的横坐标为 $\eta\sqrt{m_0}$，纵坐标为 $\xi\sqrt{m_0}$，并与浮射流轴线坐标 x，y 有下列关系

$$\frac{x}{b_0} = \frac{\eta\sqrt{m_0}}{2\alpha} \tag{4-192}$$

$$\frac{y}{b_0} = \frac{\xi\sqrt{m_0}}{2\alpha} \tag{4-193}$$

若把浮射流起始断面的浓度 C_0 与轴线上任意点的浓度 C_m 之比定义为浮射流轴线上任意点处的稀释度，即

$$S_0 = C_0 / C_m \tag{4-194}$$

图 4-11 为 $\theta_0 = 45°$ 时圆形浮射流稀释度 S_0 的求解图。只要已知 θ_0，m_0 及轴线上某点纵坐标 ξ 值，则由图可查得相应点的稀释度。这里须指出，当 $\xi\sqrt{m_0} > 50$，且 m_0 较小时，可利用羽流的计算公式来计算稀释度 S_0，即

$$S_0 = 0.46\xi^{5/3} \tag{4-195}$$

最后需要指出，上述图解曲线是根据 $\alpha = 0.082$，$\lambda = 1.16$ 所作的数值计算得到的结果。关于 α 的取值问题，我们将在量纲分析法中作进一步阐述。

（3）浮射流初始段的修正

上述图解曲线是针对浮射流初始段末端得到的，即基于浮射流起始断面为充

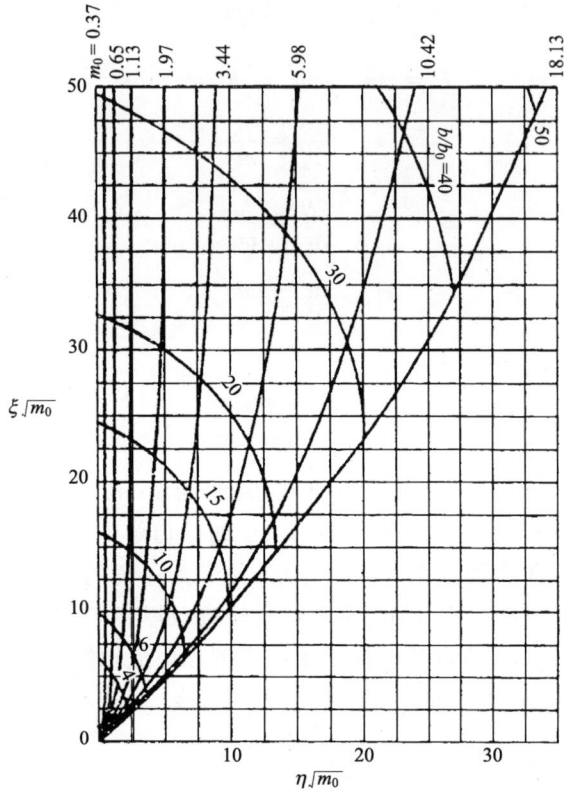

图 4-10　静止均质环境中圆形浮射流轨迹和厚度求解图($\theta_0 = 45°$)

分发展的紊流,断面上的流速剖面、浓度剖面符合高斯分布。然而,实际的浮射流从喷口出射后要经历一段距离(相当于普通射流的初始段)后,才变为充分发展的紊流,因此需对上述结果加以修正。

（Ⅰ）浮射流初始段末端断面的扩展厚度

若忽略初始段浮力的影响,则沿 s 轴的动量守恒关系为

$$\int_A u^2 \mathrm{d}A = \frac{\pi}{4} D^2 u_0^2 \tag{4-196}$$

将流速分布式(4-162)代入上式左端并积分可得初始段末端的特征半厚度为

$$b_0 = D/\sqrt{2} \tag{4-197}$$

（Ⅱ）初始段末端断面 m_0 值

以 $b_0 = D/\sqrt{2}$ 代入无量纲动量式(4-180),并考虑到 $u_m = u_0$，$b = b_0$，可得

$$m_0 = \left(\frac{2\alpha^2}{\lambda^4}\right)^{1/5} F_d^{4/5} \tag{4-198}$$

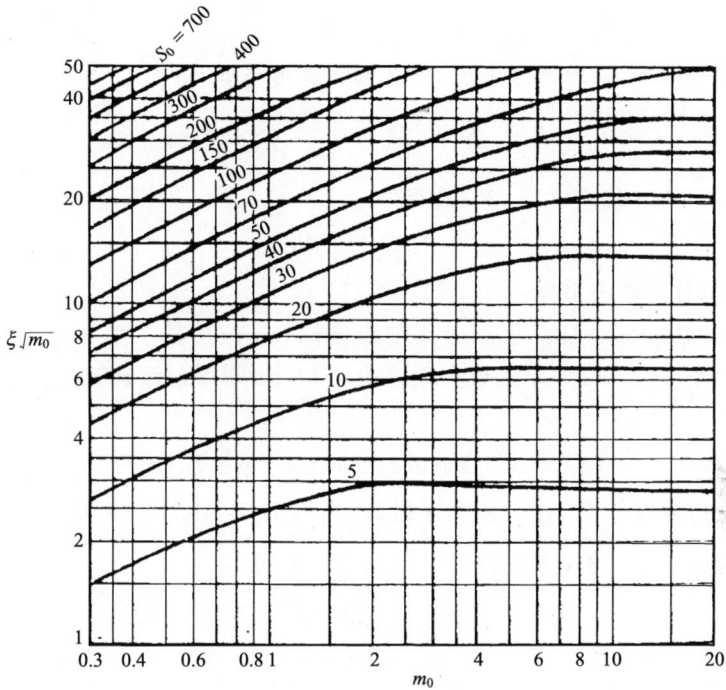

图 4-11　静止均质环境中圆形浮射流稀释度求解图$(\theta_0 = 45°)$

若取 $\alpha = 0.082$，$\lambda = 1.16$，则式(4-198)可表示为

$$m_0 = 0.375F_d^{4/5} \tag{4-199}$$

式中，F_d 为密度佛汝德数，其表达式为

$$F_d = u_0 \Big/ \sqrt{gD\frac{\rho_0 - \rho_1}{\rho_0}} \tag{4-200}$$

（Ⅲ）轴线上稀释度

若假定初始段的浓度通量守恒，则

$$\int_A uC\mathrm{d}A = \frac{\pi D^2}{4}u_0 C_0' \tag{4-201}$$

式中，C_0' 为喷口断面示踪物浓度。将流速分布及浓度分布表达式代入上式积分整理得

$$\frac{C_0}{C_0'} = \frac{1 + \lambda^2}{2\lambda^2} \tag{4-202}$$

用图解曲线计算稀释度时，取初始段末端断面 C_0 为参考浓度，即

$$S_0 = \frac{C_0}{C} \tag{4-203}$$

若以喷口断面 C'_0 为参考浓度，那么稀释度可写成

$$S = \frac{C'_0}{C} = \frac{2\lambda^2}{1+\lambda^2} S_0 \tag{4-204}$$

若以 $\lambda = 1.16$ 代入式(4-204)，得

$$S = 1.15 S_0 \tag{4-205}$$

（Ⅳ）浮射流轨迹坐标

由式(4-192)、(4-193)求浮射流轴线坐标 (x, y) 是基于坐标原点在初始段末端断面中心点 O 上，若将原点放在喷口中心 O' 上，则浮射流轨迹坐标 (x', y') 可表示成

$$x' = x + L_0 \cos\theta, \qquad y' = y + L_0 \sin\theta \tag{4-206}$$

式中，L_0 为初始段长度，对于圆形浮射流，可取 $L_0 = 6.2D$。将初始段末端断面浮射流半厚度 $b_0 = D/\sqrt{2}$ 代入式(4-192)、(4-193)，得

$$x = \frac{\eta D}{2\alpha} \sqrt{\frac{m_0}{2}} \tag{4-207}$$

$$y = \frac{\xi D}{2\alpha} \sqrt{\frac{m_0}{2}} \tag{4-208}$$

二、线性分层环境中圆形浮射流

本小节讨论流体静止、密度分层环境中的圆形浮射流问题。在许多实际问题中，密度分层沿垂线分布近似为线性关系，因此，我们只讨论环境流体密度为线性变化的情况，即

$$\frac{\mathrm{d}\rho_a}{\mathrm{d}y} = \text{const} \tag{4-209}$$

线性分层环境中的浮射流在开始阶段由于初始动量和浮力的共同作用而弯曲向上，如图 4-12 所示。随着浮射流逐渐扩展，不断卷吸较重的周围流体，浮射流本身密度逐渐变重，相应的周围流体越往高处变得越轻，向上的浮力越来越小，乃至最后浮力反向。在铅垂方向，动量最后消失的地方，浮射流停止上升，该点称为浮射流上升

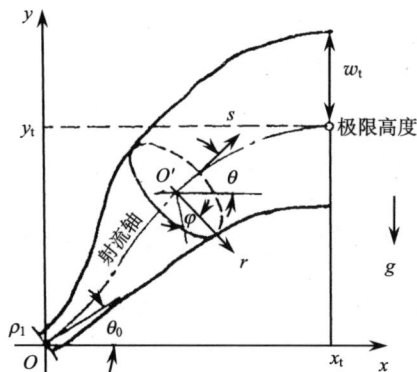

图 4-12　线性分层环境中圆形浮射流示意图

的极限高度。下面仍介绍范乐年-布鲁克斯的求解方法。

1. 基本方程

线性分层环境中浮射流的基本微分方程基本上与均质环境时相同,所不同的只有 2 个微分方程,即 y 方向的动量方程和密度差通量守恒方程,现介绍如下:

在线性分层环境中,环境流体密度 ρ_a 不再是常数,$\rho_a = \rho_a(y)$,y 方向的动量方程变为

$$\frac{\mathrm{d}}{\mathrm{d}s}\left(\frac{u_m^2 b^2}{2}\sin\theta\right) = \frac{\rho_a - \rho_m}{\rho_0}g\lambda b^2 \tag{4-210}$$

分层环境中浮射流的密度差通量方程为

$$\frac{\mathrm{d}}{\mathrm{d}s}\left[u_m b^2(\rho_a - \rho)\right] = \frac{1+\lambda^2}{\lambda^2}b^2 u_m^2 \frac{\mathrm{d}\rho_a}{\mathrm{d}s} \tag{4-211}$$

式中符号意义同前。与均质环境类似,分层环境中同样有 7 个微分方程,相应的边界条件也和均质环境基本相同。对于 x 方向动量方程、示踪物浓度方程仍可通过简单积分来求解,但对整个方程组求解析解仍有困难,只能用数值解法。

2. 无量纲化方程

为使方程无量纲化、标准化,兹将无量纲变量定义如下:

无量纲流量:$\mu = \left[\dfrac{G^5}{64F_0^6\alpha^4(1+\lambda^2)}\right]^{1/8}u_m b^2 \tag{4-212}$

无量纲动量:$m = \left[\dfrac{G}{(1+\lambda^2)F_0^2}\right]\dfrac{b^4 u_m^4}{4} \tag{4-213}$

$$h = m\cos^2\theta, \qquad v = m\sin^2\theta \tag{4-214}$$

无量纲浮力:$\beta = \left(\dfrac{\lambda^2}{1+\lambda^2}b^2 u_m g\dfrac{\rho_a - \rho_m}{\rho_0}\right)/F_0 \tag{4-215}$

无量纲轴向坐标:$\zeta = R_2 s \tag{4-216}$

无量纲水平坐标:$\eta = R_2 x \tag{4-217}$

无量纲垂向坐标:$\xi = R_2 y \tag{4-218}$

式中,

$$R_2 = \left[\frac{64G^3\alpha^4(1+\lambda^2)}{F_0^2}\right]^{1/8} \tag{4-219}$$

G, F_0 为有量纲的参数,其定义为

$$G = -\frac{g}{\rho_0}\frac{\mathrm{d}\rho_a}{\mathrm{d}y} \tag{4-220}$$

$$F_0 = \frac{\lambda^2}{1+\lambda^2} b_0^2 u_0 g \frac{\rho_0 - \rho_1}{\rho_0} \tag{4-221}$$

将上列无量纲变量代入线性分层环境下浮射流的基本方程,得

$$\frac{\mathrm{d}\mu}{\mathrm{d}\zeta} = m^{1/4} \tag{4-222}$$

$$h = m - v = h_0 = \mathrm{const} \tag{4-223}$$

$$\frac{\mathrm{d}v}{\mathrm{d}\zeta} = \beta\mu \left(\frac{v}{m}\right)^{1/2} \tag{4-224}$$

$$\frac{\mathrm{d}\beta}{\mathrm{d}\zeta} = -\mu \left(\frac{v}{m}\right)^{1/2} \tag{4-225}$$

$$\frac{\mathrm{d}\eta}{\mathrm{d}\zeta} = \left(\frac{h}{m}\right)^{1/2} \tag{4-226}$$

$$\frac{\mathrm{d}\xi}{\mathrm{d}\zeta} = \left(\frac{v}{m}\right)^{1/2} \tag{4-227}$$

相应的边界条件变为:

$$\zeta = 0: \mu = \mu_0, m = m_0, \theta = \theta_0, \beta = 1, \xi = 0, \eta = 0$$

3. 数值解曲线

与均质环境情形相同,范乐年、布鲁克斯以 μ_0, m_0 和 θ_0 为参数,给出了分层环境圆形浮射流的求解曲线。关于水平圆形浮射流在分层环境中流量、浮力和垂向动量沿浮射流轴线的变化如图 4-13 所示。由图可见,由于浮射流的卷吸作用,流量 μ 沿轴线逐渐增大;垂直动量 v 起初沿轴线增大至极大值,然后下降为零,v 降到零点即为浮射流上升的极限高度;浮力 β 由起初的极大值单调地逐渐下降,β 下降到零时恰好为垂直动量为极大值时所对应的点,其后浮力反向变为负值。

初始段的修正方法与均质环境浮射流情形基本相同,唯初始段末端断面的 m_0, μ_0 不同,其表达式为

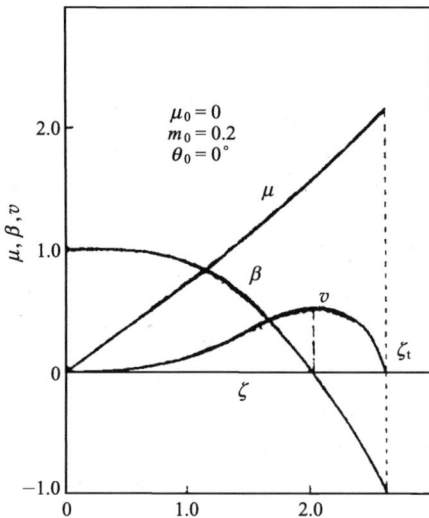

图 4-13　线性分层环境中水平圆形浮射流的无量纲 μ, v 和 β 沿轴线变化($\mu_0 = 0, m_0 = 0.2$)

$$m_0 = \frac{(1+\lambda^2)F_d^2}{4\lambda^4 T} \tag{4-228}$$

$$\mu_0 = \frac{(1+\lambda^2)^{5/8}F_d^{1/4}}{2\sqrt{2}\lambda^{3/2}T^{5/8}} \tag{4-229}$$

其中，$T = (\rho_1 - \rho_0)/\left(D\dfrac{d\rho_a}{dy}\right)$，其他符号意义同前。

4-8　二维浮射流

所谓二维浮射流系指从缝隙或扁的矩形孔口射出的浮射流，如图 4-14 所示，由于孔口的宽度比其厚度大得多，可视为二维流动，仅考虑在 $x\text{-}y$ 平面上的流动，并取其单位宽度来研究。分析二维浮射流的基本假定、基本原理与圆形浮射流基本相同，所不同的只是沿断面积分时微分单元面积代之以矩形面积，因此本节只作简要介绍。

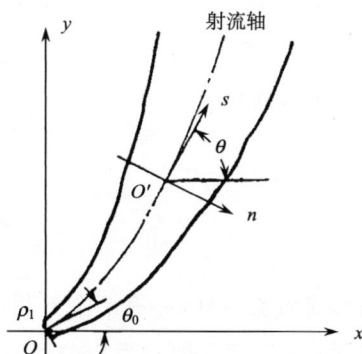

图 4-14　静止均质环境下二维浮射流

一、均质环境中二维浮射流

1. 基本方程

为便于分析，设浮射流轴线为 s，其法线为 n，那么在静止均质环境下二维浮射流的基本方程可写作：

连续性方程

$$\frac{\mathrm{d}q}{\mathrm{d}s} = \frac{\mathrm{d}}{\mathrm{d}s}\int_{-\infty}^{\infty} u\,\mathrm{d}n = 2\alpha u_m \tag{4-230}$$

式中，q 为单宽流量，将高斯流速剖面代入积分，得

$$\frac{\mathrm{d}}{\mathrm{d}s}(u_m b) = \frac{2\alpha u_m}{\sqrt{\pi}} \tag{4-231}$$

x 方向的动量方程

$$\frac{\mathrm{d}}{\mathrm{d}s}\int_{-\infty}^{\infty} \rho u(u\cos\theta)\,\mathrm{d}n = 0 \tag{4-232}$$

积分得

$$\frac{\mathrm{d}}{\mathrm{d}s}\left(\frac{u_m^2 b}{\sqrt{2}}\cos\theta\right) = 0 \tag{4-233}$$

y 方向的动量方程

$$\frac{\mathrm{d}}{\mathrm{d}s}\int_{-\infty}^{\infty}\rho u\,(u\sin\theta)\,\mathrm{d}n = g\int_{-\infty}^{\infty}(\rho_0 - \rho)\,\mathrm{d}n \tag{4-234}$$

式中，$\rho_0 = \mathrm{const}$ 为喷口处周围环境流体的密度。对上式积分得

$$\frac{\mathrm{d}}{\mathrm{d}s}\left(\frac{u_\mathrm{m}^2 b}{\sqrt{2}}\cos\theta\right) = g\lambda b\frac{\rho_0 - \rho}{\rho_0} \tag{4-235}$$

密度差通量守恒方程

$$\frac{\mathrm{d}}{\mathrm{d}s}\big[u_\mathrm{m}b(\rho_0 - \rho)\big] = 0 \tag{4-236}$$

浓度通量守恒方程

$$\frac{\mathrm{d}}{\mathrm{d}s}(C_\mathrm{m}u_\mathrm{m}b) = 0 \tag{4-237}$$

浮射流轴线轨迹

$$\frac{\mathrm{d}x}{\mathrm{d}s} = \cos\theta \tag{4-238}$$

$$\frac{\mathrm{d}y}{\mathrm{d}s} = \sin\theta \tag{4-239}$$

与圆形浮射流一样，亦有 7 个方程，并且未知量亦为 7 个，方程组是封闭的。其边界条件为：当 $s=0$ 时，$x=0$，$y=0$，$u_\mathrm{m}(0)=u_0$，$C_\mathrm{m}(0)=C_0$，$\rho_\mathrm{m}(0)=\rho_1$，$b(0)=b_0$，$\theta(0)=\theta_0$

2. 方程组无量纲化

首先，定义下列无量纲变量：

无量纲流量

$$\mu = \frac{u_\mathrm{m}b}{u_0 b_0} \tag{4-240}$$

无量纲动量

$$m = \left[\frac{4\alpha\rho_0}{\sqrt{\pi}\lambda g u_0^4(\rho_0 - \rho_1)}\right]^{1/3}\frac{u_\mathrm{m}^2 b}{\sqrt{2}} \tag{4-241}$$

$$h = m\cos\theta \tag{4-242}$$

$$v = m\sin\theta \tag{4-243}$$

无量纲坐标

$$\zeta = P_1 s \tag{4-244}$$

$$\eta = P_1 x \tag{4-245}$$

$$\xi = P_1 y \tag{4-246}$$

式中，$P_1 = \left[\dfrac{4\sqrt{2}\,g\alpha^2\lambda(\rho_0 - \rho_1)}{\pi\rho_0 u_0^2 b_0^2} \right]^{1/3}$

其次，将上述无量纲变量式(4-240)～(4-246)代入方程组(4-231)、(4-233)、(4-235)～(4-239)，得

$$\frac{\mathrm{d}\mu}{\mathrm{d}\zeta} = \frac{m}{\mu} \tag{4-247}$$

$$h = \sqrt{m^2 - v^2} = h_0 = \mathrm{const} \tag{4-248}$$

$$\frac{\mathrm{d}v}{\mathrm{d}\zeta} = \frac{\mu}{m} \tag{4-249}$$

$$\frac{\mathrm{d}\eta}{\mathrm{d}\zeta} = \frac{h}{m} \tag{4-250}$$

$$\frac{\mathrm{d}\xi}{\mathrm{d}\zeta} = \frac{v}{m} \tag{4-251}$$

相应的边界条件变为：

当 $\zeta = 0$ 时，$\eta = 0$，$\xi = 0$，$\mu(0) = 1$，$m(0) = m_0$，$\theta(0) = \theta_0$

3. 范乐年-布鲁克斯数值解曲线

$\theta_0 = 45°$ 情形，浮射流轨迹坐标、厚度的图解曲线如图 4-15 所示。图中曲线的

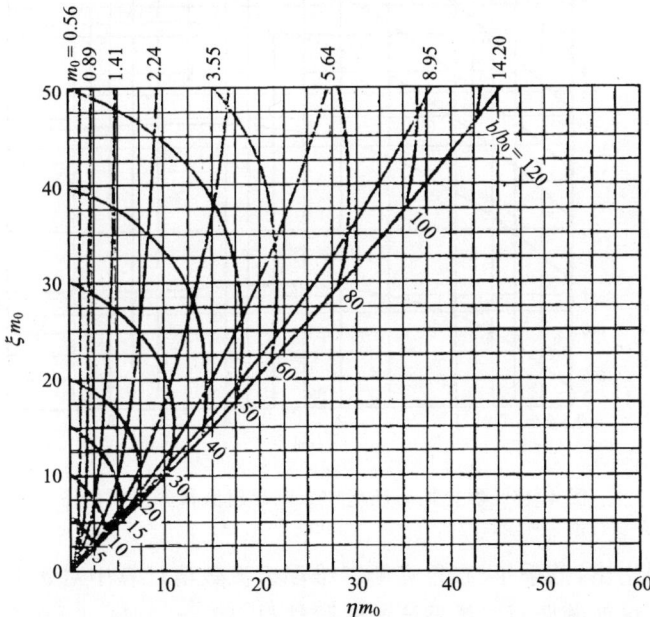

图 4-15 静止均质环境中二维浮射流轨迹、厚度求解图

横坐标为 ηm_0,纵坐标为 ξm_0,以 m_0 为参数的曲线用于求解浮射流轨迹,以 b/b_0 为参数的曲线用于求解浮射流厚度。

浮射流坐标 x,y 与其无量纲坐标 ξm_0,ηm_0 的关系如下

$$x = \frac{b_0 \sqrt{\pi}}{2\alpha}\eta m_0, \qquad y = \frac{b_0 \sqrt{\pi}}{2\alpha}\xi m_0 \qquad (4\text{-}252)$$

轴线上稀释度

$$S_0 = \frac{C_0}{C} = \mu \qquad (4\text{-}253)$$

$\theta_0 = 45°$时二维浮射流稀释度求解图如图 4-16 所示。

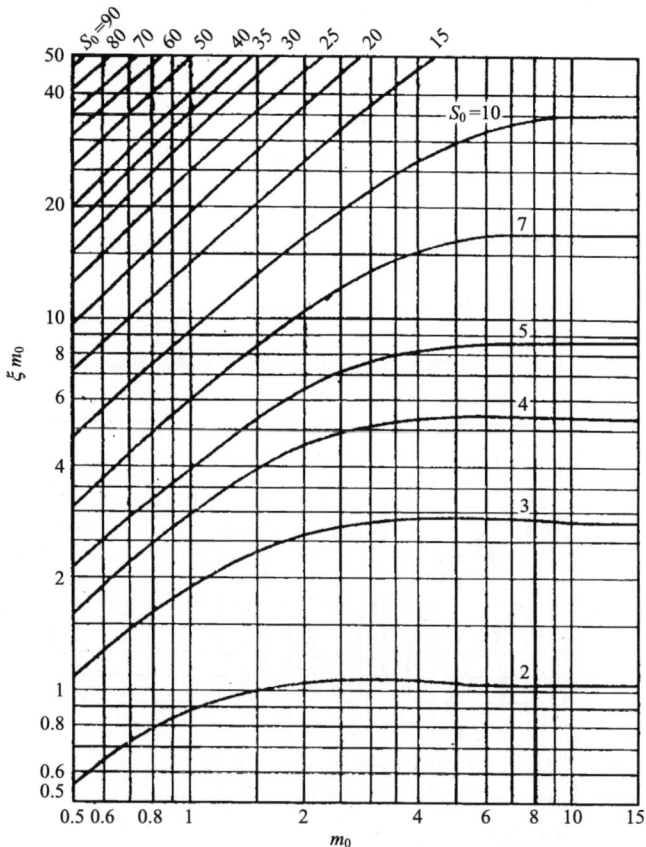

图 4-16　静止均质环境中二维浮射流稀释度求解图

最后应当指出,范乐年、布鲁克斯二维浮射流数值计算中对 α,λ 的取值是基于罗斯、易家训、汉弗莱斯对二维羽流的实验结果,即 $\alpha = 0.16$,$\lambda = 0.89$;求解过程是基于浮射流起始断面为充分发展的紊流,断面上流速、浓度符合高斯分布,在实际

应用时需对初始段加以修正,其修正方法与静止均质环境中圆形浮射流相仿,这里就不再赘述。

二、线性分层环境中二维浮射流

1. 基本方程

二维浮射流在线性分层环境下的连续性方程、x 方向的动量方程、浓度通量守恒方程及浮射流轴线轨迹与均质环境下完全相同,所不同的是 y 方向的动量方程、浮力通量方程,现介绍如下:

线性分层环境下的二维浮射流如图 4-17 所示。由于环境密度 ρ_a 不是常数,y 方向的动量方程应改写成

$$\frac{\mathrm{d}}{\mathrm{d}s}\left(\frac{u_\mathrm{m}^2 b}{\sqrt{2}}\cos\theta\right)= g\lambda b\,\frac{\rho_a-\rho}{\rho_a}$$

(4-254)

浮力通量的方程为

$$\frac{\mathrm{d}}{\mathrm{d}s}\left[u_\mathrm{m}b(\rho_a-\rho)\right]=\sqrt{\frac{1+\lambda^2}{\lambda^2}}\,u_\mathrm{m}b\,\frac{\mathrm{d}\rho_a}{\mathrm{d}s}$$

(4-255)

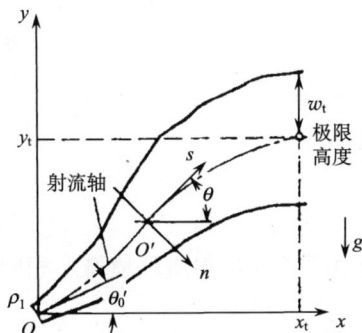

图 4-17 线性分层环境下二维浮射流示意图

上式与均质环境情形相比,增加了右端项,表明浮力通量不再守恒。

2. 方程组无量纲化

基本物理量的无量纲定义如下:

无量纲流量

$$\mu=\left[\frac{32\sqrt{2(1+\lambda^2)}F_0^4\alpha^2}{\pi G^3}\right]^{-1/3}u_\mathrm{m}^2 b^2$$

(4-256)

无量纲动量

$$m=\frac{GF_0^2}{\sqrt{2(1+\lambda^2)}}\,\frac{u_\mathrm{m}^4 b^2}{2}$$

(4-257)

$$h=m\cos^2\theta$$

(4-258)

$$v=m\sin^2\theta$$

(4-259)

无量纲浮力

$$\beta=\sqrt{\frac{\lambda^2}{1+\lambda^2}}\,\frac{gu_\mathrm{m}b}{F_0}\,\frac{\rho_a-\rho}{\rho_a}$$

(4-260)

无量纲坐标

$$\zeta=P_2 s$$

(4-261)

$$\eta = P_2 x \qquad\qquad (4\text{-}262)$$

$$\xi = P_3 y \qquad\qquad (4\text{-}263)$$

式中,$P_2 = \left[\dfrac{32\sqrt{2(1+\lambda^2)}G^3\alpha^2}{\pi F_0^2}\right]^{1/6}$,$G = -\dfrac{g}{\rho_0}\dfrac{\mathrm{d}\rho_a}{\mathrm{d}y}$,$F_0 = \sqrt{\dfrac{\lambda^2}{1+\lambda^2}gu_0b_0\dfrac{\rho_0-\rho_1}{\rho_0}}$

将无量纲变量代入微分方程组后得

$$\frac{\mathrm{d}\mu}{\mathrm{d}\zeta} = \sqrt{m} \qquad\qquad (4\text{-}264)$$

$$h = m - v = h_0 = \mathrm{const} \qquad\qquad (4\text{-}265)$$

$$\frac{\mathrm{d}v}{\mathrm{d}\zeta} = \beta\sqrt{\frac{\mu v}{m}} \qquad\qquad (4\text{-}266)$$

$$\frac{\mathrm{d}\beta}{\mathrm{d}\zeta} = -\sqrt{\frac{\mu v}{m}} \qquad\qquad (4\text{-}267)$$

$$\frac{\mathrm{d}\eta}{\mathrm{d}\zeta} = \sqrt{\frac{h}{m}} \qquad\qquad (4\text{-}268)$$

$$\frac{\mathrm{d}\xi}{\mathrm{d}\zeta} = \sqrt{\frac{v}{m}} \qquad\qquad (4\text{-}269)$$

相应的边界条件与均质环境情形相同。

3. 数值解

　　以浮射流极限高度的数值解曲线为例做简要介绍。射流极限高度 ξ_t 随初始

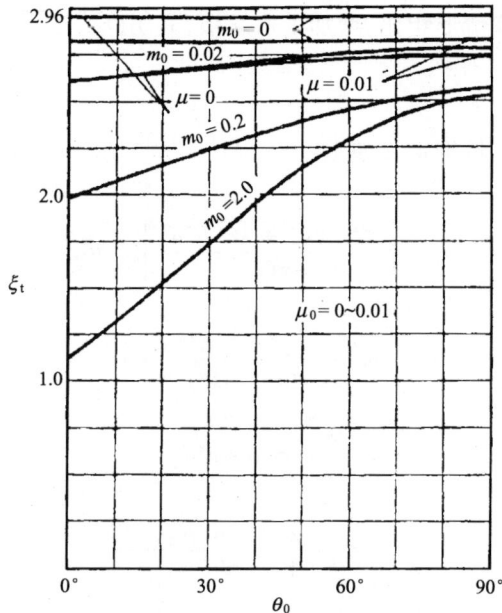

图 4-18　线性分层环境下二维浮射流无量纲极限高度随 θ_0 及 m_0 的变化

角 θ_0 和初始动量 m_0 的变化规律如图 4-18 所示。由图可见,当 m_0 一定时,极限高度 ξ_t 随 θ_0 的增加而增大;当 θ_0 一定时,极限高度随 m_0 的减小而增大;当 $m_0 = 0$ 时,浮射流变为纯羽流,初始角对极限高度没有影响,为一水平直线;当 $\mu = 0 \sim 0.1$ 时,极限高度与流量大小无关。

4-9　浮射流的量纲分析法

本章前几节讨论了羽流、浮射流的积分方法,在分析中做了若干假定,除假定羽流、浮射流的流速分布、浓度分布存在相似性外,还假定卷吸系数为常数。实际上,浮射流的卷吸系数 α 不是常数,而与浮射流的理查森数或密度佛汝德数有关。普里斯特莱、鲍尔(Priestley 和 Ball 1955)、莫顿、泰勒、特纳(Morton,Taylor 和 Turner 1956)基于柯辛(Corrsin 1943)在射流研究中提出的积分形式的运动方程,较早地应用量纲分析法提出了紊动浮射流卷吸系数的计算式;李斯特、伊姆伯格(List 和 Imberger 1973,1975)则由射流和羽流的两个不变量 C 和 R 来确定浮射流的卷吸系数。本节讨论浮射流的量纲分析法,首先定义圆形浮射流的两个特征长度比尺如下

$$l_M = \frac{M_0^{3/4}}{B_0^{1/2}}, \qquad l_Q = \frac{Q}{M_0^{1/2}} \tag{4-270}$$

式中,M_0,B_0 及 Q_0 分别为浮射流的初始比动量通量、初始比浮力通量及初始体积流量。第一个长度比尺 l_Q 表示喷口面积的平方根,即 $\sqrt{A}$,第三个长度比尺 l_M 用于判别浮射流是羽流型还是射流型。定义这两个长度比尺之比为射流的理查森数 R,即

$$R = \frac{l_Q}{l_M} = \frac{Q_0 B_0^{1/2}}{M_0^{5/4}} \tag{4-271}$$

上式是由莫顿(Morton 1959)首先提出的,其物理意义为浮力与惯性力之比。

现以浮射流的轴线速度为例,说明长度比尺的应用。浮射流的轴线速度可表示为

$$u_m = f(M_0, B_0, x) \tag{4-272}$$

经量纲分析得

$$u_m = \frac{M_0^{1/2}}{x} f\left(\frac{x B_0^{1/2}}{M_0^{3/4}}\right) \tag{4-273}$$

当 $\dfrac{x B_0^{1/2}}{M_0^{3/4}} \to \infty$ 时, $\qquad f\left(\dfrac{x B_0^{1/2}}{M_0^{3/4}}\right) \to \left(\dfrac{x B_0^{1/2}}{M_0^{3/4}}\right)^{2/3} \tag{4-274}$

当 $\dfrac{x B_0^{1/2}}{M_0^{3/4}} \to 0$ 时, $\qquad f\left(\dfrac{x B_0^{1/2}}{M_0^{3/4}}\right) \to \text{const} \tag{4-275}$

函数的渐近形式是由 x 和 $M_0^{3/4}/B_0^{1/2}$ 的相对大小来确定的。

圆形浮射流当地的体积流量、比动量通量及比浮力通量可分别定义为：

体积流量：

$$Q = \int 2\pi r u \, \mathrm{d}r \tag{4-276}$$

比动量通量：

$$M = \int 2\pi r u^2 \, \mathrm{d}r \tag{4-277}$$

比浮力通量：

$$B = \int 2\pi r g \left(\frac{\rho_a - \rho}{\rho_0} \right) u \, \mathrm{d}r \tag{4-278}$$

对于垂直情形，浮射流特征量的沿程变化率为

$$\frac{\mathrm{d}M}{\mathrm{d}x} = \int 2\pi r g \left(\frac{\rho_a - \rho}{\rho_0} \right) \mathrm{d}r \tag{4-279}$$

$$\frac{\mathrm{d}B}{\mathrm{d}x} = \frac{g\mu}{\rho_0} \frac{\mathrm{d}\rho_a}{\mathrm{d}x} = -\mu f^2 \tag{4-280}$$

式中，f 为布朗特-瓦塞勒频率，即

$$f = \sqrt{\frac{g}{\rho} \left(-\frac{\mathrm{d}\rho_a}{\mathrm{d}x} \right)} \tag{4-281}$$

解这个方程组的困难是前两个方程的右端项未知。李斯特、伊姆伯格假定这些项仅是当地变量 Q, M, B 和 x 的函数，经量纲分析得

$$\frac{\mathrm{d}Q}{\mathrm{d}x} = M^{1/2} f_1 \left(\frac{Q}{M^{1/2}x}, \frac{QB^{1/2}}{M^{5/4}}, \frac{Mf}{B} \right) \tag{4-282}$$

$$\frac{\mathrm{d}M}{\mathrm{d}x} = \frac{QB}{M} f_2 \left(\frac{Q}{M^{1/2}x}, \frac{QB^{1/2}}{M^{5/4}}, \frac{Mf}{B} \right) \tag{4-283}$$

$$\frac{\mathrm{d}B}{\mathrm{d}x} = -Qf^2 \tag{4-284}$$

对于不分层情形（$f \equiv 0$），以上方程组可写成

$$x \frac{\mathrm{d}C_b}{\mathrm{d}x} = f_1(C_b, R_b) - \frac{R_b^2}{2} f_2(C_b, R_b) - C_b \tag{4-285}$$

$$x \frac{\mathrm{d}R_b^2}{\mathrm{d}x} = \frac{R_b^2}{C_b} f_1(C_b, R_b) - \frac{5R_b^2}{2} f_2(C_b, R_b) \tag{4-286}$$

式中，C_b, R_b 为浮射流的两个不变量，其表达式为

$$C_b = Q/(M^{1/2}x) \tag{4-287}$$

$$R_b = QB^{1/2}/M^{5/4} \tag{4-288}$$

浮射流的两个函数 f_1, f_2 可近似表示成

$$f_1(C_b, R_b) = C_p \left[1 + \frac{2}{3} \left(\frac{R_b}{R_p} \right)^2 \right] \qquad (4\text{-}289)$$

$$f_2(C_b, R_b) = \frac{4}{3} \frac{C_p}{R_p^2} \qquad (4\text{-}290)$$

式中，C_p, R_p 为羽流情形的两个不变量。

设浮射流的速度剖面、密度剖面存在相似性，即

$$\frac{u}{u_m} = \exp\left[-\left(\frac{y}{b} \right)^2 \right] \qquad (4\text{-}291)$$

$$\frac{\rho}{\rho_m} = \exp\left[-\left(\frac{y}{\lambda b} \right)^2 \right] \qquad (4\text{-}292)$$

式中，b 为浮射流特征半厚度，定义同前。将式(4-291)、(4-292)代入体积流量、比动量通量及比浮力通量的表达式(4-276)~(4-278)，得

$$Q = \pi b^2 u_m \qquad (4\text{-}293)$$

$$M = \frac{\pi}{2} b^2 u_m^2 \qquad (4\text{-}294)$$

$$B = \frac{\pi \lambda^2}{1 + \lambda^2} g \rho_m b^2 u_m \qquad (4\text{-}295)$$

根据泰勒(Taylor 1958)假说，卷吸率与当地特征长度比尺 b 和射流轴线速度 u_m 的乘积成正比，有

$$\frac{dQ}{dx} = 2\pi \alpha b u_m \qquad (4\text{-}296)$$

积分作用于浮射流横截面上的浮力可得比动量通量的变化率

$$\frac{dM}{dx} = \pi \lambda^2 g \rho_m b^2 \qquad (4\text{-}297)$$

当环境流体存在密度分层时，比浮力通量变化率由当地体积流量乘以 f^2 来表示，即

$$\frac{dB}{dx} = -\pi b^2 u_m f^2 \qquad (4\text{-}298)$$

关于浮射流的卷吸系数，罗迪(Rodi 1982)提出

$$\alpha_b = \alpha_j \exp\left[\ln\left(\frac{\alpha_p}{\alpha_j} \right) \left(\frac{R_b}{R_p} \right)^2 \right] \qquad (4\text{-}299)$$

式中，α_j 为射流卷吸系数，可近似取 $\alpha_j = 0.0535$；α_p 为羽流卷吸系数，可近似取 $\alpha_p = 0.0833$；R_p 为羽流理查森数，可取 $R_p = 0.557$；R_b 为浮射流理查森数，见式(4-288)；λ 为厚度比，可取 $\lambda = 1.19$。上述计算式与实验结果的比较示于图 4-19

中(Fischer et al 1979)。

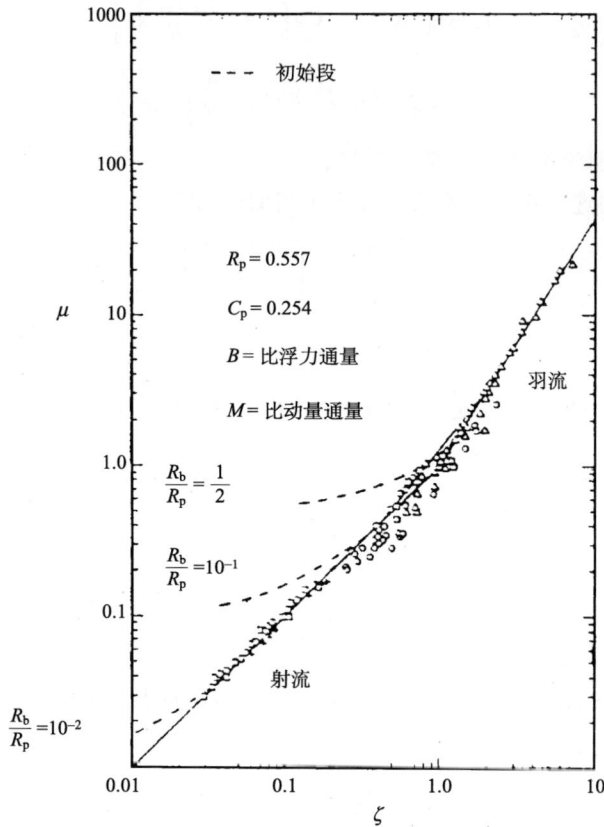

图 4-19　圆形浮射流流量的计算值与里克、斯波尔丁(Ricou 和
Spalding 1961)实验值的比较

采用相同的分析方法,可得平面浮射流特征量的计算式:

体积流量: $Q = \sqrt{\pi} b u_m$　　　　　　　　　　　　　　　　　　　　　　(4-300)

比动量通量: $M = \sqrt{\dfrac{\pi}{2}} b u_m^2$　　　　　　　　　　　　　　　　　　　(4-301)

比浮力通量: $B = \sqrt{\dfrac{\pi \lambda^2}{1 + \lambda^2}} g \rho_m b u_m$　　　　　　　　　　　　　(4-302)

体积流量变化率: $\dfrac{dQ}{dx} = 2\alpha u_m$　　　　　　　　　　　　　　　(4-303)

动量通量变化率: $\dfrac{dM}{dx} = \sqrt{\pi} \lambda g \rho_m b$　　　　　　　　　　　(4-304)

浮力通量变化率：$\dfrac{\mathrm{d}B}{\mathrm{d}x} = -\sqrt{\pi} b u_\mathrm{m} f^2$ (4-305)

浮射流卷吸系数：$\alpha_\mathrm{b} = \alpha_j \exp\left[\ln\left(\dfrac{\alpha_\mathrm{p}}{\alpha_j}\right)\left(\dfrac{R_\mathrm{b}}{R_\mathrm{p}}\right)^{3/2}\right]$ (4-306)

浮射流理查森数：$R_\mathrm{b} = Q^2 B^{2/3} / M^2$ (4-307)

羽流理查森数：$R_\mathrm{p} = 0.735$ (4-308)

射流卷吸系数：$\alpha_j = 0.052$ (4-309)

羽流卷吸系数：$\alpha_\mathrm{p} = 0.102$ (4-310)

厚度比：$\lambda = 1.35$ (4-311)

平面浮射流理论计算值与实验值的比较见图 4-20。

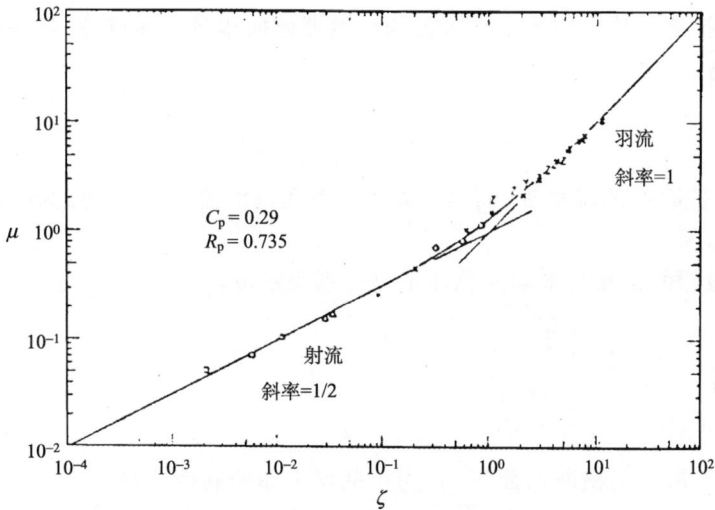

图 4-20　平面浮射流体积流量计算值与考茨维诺斯
(Kotsovinos 1975)实验值的比较

4-10　多孔扩散器水力计算

市政、工业部门经常把初步处理的生活污水、工业废水或雨水排到江河湖海进行处置。多孔扩散器即为这种处置系统的一种形式，其典型的形态是在管道两侧交错布置若干孔口，如图 4-21 所示。罗恩等人(Rawn et al 1961)、晁氏、坎普赞诺 (Chao 和 Campuzano 1972)较早地研究了多孔扩散器的水力计算问题，现介绍如下：

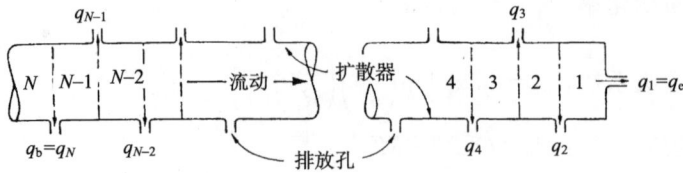

图 4-21 多孔扩散器示意图

在多孔扩散器的设计中,应考虑三个重要的水力要素,即排放的最大废水流量、要求的最小初始稀释度及总水头。若给定扩散器的总流量 Q,那么

$$Q = \sum_1^N q_i \tag{4-312}$$

式中,q_i 为扩散器孔口的流量。考虑到扩散器侧向排放的连续性,每一孔口的总能量可表示成

$$E_i = h_e + \frac{V_i^2}{2g} + \sum_1^i h_{fi} \tag{4-313}$$

式中,h_e 为扩散器末端水头,$V_i^2/2g$ 为第 i 个孔口的流速水头,h_{fi} 为扩散器第 i 段的沿程阻力损失。

在扩散器的始端与末端的总能量可分别表示成:

始端:$$E_b = h_e + \left(\frac{Q}{A}\right)^2 \frac{1}{2g} + \sum_1^N h_{fi} \tag{4-314}$$

末端:$$E_e = h_e + \left(\frac{q_e}{A}\right)^2 \frac{1}{2g} \tag{4-315}$$

其中,A 为扩散器的横断面面积,q_e 为扩散器末端的剩余流量。

由式(4-314)减去式(4-315),可得通过整个扩散器的总水头损失

$$E_b - E_e = \frac{1}{2g}\left(\frac{Q}{A}\right)^2 + \sum_1^N h_{fi} - \frac{1}{2g}\left(\frac{q_e}{A}\right)^2 \tag{4-316}$$

由于 q_e 可由 h_e 确定,这样可计算出式(4-324)中最后一项的值。通常,该项的值较小,可忽略不计。

若给定扩散器的总流量,则唯一未知的项是总阻力损失。由达西-魏斯巴赫公式知

$$\sum_1^N h_{fi} = \sum_1^N f_i \frac{l_i}{D} \frac{V_i^2}{2g} \tag{4-317}$$

式中,f_i 为 i 段的沿程阻力系数,l_i 为 i 孔口与 $i+1$ 孔口间扩散段的长度,D 为扩散器直径。

工程实践中,扩散器孔口间距通常均匀布置,阻力系数为常数。利用这些条

件,我们可得到下面的关系式

$$\sum_1^N h_{fi} = f\frac{l}{D}\frac{1}{2g}\sum_1^N V_i^2 \tag{4-318}$$

由于 $V_1A=q_1$, $V_2A=q_1+q_2$, $\cdots$, $V_nA=\sum_1^N q_i=Q$

及

$$V_1=\frac{q_1}{A}, V_2=\frac{q_1+q_2}{A}, \cdots, V_n=\frac{Q}{A}$$

因此,

$$\sum_1^N h_{fi} = f\frac{l}{D}\frac{1}{2gA^2}\sum_1^N\left(\sum_1^i q_i\right)^2 \tag{4-319}$$

在实际情形中,多孔扩散器可分为三种理想化的排放模式,现分析如下:

模式一:均匀分布

图 4-22 为均匀排放模式的示意图。由于 q_i 为常数,因此,$q_i=Q/N$,其中 N 为孔口总数。于是,由式(4-319),得

$$\sum_1^N h_{fi} = f\frac{l}{D}\frac{1}{2g}\left(\frac{Q}{A}\right)^2\sum_1^N n^2 = f\frac{l}{D}\frac{1}{2g}\left(\frac{Q}{A}\right)^2\frac{(N+1)(2N+1)}{6N} \tag{4-320}$$

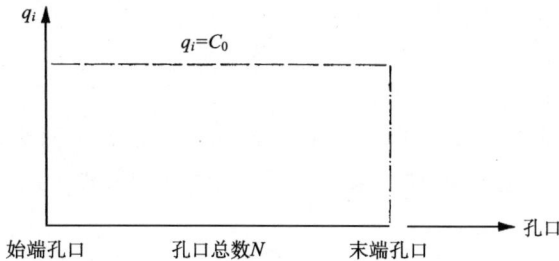

图 4-22　均匀排放模式示意图

考虑到总扩散器长度 $(N+1)l=L$,那么,通过扩散器的总水头损失可表示成

$$\sum_1^N h_{fi} = f\frac{l}{D}\frac{1}{2g}\left(\frac{Q}{A}\right)^2\left(\frac{2N+1}{6N}\right) \tag{4-321}$$

在式 (4-320) 中,有趣的是项 $\frac{2N+1}{6N}$ 随 N 的增大接近最小值(1/3)。一般情况下,扩散器的排放孔数大于 10,对于 $N=10\sim\infty$,$\frac{2N+1}{6N}$ 的值仅从 0.35 到 0.33 之间变化。因此,通过均匀排放扩散器的总阻力损失可近似表示成

$$\sum_1^N h_{fi} = 0.35 f\frac{L}{D}\frac{1}{2g}\left(\frac{Q}{A}\right)^2 \tag{4-322}$$

模式二:分段分布

图 4-23 示出分段分布的结构图,由图可知

$$Q_A = N_A q_A, Q_B = N_B q_B, Q = Q_A + Q_B, N = N_A + N_B, 那么$$

$$h_{fB} = f_B \frac{l_B}{D_B} \frac{1}{2g} \left(\frac{Q_B}{A_B}\right)^2 \left[\frac{(N_B + 1)(2N_B + 1)}{6N_B}\right] \tag{4-323}$$

$$h_{fA} = f_A \frac{l_A}{D_A} \frac{1}{2g} \left(\frac{1}{A_A}\right)^2 \sum_1^{N_A} \left[Q_B + \left(\sum_1^i q_i\right)_A\right]^2$$

$$= f_A \frac{l_A}{D_A} \frac{1}{2g} \left(\frac{1}{A_A}\right)^2 \left[N_A Q_B^2 + Q_B Q_A (N_A + 1) + Q_A^2 \frac{(N_A + 1)(2N_A + 1)}{6N_A}\right] \tag{4-324}$$

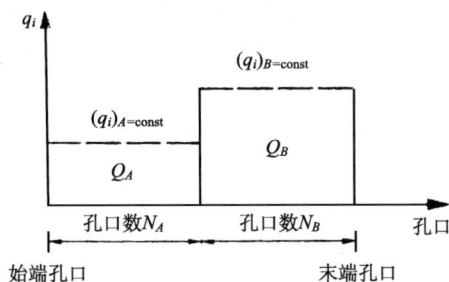

图 4-23　分段分布示意图

于是,总阻力损失应等于 h_{fA} 与 h_{fB} 之和。若分段分布大于两组,则通过其他段的阻力损失可用同样的方法得到。采用模式一中的近似,式 (4-323)、(4-324)可简化成

$$h_{fB} = 0.35 f_B \left(\frac{L_B}{D_B}\right) \frac{1}{2g} \left(\frac{Q_B}{A_B}\right)^2 \tag{4-325}$$

$$h_{fA} = f_A \left(\frac{L_A}{D_A}\right) \frac{1}{2g} \left(\frac{Q_A}{A_A}\right)^2 \left[\left(\frac{Q_B}{Q_A}\right)^2 + \frac{Q_B}{Q_A} + 0.35\right] \tag{4-326}$$

从而,$\displaystyle\sum_1^{N_A + N_B} h_{fi} = h_{fA} + h_{fB} \tag{4-327}$

对于特殊情形,$Q_A = Q_B, L_A = L_B, D_A = D_B, N_A = N_B$,则式(4-327)退化为式(4-322)。

模式三:线性分布

线性分布如图 4-24 所示,流量的变化率为

$$\frac{q_e - q_b}{N} = S \tag{4-328}$$

扩散器的总长度、流量可分别表示成

$$L = (N+1)l \tag{4-329}$$

$$Q = q_b + (q_b + S) + (q_b + 2S) + \cdots + [q_b + (N-1)S]$$

$$= [q_b(N+2) + q_e(N-2)]/2 \tag{4-330}$$

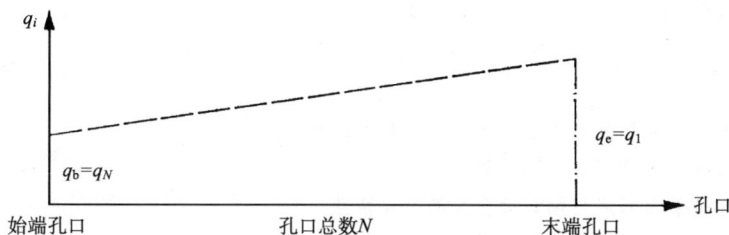

图 4-24　线性分布示意图

因此，

$$\sum_1^N h_{fi} = f\frac{l}{D}\frac{1}{2gA^2}\{[q_b + (N-1)S]^2 + [2q_b + (N-1)S + (N-2)S]^2$$

$$+ \cdots + [nq_b + (nN - (1+2+\cdots+n))S]^2$$

$$+ \cdots + [Nq_b + (N^2 - (1+2+\cdots+N))S]^2\}$$

$$= f\frac{l}{D}\frac{1}{2gA^2}\left\{\sum_1^N nq_b^2 + 2q_b S\left[N\sum_1^N n^2 - \frac{1}{2}\sum_1^N(n^3 + n^2)\right]\right.$$

$$\left. + S^2\left[N^2\sum_1^N n^2 - N\sum_1^N(n^3 + n^2) + \frac{1}{4}\sum_1^N(n^4 + 2n^3 + n^2)\right]\right\} \tag{4-331}$$

化简上式，得

$$\sum_1^N h_{fi} = f\frac{l}{D}\frac{1}{2gA^2}\left\{\frac{1}{6}N(N+1)(2N+1)q_b^2\left[1 + \frac{1}{2}\frac{S}{q_b}\frac{(N-1)(SN+2)}{2N+1}\right.\right.$$

$$\left.\left. + \frac{1}{10}\left(\frac{S}{q_b}\right)^2(19N^2 - N + 2)\right]\right\} \tag{4-332}$$

将 S 表达式(4-328)代入上式，并应用模式一的推理，有

$$\sum_1^N h_{fi} = f\frac{L}{D}\frac{1}{2gA^2}\left\{\frac{N(2N+1)q_b^2}{6}\left[1 + 1.11\left(\frac{q_e - q_b}{q_b}\right) + 1.89\left(\frac{q_e - q_b}{q_b}\right)\right]\right\} \tag{4-333}$$

当 $K>1$ 时,令 $q_e=Kq_b$;当 $C>1$ 时,令 $q_b=\dfrac{Q}{CN}$,这样,式(4-333)可进一步简化为

$$\sum_1^N h_{fi} = f\frac{L}{D}\frac{1}{2g}\left(\frac{Q}{CA}\right)^2(0.66K^2-0.93K+0.62) \tag{4-334}$$

对于特殊情形,$q_e=q_b$,即 $K=C=1$,上式退化为式(4-322)。

习　题

4-1:射流分为哪几种形式? 简述射流的基本特性。

4-2:试由 N-S 方程导出雷诺方程。

4-3:试比较平面射流与轴对称射流的主要特性。

4-4:解释射流的特征半厚度。

4-5:生活污水经初步处理后排入海水中,污水流量为 0.124m³/s,排污管出口位于海面下 15m,污水沿水平方向排泄,污水与海水的相对密度差为 0.015,设想保持污水管出口流速为 1.0m/s 不变的情况下,用两种方式排放:

(1) 孔径为 0.4m 的单孔排放;

(2) 用 16 个互不干扰的孔径为 0.1m 的多孔排放。

试比较哪种方式所获得的海面稀释度较大。

4-6:题 4-6 图为一环形喷嘴射流。设圆环半径为 r_0,喷嘴宽度为 $2b_0$,出口速度为 U_0,试推导喷出的自由紊动射流主体段的断面最大流速沿程变化的关系式。

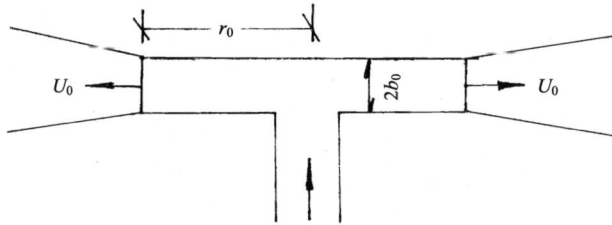

题 4-6 图

4-7:污水沿水平方向排入大海,污水浓度为 100ppm,排放口位于海平面下 40m,孔径为 0.4m,出口流速为 0.5m/s,相对密度差为 0.03,试分别按羽流和浮射流来计算到达海平面的最大流速、浓度和稀释度。

4-8:一个圆形排污管出口位于海面下 40m,孔径为 0.1m,流速为 5m/s,密度差为 0.025,试比较 $\theta=0°,45°,90°$ 三种情形下,浮射流到达海平面的稀释度。

第五章 水 质 模 型

污染物进入受纳水体后经历扩散、迁移及转化等演变过程。在前面几章中,我们主要讨论了污染物在受纳水体中的扩散、迁移规律,即把污染物看作示踪物,研究其在时间、空间上的物理变化过程。本章则主要介绍污染物在受纳水体中因生化、化学、生物等作用发生的转化关系,即水质模型。

5-1 河流 BOD-DO 耦合模型

最基本的水质模型是关于溶解氧 DO、生化需氧量 BOD 的模型,由美国两位学者斯佳特、费尔普斯(Streeter 和 Phelps 1925)于 20 世纪 20 年代初研究俄亥俄(Ohio)河污染问题时建立的。从那时起,逐渐形成了风格各异的水质模型,在这些水质模型中,应用最多的当推 BOD-DO 耦合模型。

一、斯佳特–费尔普斯模型

一维离散方程可写作

$$\frac{\partial C}{\partial t} + U \frac{\partial C}{\partial x} = E_x \frac{\partial^2 C}{\partial x^2} + S \tag{5-1}$$

式中,U 为断面平均流速,S 为源汇项,如河流支流、污染物生化反应等。斯佳特、费尔普斯假定水流为恒定流,这样上式左端第一项为零,污染物浓度 $C(x)$ 以点源排放达到均匀混合的断面作为起始断面。

以 L 表示 BOD 浓度,以 O 表示 DO 浓度,代入式(5-1)得

$$U \frac{\partial L}{\partial x} = E_x \frac{\partial^2 L}{\partial x^2} + \frac{\mathrm{d}L}{\mathrm{d}t} \tag{5-2}$$

$$U \frac{\partial O}{\partial x} = E_x \frac{\partial^2 O}{\partial x^2} + \frac{\mathrm{d}O}{\mathrm{d}t} \tag{5-3}$$

式中源汇项为反应速率,表示生化耗氧一阶动力反应,可进一步表示成

$$\frac{\mathrm{d}L}{\mathrm{d}t} = -K_1 L \tag{5-4}$$

$$\frac{\mathrm{d}O}{\mathrm{d}t} = -K_1 L + K_2 D \tag{5-5}$$

其中,K_1,K_2 分别为耗氧系数和复氧系数;D 为氧亏,表示饱和溶解氧 O_S 与当前溶解氧 O 的差值,即

$$D = O_S - O \tag{5-6}$$

现就是否考虑纵向离散作用，即 E_x 是否等于零，分别讨论式(5-2)、(5-3)的解析解如下：

若不考虑河流的纵向离散作用，即 $E_x = 0$，考虑到饱和溶解氧 O_S 为常数，所以 $\dfrac{\partial O}{\partial x} = -\dfrac{\partial D}{\partial x}$，则式(5-2)、(5-3)变为

$$U \frac{\partial L}{\partial x} = -K_1 L \tag{5-7}$$

$$U \frac{\partial D}{\partial x} = K_1 L - K_2 D \tag{5-8}$$

其边界条件为：在 $x=0$ 处，$L=L_0$，$O=O_0$，$D=D_0$，这样方程组(5-7)、(5-8)的解为

$$L = L_0 \exp(-K_1 t) \tag{5-9}$$

$$D = \frac{K_1 L_0}{K_2 - K_1} [\exp(-K_1 t) - \exp(-K_2 t)] + D_0 \exp(-K_2 t) \tag{5-10}$$

式中，$D_0 = O_S - O_0$，表示初始氧亏浓度。费尔(Fair 1939)引入自净系数的概念，即 $F = K_2 / K_1$，表示复氧与耗氧的对比关系，反映水中溶解氧自净作用的快慢。

注意到 $t = x/U$，由式(5-10)对 x 求导可得临界氧亏 D_C 和临界时间 t_C 的解为

$$D_C = \frac{L_0}{F} \exp(-K_1 t_C) \tag{5-11}$$

$$t_C = \frac{1}{K_2 - K_1} \ln\left\{ F\left[1 - (F-1)\frac{D_0}{L_0} \right] \right\} \tag{5-12}$$

若考虑河流的纵向离散作用，$E_x \neq 0$，离散方程(5-2)、(5-3)变为二阶常微分方程，BOD方程与恒定流情形的基本方程在数学形式上完全一样，边界条件仍为：

当 $x=0$ 时，$L=L_0$；　　　当 $x=\infty$ 时，$L=0$

生化需氧量的解为

$$L = L_0 \exp(x m_1) \tag{5-13}$$

将上式代入式(5-3)、(5-5)，得

$$U \frac{\partial O}{\partial x} = E_x \frac{\partial^2 O}{\partial x^2} - K_1 L_0 \exp(x m_1) + K_2 D \tag{5-14}$$

对于边界条件，$O(0) = O_0$，$O(\infty) = O_S$，上式的解为

$$D = D_0 \exp(x m_2) + \frac{K_1 L_0}{K_1 - K_2} [\exp(x m_1) - \exp(x m_2)] \tag{5-15}$$

式中 $m_1 = \dfrac{U}{2E_x}\left(1 - \sqrt{1 + \dfrac{4K_1 E_x}{U^2}} \right)$，　　$m_2 = \dfrac{U}{2E_x}\left(1 - \sqrt{1 + \dfrac{4K_2 E_x}{U^2}} \right)$ $\tag{5-16}$

上述公式可用于研究天然河流的自净能力。应当指出，斯佳特-费尔普斯模型基于如下假定：

（1）明渠均匀流、且点源排放的污染负荷不变；

（2）任一横断面上的 DO,BOD 的横向和垂向浓度均匀；

（3）耗氧、复氧为一阶反应，并且反应速率保持不变；

（4）氧亏的净变化只是耗氧、复氧（水气交界面）的函数。

虽然，斯佳特-费尔普斯模型的假定使它的应用受到一些限制，但为水质模型的发展奠定了基础。许多学者对斯佳特-费尔普斯模型做了修正和补充，现就常用的几种修正模型做一简单介绍。

二、托马斯修正模型

托马斯（Thomas 1948）提出 BOD 可能随泥沙的沉降、絮凝作用而减少，认为其减少速率与留存的 BOD 成正比，并在斯佳特-费尔普斯模型的 BOD 方程中引入一个沉凝系数 K_3。这样，在忽略纵向离散作用的情况下，BOD,DO 方程可表示成

$$U \frac{\partial L}{\partial x} = -(K_1 + K_3)L \tag{5-17}$$

$$U \frac{\partial O}{\partial x} = -K_1 L + K_2 D \tag{5-18}$$

边界条件为：

当 $x=0$ 时，$L=L_0$，$D=D_0$

上式的解为

$$L = L_0 \exp[-(K_1 + K_3)t] \tag{5-19}$$

$$D = D_0 \exp(-K_2 t) + \frac{K_1 L_0}{K_2 - K_1 - K_3} \{\exp[-(K_1 + K_3)t] - \exp(-K_2 t)\}$$

$$\tag{5-20}$$

三、奥康纳修正模型

奥康纳（O'Connor 1967）提出把 BOD 分解为碳化 BOD 和硝化 BOD 两部分，即

$$L = L_C + L_N \tag{5-21}$$

对托马斯修正式改进后，有

$$U \frac{\partial L_C}{\partial x} = -(K_1 + K_3)L_C \tag{5-22}$$

$$U \frac{\partial L_N}{\partial x} = -K_N L_N \tag{5-23}$$

$$U \frac{\partial D}{\partial x} = K_1 L_C + K_N L_N - K_2 D \tag{5-24}$$

式中, K_N 为硝化 BOD 耗氧系数。

当 $x=0$ 时, $L_C(0)=L_{0C}$, $L_N(0)=L_{0N}$, $O=O_0$, $D=D_0$, 式(5-22)~(5-24)的解为

$$L_C = L_{0C}\exp[-(K_1+K_3)t] \tag{5-25}$$

$$L_N = L_{0N}\exp(-K_N t) \tag{5-26}$$

$$D = D_0\exp(-K_2 t) + \frac{K_1 L_{0C}}{K_2-K_1-K_3}\{\exp[-(K_1+K_3)t]-\exp(-K_2 t)\}$$

$$+ \frac{K_N L_{0N}}{K_2-K_N}[\exp(-K_N t)-\exp(-K_2 t)] \tag{5-27}$$

四、坎普–道宾斯修正模型

坎普(Camp 1963)、道宾斯(Dobbins 1964)在托马斯模型的基础上,进一步考虑到以下两点:

(1) 因底泥释放 BOD 和地表径流所引起的 BOD 变化速率 R;

(2) 藻类光合作用和呼吸作用以及地表径流引起的溶解氧速率变化 P。

其模型可表示成

$$U\frac{\partial L}{\partial x} = -(K_1+K_3)L+R \tag{5-28}$$

$$U\frac{\partial D}{\partial x} = -K_2 D+K_1 L+P \tag{5-29}$$

边界条件为

$$L(0)=L_0, \qquad D(0)=D_0$$

式(5-28)、(5-29)的解为

$$L = L_0\beta_1 + \frac{R}{K_1+K_3}(1-\beta_1) \tag{5-30}$$

$$D = D_0\beta_2 + \frac{K_1}{K_2-K_1-K_3}\left(L_0-\frac{R}{K_1+K_3}\right)(\beta_1-\beta_2)$$

$$+ \left[\frac{P}{K_2}+\frac{K_1 R}{K_2(K_1+K_3)}\right](1-\beta_2) \tag{5-31}$$

式中, $\beta_1=\exp[-(K_1+K_3)t]$, $\beta_2=\exp(-K_3 t)$。

例 5-1 某城市将流量为 $1.33\mathrm{m^3/s}$ 的污水排入最小流量为 $8.5\mathrm{m^3/s}$ 的河流中。河流平均流速为 $3.2\mathrm{km/h}$, 河水温度为 $15℃$, 污水的五日生化需氧量为 $200\mathrm{mg/L}$, 河水的五日生化需氧量为 $1\mathrm{mg/L}$。污水中不含溶解氧,而排放口上游河水中溶解氧的饱和度为 90%。在 $20℃$ 时, $K_1=0.3\mathrm{d^{-1}}$, $K_2=0.7\mathrm{d^{-1}}$, 试求临界溶解氧及其出现位置。(不考虑河流纵向离散作用,其他水温时的 $K_2=0.7\times$

1.024^{T-20})

解:(1) 污水排放前河水的溶解氧

从 1-2 节图 1-1 中查得水温 15℃时的饱和溶解氧为 10.2mg/L,而现在只有 90% 的饱和度,所以河水的溶解氧为 $10.2 \times 0.9 = 9.1$mg/L

(2) 混合水体的温度、溶解氧、五日生化需氧量及初始生化需氧量

$$混合水体温度 = \frac{1.33 \times 20 + 8.5 \times 15}{1.33 + 8.5} = 15.7℃$$

$$混合水体溶解氧 = \frac{8.5 \times 9.1}{1.33 + 8.5} = 7.9mg/L$$

$$混合水体五日生化需氧量 = \frac{1.33 \times 200 + 8.5 \times 1}{1.33 + 8.5} = 27.9mg/L$$

初始生化需氧量

$$L_0 = \frac{L_{(5)}}{1 - \exp(-K_1 t)} = \frac{27.9}{1 - \exp(-0.3 \times 5)} = 35.9mg/L$$

(3) 初始氧亏浓度

15.7℃水中饱和溶解氧为 10.1mg/L,那么初始氧亏

$$D_0 = 10.1 - 7.9 = 2.2mg/L$$

(4) 15.7℃水温的耗氧系数和复氧系数

$$K_1 = K_{1(20)} \times 1.024^{T-10} = 0.3 \times 1.024^{15.7-20} = 0.253d^{-1}$$

$$K_2 = K_{2(20)} \times 1.024^{T-20} = 0.7 \times 1.024^{15.7-20} = 0.632d^{-1}$$

(5) 临界溶解氧及其出现的位置

应用公式(5-11)及(5-12)可求得临界溶解氧 $O_C = 1.79$mg/L、临界溶解氧的位置

$$x_C = 166km$$

五、复氧理论、复氧系数及耗氧系数

大气中的氧向水体的迁移扩散,称为大气对水体的复氧作用,是水中溶解氧最基本的补给来源。大气中的氧穿过水气交界面向水中的扩散迁移是一个极其复杂的过程,已提出多种复氧理论,如双膜理论、液膜更新理论等。在双膜理论中,假定在浓度均匀的气相与液相间的交界面为气膜和液膜,氧的转移是分别通过各膜内的分子扩散按定值进行的。同时由于气膜内的分子扩散远比液膜内大,因此,可忽略气膜,只考虑液膜即可。但是,如果液相处于紊流状态,水气交界面变得不稳定,必须考虑液膜更新的影响。道宾斯假定紊动能克服表面张力的作用使表面得到更新,并认为液膜的厚度与柯尔莫哥洛夫的旋涡消失尺度成比例。

关于复氧系数 K_2,可用下面经验公式计算:

　　(1) 斯佳特-费尔普斯(Streeter 和 Phelps 1925)公式

$$K_2 = CU^n H^{-2} \tag{5-32}$$

式中,U 为平均流速(m/s),H 为平均水深(m),C,n 为经验系数,$C=13.06\sim$
23.96,$n=0.57\sim5.40$。

　　(2) 奥康纳-道宾斯(O'Connor 和 Dobbins 1956)公式:

　　对于各向异性紊流,有

$$K_2 = 356.7D^{0.5}i^{0.25}H^{-1.25} \tag{5-33}$$

或

$$K_{2(20)} = 4.8i^{0.25}H^{-1.25} \tag{5-34}$$

对于各向同性紊流,有

$$K_2 = 127D^{0.5}U^{0.5}H^{-1.5} \tag{5-35}$$

或

$$K_{2(20)} = 1.71U^{0.5}H^{-1.5} \tag{5-36}$$

　　式中,D 为分子扩散系数(m^2/d),i 为河道底坡,$K_{2(20)}$ 为 20℃的复氧系数。

　　(3) 克莱科尔-奥洛伯(Krenkel 和 Orlob 1962)公式

$$K_{2(20)} = 2.4\times10^{-2}E_L^{1.321}H^{-2.32} \tag{5-37}$$

或

$$K_2 = 2.6\varepsilon_z^{1.237}H^{-2.087} \tag{5-38}$$

　　式中,E_L 为纵向离散系数(m^2/min),ε_z 为垂向涡扩散系数或垂向紊动扩散系
数(m^2/s)。

　　(4) 丘吉尔(Churchill et al 1962)公式

$$K_{2(20)} = 2.18U^{0.969}H^{-1.673} \tag{5-39}$$

或

$$K_{2(20)} = 2.26UH^{-1.67} \tag{5-40}$$

　　(5) 欧文斯(Owens et al 1964)公式

$$K_{2(20)} = 2.316U^{0.67}H^{-1.85} \tag{5-41}$$

或

$$K_{2(20)} = 3.0U^{0.73}H^{-1.75} \tag{5-42}$$

　　(6) 兰贝恩-杜厄姆(Langbein 和 Durum 1967)公式

$$K_{2(20)} = 2.23UH^{-1.33} \tag{5-43}$$

　　(7) 艾萨克斯(Isaacs et al 1968)公式

$$K_{2(20)} = 2.22UH^{-1.5} \tag{5-44}$$

或

$$K_2 = 2.057UH^{-1.5} \tag{5-45}$$

　　(8) 萨克斯顿-克莱科尔(Thackston 和 Krenkel 1969)公式

$$K_2 = 10.8(1+\sqrt{Fr})u_* / H \tag{5-46}$$

式中,Fr 为佛汝德数,u_* 为摩阻流速(m/s)。

　　(9) 凯德瓦雷德-麦克道奈尔(Cadwallader 和 McDonnell 1969)公式

$$K_2 = 25.7\sqrt{E}/H \tag{5-47}$$

式中，E 为单位质量流体的能量耗散（m^2/s^3）。

（10）尼古尔斯库-罗杰斯基（Negulescu 和 Rojanski 1969）公式

$$K_2 = 4.74U^{0.85}H^{-0.85} \tag{5-48}$$

（11）帕登-格罗纳（Padden 和 Gloyna 1971）公式

$$K_{2(20)} = 1.963U^{0.703}H^{-1.055} \tag{5-49}$$

（12）贝内特-拉斯本（Bennett 和 Rathbun 1972）公式

$$K_2 = 2.33U^{0.674}H^{-1.865} \tag{5-50}$$

（13）奇沃格罗-华莱士（Tsivoglou 和 Wallace 1972）公式

$$K_{2(20)} = 1.63\Delta H/t \tag{5-51}$$

式中，ΔH 为水位变幅（m）；t 为水流时间，以天计。

（14）劳氏（Lau 1972）公式

$$K_{2(20)} = 1088.64u_*^3U^2/H \tag{5-52}$$

（15）佛瑞（Foree 1976）公式

$$K_{2(20)} = 0.116 + 2147.8i^{1.2} \tag{5-53}$$

上述公式中的 K_2 和 $K_{2(20)}$ 均以 10 为底，单位为 d^{-1}。

关于耗氧系数 K_1，通常由室内实验或野外实测资料确定，如黄河兰州段为 $0.41\sim0.87$，第一松花江为 $0.015\sim0.13$，第二松花江为 $0.14\sim0.26$，漓江为$0.1\sim$ 0.13，渭河为 1.0，美国俄亥俄河为 $0.1\sim0.125$，英国泰晤士河为 0.18 等。

5-2 河流综合水质模型

污水排入受纳水体后，除了引起溶解氧 DO、生化需氧量 BOD 变化外，还会引起其他水质变化。1973 年，美国水资源工程师公司（Water Resources Engineers, Inc. 1973）为美国环保署成功地开发出河流综合水质模型，即 QUAL-2。该模型考虑了 13 种水质变量，除了溶解氧 DO、生化需氧量 BOD 外，还有水温、藻类（叶绿素）、氨氮、亚硝酸氮、硝酸氮、可溶性磷、大肠杆菌、任选的一种可降解物质、任选的三种非降解物质。

该模型既可用于点源污水排放对河水的影响，也可用于非点源污染问题；既可作为稳态模型，也可作为动态模型使用，还可允许沿河有多个排污口、取水口、支流引起水量的缓慢变化等。

QUAL-2 模型的基本方程仍是对流（迁移）扩散方程，它能描述任一水质变量的时空变化。在方程中除对流项和离散项外，还包括由物理、化学和生物等作用引起的源汇项。对于任一水质变量 C，这个方程可以写成如下形式

$$\frac{\partial C}{\partial t} + U\frac{\partial C}{\partial x} = E_x\frac{\partial^2 C}{\partial x^2} + S \tag{5-54}$$

式中, C 为污染物浓度, E_x 为纵向离散系数, 源汇项 $S = \dfrac{\mathrm{d}C}{\mathrm{d}t}$, 对于不同的水质变量有不同的微分方程。

(1) 叶绿素(浮游藻类)

叶绿素的浓度与浮游藻类生物量的浓度成正比。为了建立关于叶绿素的模型, 可用下面的简单关系将藻类的生物量转化为叶绿素的量

$$C_{\mathrm{CA}} = \alpha_0 C_{\mathrm{A}} \tag{5-55}$$

式中, C_{CA} 为叶绿素的浓度; C_{A} 为藻类生物量的浓度; α_0 为转换系数。

描述藻类生长和产量的微分方程, 可由下面的关系式得到

$$\frac{\mathrm{d}C_{\mathrm{A}}}{\mathrm{d}t} = (\mu - \rho_{\mathrm{A}})C_{\mathrm{A}} - \frac{\sigma_1}{hC_{\mathrm{A}}} \tag{5-56}$$

式中, μ 为藻类比生产率, 随温度变化; ρ_{A} 为藻类呼吸速率, 随温度变化; σ_1 为藻类沉淀速率; h 为河流水深。藻类比生产率 μ 与营养和光照有关, 它可以表示成如下形式

$$\mu = \mu_{\max}(T)\gamma(I_S, I, \eta) \prod_{i=1}^{n} \frac{N_i}{K_{\mathrm{N}_i} + N_i} \tag{5-57}$$

式中, $\mu_{\max}(T)$ 为最大比生产率; γ 为光照的减弱系数, 它表示实际入射的光强度 I 与对于藻类生长最佳的饱和光强度 I_S 不同时引起 $\mu_{\max}(T)$ 减少的比例, 另外, 它还与消光系数 η 有关; N_i 为营养物浓度; K_{N_i} 为相当于描述细菌生长的半速率常数。藻类最大比生产率 $\mu_{\max}(T)$ 与温度有关, 其关系可用下式表示

$$\mu_{\max} = \mu_{\max(20)}\theta^{T-20} \tag{5-58}$$

式中, $\theta = 1.02 \sim 1.06$; γ 可由下式计算

$$\gamma = \frac{I}{I + K_1} \tag{5-59}$$

假如光照度高到足以破坏细胞组织, 藻类的生长将开始减少, 因此在一些计算 γ 的公式中含有饱和光强度这一项。在饱和光强度时, 能观察到最佳生长情况。QUAL-2 使用下面关于 μ 的表达式

$$\mu = \mu_{\max} \frac{C_{\mathrm{N3}}}{C_{\mathrm{N3}} + K_{\mathrm{N3}}} + \frac{C_{\mathrm{ph}}}{C_{\mathrm{ph}} + K_{\mathrm{P}}} \frac{1}{h\eta} \ln\left(\frac{K_{\mathrm{I}} + I}{K_{\mathrm{I}} + I\mathrm{e}^{-h\eta}}\right) \tag{5-60}$$

式中, C_{ph} 为正磷酸盐浓度; C_{N3} 为硝酸氮浓度; K_{N3} 为硝酸氮的经验半速度常数, 与温度有关; K_{P} 为磷酸盐的经验半速度常数, 与温度有关; K_{I} 为光照的经验半速度常数, 与温度有关。在 QUAL-2 中, 消光系数是常数, 实际上, 它是藻类和其他悬浮物浓度的函数, 可表述为

$$\eta = \eta_0 + b_1 C_{\mathrm{A}} + b_2 \tau \tag{5-61}$$

式中, η_0 为蒸馏水的消光系数; τ 为其他悬浮物浓度; b_1, b_2 为系数。对 I 可用日平

均值,如果需要逐小时模拟水质,就必须给出 I 在一天内随时间变化的常数。

(2) 氨氮

在 QUAL-2 模型中,考虑了三种形态的氮,即氨氮 C_{N1}、亚硝酸氮 C_{N2}、硝酸氮 C_{N3},并均以氮的含量计。

$$\frac{dC_{N1}}{dt} = \alpha_1' \rho_A C_A - K_{N1} + \frac{\sigma_3}{A} \tag{5-62}$$

式中,α_1' 为藻类生物量中氨氮的分数;σ_3 为水底生物的氨氮释放速率;A 为平均横截面积。

(3) 亚硝酸氮

$$\frac{dC_{N2}}{dt} = K_{N1} C_{N1} - K_{N2} C_{N2} \tag{5-63}$$

式中,K_{N2} 为亚硝酸氮的氧化速率。

(4) 硝酸氮

$$\frac{dC_{N3}}{dt} = K_{N2} C_{N2} - \alpha_1 \mu C_A \tag{5-64}$$

(5) 磷循环

在 QUAL-2 中,关于磷循环的模型不像氮循环模型那样复杂,该模型只考虑了溶解性磷和藻类的相互作用关系,以及底泥释放磷的项,模型方程如下

$$\frac{dC_{ph}}{dt} = \alpha_1 \rho_A C_A - \alpha_2 \mu C_A + \frac{\sigma_2}{A} \tag{5-65}$$

式中,α_2 为在藻类生物量中磷所占的分数;σ_2 为底泥释放磷的速率。

(6) 碳化 BOD

碳化 BOD 的速率按一阶反应来考虑,可得到下面的微分方程

$$\frac{dL}{dt} = -K_1 L - K_3 L \tag{5-66}$$

式中,K_3 为沉凝系数,表示由于沉淀作用而引起的碳化 BOD 消耗速率常数。

(7) 溶解氧

DO 变化速率的微分方程形式如下

$$\frac{dC}{dt} = -K_1 L + K_2 D + C_A(\alpha_3 \mu - \alpha_4 \rho_A) - \alpha_5 K_{N1} C_{N1} - \alpha_6 K_{N2} C_{N2} - \frac{K_4}{A} \tag{5-67}$$

式中,α_3 为藻类光合作用的单位产氧率;α_4 为藻类呼吸作用的单位耗氧率;α_5 为氨氮氧化时的单位耗氧率;α_6 为硝酸氮氧化时的单位耗氧率;K_4 为底泥耗氧系数。

(8) 大肠杆菌

大肠杆菌在河水中的死亡可用下式表示

$$\frac{\mathrm{d}C_E}{\mathrm{d}t} = -K_5 C_E \tag{5-68}$$

式中，C_E 为大肠杆菌数；K_5 为死亡率。

（9）可降解物质与非降解物质

$$\frac{\mathrm{d}C_R}{\mathrm{d}t} = -K_6 C_R \tag{5-69}$$

式中，C_R 为可降解物质的浓度；当 $K_6 = 0$ 时，式(5-69)就变为非降解物质的方程。

（10）与温度有关参数的修正

凡随温度变化的参数均按下式修正

$$Z_T = Z_{T(20)} \theta^{T-20} \tag{5-70}$$

式中，Z_T 为实际温度 T 时的参数值；$Z_{T(20)}$ 为 20℃时该参数的值；θ 为经验常数，对于不同的参数取不同的值。对于 K_2，取 $\theta = 1.024$；对于其他参数，取 $\theta = 1.047$。

QUAL-2 模型各反应公式里采用的参数列于表 5-1 中。把上述各个水质变量的子模型代入扩散方程后，就形成一个关于 QUAL-2 模型的方程组，可用有限差分法来求解该模型方程组。

表 5-1　QUAL-2 模型中的参数取值

名称	数值	单位
α_0	50～100	μg(叶绿素)/mg(藻类)
α_1	0.08～0.09	mg(氮)/mg(藻类)
α_3	1.4～1.8	mg(磷)/mg(藻类)
α_4	1.6～2.3	mg(氧)/mg(藻类)
α_5	3.0～4.0	mg(氧)/mg(藻类)
α_6	1.0～1.14	mg(氧)/mg(藻类)
$\mu_{\max}$	1.0～3.0	1/d
ρ_A	0.05～0.5	1/d
K_{N1}	0.01～0.5	1/d
K_{N2}	0.5～2.0	1/d
σ_1	0.153～1.830	m/d
σ_2	*	mg(磷)/天·m
σ_3	*	mg(磷)/天·m
K_1	0.1～0.2	1/d
K_2	0～100	1/d
K_3	−3.6～0.36	1/d
K_4	*	mg/d.m

名称	数值	单位
K_5	0.5～4.0	1/d
K_6	*	1/d
K_N	0.2～0.4	mg/L
K_p	0.03～0.05	mg/L
K_I	20.934	g·W/m²

注:＊表示数值范围变化较大。

5-3　湖泊水质模型

湖泊最突出的水质问题就是富营养化。所谓富营养化是指这样一种过程:水体由低浮游生物生产率变成高浮游生物生产率。其结果是,原本天蓝色的水体由于藻类的大量繁殖而变成绿色的水体,先有少量的硅藻、绿藻,接着就是大量的蓝绿藻,此时水体开始出现臭味,水质变坏。所有的天然湖泊都在经历这样一种老化过程,只不过是这一自然过程极其缓慢而已。富营养化过程的加速主要是由于人类活动引起的,如大量使用化肥、洗衣粉等造成磷、氮一类营养物质大量流入水体。通常,磷是影响藻类生长的关键性营养物质,因此必须控制磷的流入量。

为了对湖泊的营养状态进行定量化评价,国内外许多学者提出了湖泊营养状态的划分标准,表5-2所列的划分标准可供初评时参考。

表 5-2　湖泊营养状态划分标准

营养状态	透明度/m	TP/mg·L⁻¹	TN/mg·L⁻¹	叶绿素/μg·L⁻¹	底层 DO 饱和度/%
贫营养	2.0	0.01	0.12	5	80
中营养	1.5	0.02	0.30	10	10
富营养	＜1.5	＞0.02	＞0.30	＞10	＜10

一、瓦伦韦德模型

最早的湖泊水质模型是由加拿大学者瓦伦韦德(Vollenweider 1975)提出的。这个模型假定湖泊是完全混合的,并且富营养化状态只与湖泊的营养物质负荷有关。在这种条件下,可以得到一个关于磷的收支平衡方程,即假定磷的变化率等于单位体积流入的磷减去单位体积流出的磷再减去在湖内沉淀的磷。其数学表达式为

$$\frac{\mathrm{d}C_{\mathrm{ph}}}{\mathrm{d}t} = \frac{W}{V} - \sigma C_{\mathrm{ph}} - \frac{Q}{V}C_{\mathrm{ph}} \tag{5-71}$$

式中，C_{ph} 为总磷浓度（mg/L）；t 为时间，以 a（年）表示；W 为磷的年流入量（g/a）；σ 为沉淀率（1/a）；V 为湖泊体积，$V = hA$，单位是 m^3；h 为湖泊深度，以 m 计；A 为湖泊表面积，以 m^2 计；Q 为出流量，以 m^3/a 计。

求解式（5-71）得

$$C_{\mathrm{ph}} = \frac{W}{\sigma V + Q}\left\{1 - \exp\left[-\left(\sigma + \frac{Q}{V}\right)t\right] + C_0 \exp\left[-\left(\sigma + \frac{Q}{V}\right)t\right]\right\}$$

$$= \frac{W}{\alpha V}[1 - \exp(-\alpha t)] + C_0 \exp(-\alpha t) \tag{5-72}$$

式中，$\alpha = \sigma + \dfrac{Q}{V}$，$C_0$ 为湖泊初始浓度。瓦伦韦德对北美五大湖（Superior, Michigan, Huron, Erie, Ontario）的研究得，$\sigma = 10$。

磷的表面负荷 L_{p} 与磷的年流入量 W 有关，即

$$L_{\mathrm{P}} = \frac{W}{A} \tag{5-73}$$

在稳态条件下，$\dfrac{\mathrm{d}C_{\mathrm{ph}}}{\mathrm{d}t} = 0$，于是得到

$$C_{\mathrm{ph}} = \frac{W/V}{\sigma + Q/V} = \frac{L_{\mathrm{p}}}{h\sigma + h/t_r} \tag{5-74}$$

式中，t_r 表示入流量在湖泊中的滞留时间，以年计，并可表示成

$$t_r = \frac{V}{Q} \tag{5-75}$$

天然湖泊中的 t_r 要比水库中的 t_r 大得多。瓦伦韦德根据许多湖泊资料确定了 $h/t_r \ll 1$ 时的表面负荷量。这时利用式（5-74）就能画出实际可能遇到的全部 h/t_r 值的负荷曲线，如图 5-1 所示。图中最下面的一条曲线叫做允许负荷线，它是贫营养与中营养的分界线。图中最上面的曲线叫做危险负荷线，它是中营养与富营养的分界线，其值为允许负荷线的两倍。一旦知道了 h 和 t_r 的值，根据所确定的水质目标（是贫营养还是富营养湖泊），就能预测该湖泊的最大允许负荷量。

为了控制湖泊的富营养化，瓦伦韦德于 1976 年又提出磷的临界负荷计算公式

$$L_{\mathrm{cr}} = 10\left(\frac{Q}{V} + \sqrt{h}\right) \tag{5-76}$$

二、巴卡-阿奈特模型（湖泊综合水质模型）

巴卡、阿奈特（Baca 和 Arnett 1977）除考虑了磷的作用外，还考虑了其他水质

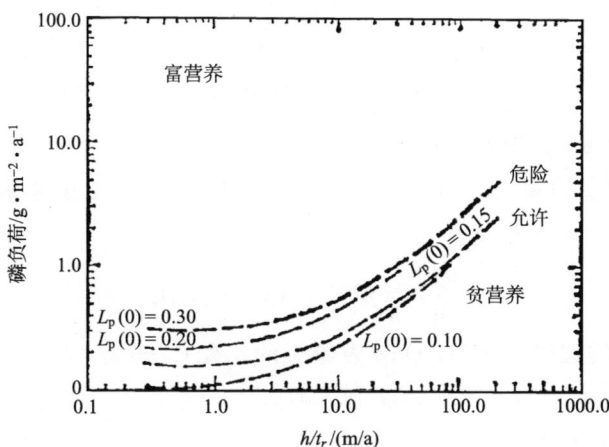

图 5-1　瓦伦韦德模型

变量,如藻类、浮游动物、氮等,即所谓的湖泊综合水质模型。在这个模型中,湖泊(包括水库)被分成若干段,然后又把每一段沿水深方向分为若干层(见图 5-2)。这样,在每一段里就可用一维模型来描述水质分布。而从整个湖泊来看,仍然相当于用一个准二维模型来描述。在下面的讨论中,我们只考虑其中的一段。

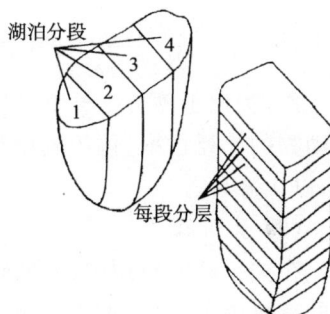

图 5-2　湖泊或水库的分段与分层

湖泊水质模型中总共有 13 个水质参数,分别为藻类(浮游植物)、浮游动物、有机磷、无机磷、有机氮、氨氮、亚硝酸氮、硝酸氮、碳化 BOD、溶解氧、总溶解固体、悬浮物及水温。

上述每一个水质参数均用下面的迁移扩散方程来描述

$$\frac{\partial C}{\partial t} + U\frac{\partial C}{\partial z} - V_s\frac{\partial C}{\partial z} = \frac{1}{A}\frac{\partial}{\partial z}\left(AD_z\frac{\partial C}{\partial z}\right) + \frac{S}{A} + \frac{1}{A}(q_1 C_1 - q_2 C_2) \qquad (5\text{-}77)$$

式中,C 代表不同水质参数的浓度;U 为断面平均流速;V_s 为沉淀速度;z 为铅垂坐标;A 为湖泊截面积;q_1,q_2 分别为湖泊入流和出流的单宽流量;C_1,C_2 分别为湖泊入流断面和出流断面的平均浓度。13 个水质参数之间的相互关系则以藻类的动态行为为中心,描述了它与浮游动物之间的营养关系及与营养循环的直接与间接关系。在式(5-77)中,代表某一水质参数的物质的沉淀率用方程左边的第三项来描述,而不再包含在源汇项 S 之中。源汇项可看成是水质变量的浓度对时间的全导数,即

$$\frac{S}{A} = \frac{\mathrm{d}C}{\mathrm{d}t} \tag{5-78}$$

对每个水质变量，$\frac{\mathrm{d}C}{\mathrm{d}t}$ 的形式各异。下面分别讨论其具体的表达式：

（1）浮游植物（藻类）

浮游植物 C_A 以藻类的生物量计，通常用所含碳的多少来表示，单位为 mg（碳）/L。

$$\frac{\mathrm{d}C_A}{\mathrm{d}t} = \mu C_A - (\rho - C_g Z)C_A \tag{5-79}$$

式中，μ 为藻类的比生长率（1/d）；ρ 为藻类的比死亡率（1/d）；C_g 为浮游动物食藻率（1/d）；Z 为浮游动物的浓度（mg（碳）/L）。

（2）浮游动物

以浮游动物的生物量计，用所含碳量来表示（mg（碳）/L）

$$\frac{\mathrm{d}Z}{\mathrm{d}t} = \mu_z Z - (\rho_z + C_z)Z \tag{5-80}$$

式中，$\mu_z = \mu_{zmax}\dfrac{C_A}{K_Z + C_A}$，表示浮游动物的比生长率，以 1/d 计；$K_Z$ 为迈克里斯-门腾常数，类似于藻类生长率，以 mg/L 计；μ_{zmax} 为浮游动物的最大比生长率；ρ_z 为浮游动物的比死亡率，包括氧化和分解；C_z 为较高级生物对浮游生物的吞食速率常数，以 1/d 计。

（3）无机磷

在关于磷的模型中，根据磷的存在形态可分成三类：溶解态的无机磷 P_1，游离态的有机磷 P_2 及沉淀态的磷 P_3，不同状态磷的浓度均按磷的含量计，单位是 mg（磷）/L

$$\frac{\mathrm{d}P_1}{\mathrm{d}t} = -\mu C_A A_{PP} + I_3 P_3 - I_1 P_1 + I_2 P_2 \tag{5-81}$$

式中，A_{PP} 为藻类磷含量（mg（磷）/mg（碳））；I_1 为底泥的吸收率（1/d）；I_2 为有机磷降解率（1/d）；I_3 为底泥释放率（1/d）；通常，无机磷的减少是由植物的吸收与沉淀引起的，而它的增加则是由于有机磷的降解。

（4）有机磷

$$\frac{\mathrm{d}P_2}{\mathrm{d}t} = \rho C_A A_{PP} + \rho_z Z A_{PZ} - I_4 P_2 - I_2 P_2 \tag{5-82}$$

式中，A_{PZ} 为浮游动物磷含量（mg（磷）/mg（碳））；I_4 为底泥吸附速率（1/d）。藻类与浮游动物的腐败是有机磷的来源，而有机磷的减少则是由于降解为无机磷的缘故（$-I_1 P_1$），同时也由于底层底泥的吸附作用。

（5）有机氮

在关于氮的模型中,共考虑了 5 种状态的氮,即有机氮 N_1,氨氮 N_2,亚硝酸氮 N_3,硝酸氮 N_4 以及沉淀态氮 N_5,其中沉淀态氮假定为外部给定值。不同状态氮的浓度均按氮的含量计,单位是 mg(氮)/L

$$\frac{dN_1}{dt} = -J_4 N_1 + \rho_A C_A A_{NP} + \rho_Z Z A_{NE} - J_6 N_1 \tag{5-83}$$

式中,A_{NP} 是藻类的氮与碳的含量之比(mg(氮)/mg(碳));J_4 为有机氮的降解速率常数(1/d);J_6 是底泥对有机氮的吸收速率常数(1/d)。藻类与浮游动物的腐败是有机氮的来源,而有机氮的减少则是由于有机氮降解为无机氮 $-J_4 N_1$ 以及底层的吸收 $-J_6 N_1$。

（6）氨氮

$$\frac{dN_2}{dt} = -J_1 N_2 - \mu C_A A_{NP} \frac{N_2}{N_2 + N_4} + J_4 N_1 + J_5 N_4 \tag{5-84}$$

式中,J_4 为硝化速率;J_5 为底层氮的分解速率。氨氮的减少是由于硝化作用 $-J_1 N_2$ 和藻类的吸收。浮游植物能像吸收硝酸氮一样直接吸收氨氮。为了得到由于藻类吸收而引起的每一种形态氮的减少量,可用浮游植物的生长率乘以它的氮-碳含量比再乘上一个加权系数。该加权系数是浮游植物所吸收的两种形态氮在其总氮中所占的比例。因此,在氨氮模型中有一项 $\mu C_A A_{NP} N_2/(N_2 + N_4)$,氨氮的来源是由于有机氮的降解 $J_4 N_1$ 和底层氮的分解 $J_5 N_5$。

（7）亚硝酸氮

$$\frac{dN_3}{dt} = J_1 N_2 - J_2 N_3 \tag{5-85}$$

式中,J_2 为硝化速率。氨氮的硝化是亚硝酸氮的来源 $J_1 N_2$,而亚硝酸氮的减少则是由于它本身的硝化,结果生成硝酸氮。

（8）硝酸氮

$$\frac{dN_4}{dt} = J_2 N_3 - \mu C_A A_{NP} \frac{N_4}{N_4 + N_2} - J_2 N_4 \tag{5-86}$$

式中,J_3 为反硝化速率常数。硝化作用是硝酸氮的来源,而它的减少则是由于浮游植物的吸收与厌氧条件下的反硝化作用 $J_3 N_4$。

（9）碳化 BOD

碳化 BOD 由一阶反应来描述,即

$$\frac{dL}{dt} = -K_1 L \tag{5-87}$$

式中符号意义同前节。

(10) 溶解氧

在溶解氧的模型中,分别考虑了水温、悬浮态及溶解态有机物的氧化、底泥耗氧、湖泊表面的复氧、藻类光合作用产氧和藻类呼吸与分解耗氧的影响,即

$$\frac{\mathrm{d}C}{\mathrm{d}t} = -K_1 L + K_2 D - \alpha_1 J_1 N_2 - \alpha_2 J_2 N_3 - \frac{L_b}{\Delta z} + \alpha_3 C_A (\mu - \rho) \quad (5\text{-}88)$$

式中,α_1 为化学当量常数(mg(氧)/mg(氨氮)),$\alpha_1 \approx 3.5$;α_2 为化学当量常数(mg(氧)/mg(亚硝酸氮)),$\alpha_2 \approx 1.5$;α_3 为化学当量常数(mg(氧)/mg(藻类碳)),$\alpha_3 \approx 1.6$;L_b 为底泥耗氧率;Δz 为底层厚度。

(11) 悬浮物

对于悬浮物只考虑其迁移和沉淀,这些因素已在迁移扩散方程中的其他项中考虑了,因此

$$\frac{\mathrm{d}S}{\mathrm{d}t} = 0 \quad (5\text{-}89)$$

悬浮物的浓度关系到混浊度,在湖水透光性计算中会用到混浊度,悬浮物的浓度高会阻碍光合作用的进行。

(12) 总溶解固体

可把总溶解固体作为守恒物质来处理,即

$$\frac{\mathrm{d}S_d}{\mathrm{d}t} = 0 \quad (5\text{-}90)$$

(13) 水温

水温是一个十分重要的水质参数,一方面是水温与其他水质要素有密切联系,如生化耗氧和复氧过程都与温度有关;另一方面是水温与水生态有着密切关系。由能量平衡方程可得水温模型如下

$$\frac{\partial T}{\partial t} + U \frac{\partial T}{\partial z} = \frac{1}{A} \frac{\partial}{\partial z} \left(D_z A \frac{\partial T}{\partial z} \right) + \frac{1}{A} (q_1 T_1 - q_2 T_2) + \Phi \quad (5\text{-}91)$$

式中,D_z 风生混合系数,可用下面的经验公式来计算

$$D_z = \nu + \sigma V_w \exp\left(-4.6 \frac{z}{h'} \right) \quad (5\text{-}92)$$

其中,ν, σ 为经验常数,对于混合型湖泊,可取 $\nu = (1 \sim 5) \times 10^{-5}\,\mathrm{m^2/s}$,$\sigma = (1 \sim 2) \times 10^{-4}\,\mathrm{m}$;对于分层型湖泊,可取 $\nu = (0.5 \sim 5) \times 10^{-6}\,\mathrm{m^2/s}$,$\sigma = (1 \sim 5) \times 10^{-5}\,\mathrm{m}$;$V_w$ 为风速(m/s);h' 为斜温层深度,若湖泊不存在斜温层,可取 $h' = 6\mathrm{m}$。

式(5-91)中的 Φ 为热通量,表征水面与大气的热量交换,主要由 4 部分组成:短波辐射 Φ_s,长波辐射 Φ_b,蒸发-凝结 Φ_e,显热交换 Φ_c。现分别介绍如下:

短波辐射 Φ_s:

到达水面的太阳辐射,其中部分反射回大气中,因此净太阳辐射可表示成

$$\Phi_s = (1 - \alpha)\Phi_i \qquad (5\text{-}93)$$

式中，α 为反照率，对于水面可近似取作 0.1；Φ_i 为入射短波辐射，可用下式计算

$$\Phi_i = [a - b(\phi - 50)](1 - 0.0065C^2) \qquad (5\text{-}94)$$

其中，ϕ 为地球纬度；C 为以十分数计的云量；a, b 为系数，随月份变化，$a = 100 \sim 300, b = 8 \sim 12$。

长波辐射 Φ_b：

根据斯提芬-玻尔兹曼辐射定律，物体表面的辐射力 Φ_{bs} 可表示成

$$\Phi_{bs} = E\sigma T_{sk}^4 \qquad (5\text{-}95)$$

式中，σ 为斯提芬-玻尔兹曼常数；E 为表面辐射率；T_{sk} 为水面温度，以绝对温度计。

对于碧空下的大气辐射 Φ_{bc}，可把大气看作灰体来计算，即

$$\Phi_{bc} = E_a\sigma T_{ak}^4 \qquad (5\text{-}96)$$

式中，T_{ak} 为气温，以绝对温度计；E_a 为大气辐射率，可表示成

$$E_a = c + d\sqrt{e_a} \qquad (5\text{-}97)$$

其中，e_a 为蒸汽压，以毫巴计；c 和 d 为经验常数，分别取 0.55 和 0.052。

对于多云天空下的大气辐射，可表示成

$$\Phi_{ba} = (1 + k_c C^2)\Phi_{bc} \qquad (5\text{-}98)$$

其中，k_c 为经验常数，约为 0.0017。考虑到水面的反射率约为 0.03，则净大气辐射 Φ_{bn} 为

$$\Phi_{bn} = 0.97\Phi_{ba} \qquad (5\text{-}99)$$

因此，长波辐射 Φ_b 可写成

$$\Phi_b = \Phi_{bs} - \Phi_{bn} \qquad (5\text{-}100)$$

蒸发-凝结通量 Φ_e：

因蒸发-凝结而引起的水面热通量 Φ_e，可用里穆莎-多肯考公式计算

$$\Phi_e = (1.56K_n + 6.08V_2)(e_s - e_a) \qquad (5\text{-}101)$$

式中，V_2 为水面以上 2m 处的风速（m/s）；e_s 为相应于水面温度的饱和蒸汽压；K_n 为表征自由对流的系数，可表示成

$$K_n = 8.0 + 0.35(T_s + T_2) \qquad (5\text{-}102)$$

其中，T_s, T_2 分别为水面温度、水面以上 2m 的气温，以℃计。

显热交换 Φ_c：

水气交界面的显热交换可表示成

$$\Phi_c = (K_n + 3.9V_2)(T_s - T_2) \qquad (5\text{-}103)$$

上述 13 个水质参数的方程均可写成下面的通用形式

$$\frac{\partial \phi_i}{\partial t} + U\frac{\partial \phi_i}{\partial z} = D\frac{\partial^2 \phi_i}{\partial z^2} - \lambda_i + Q_i \qquad (i = 1, 2, 3, \cdots, 13) \qquad (5\text{-}104)$$

在湖面和湖底没有向外的物质迁移时,该方程的边界条件为:

在表层和底层:
$$\frac{\partial \phi_i}{\partial z} = 0 \qquad\qquad (5-105)$$

这 13 个方程是相互关联的,其中 λ_i,Q_i 都是该相应方程中欲求变量 ϕ_i 的函数。用数值解法求解这 13 个方程,对于每个时间步长都要依次解 13 个方程。首先解水温方程,然后依次为:悬浮物、藻类、浮游动物、无机磷、有机磷、氨氮、亚硝酸氮、硝酸氮、有机氮、溶解氧、碳化 BOD 及总溶解固体。巴卡-阿奈特模型曾应用于美国华盛顿湖和曼多它湖,都得到很好的效果。这个模型也可应用于完全混合的湖泊中,这相当于将所有关于 z 的偏导数都等于零。

5-4　重金属污染模型

在重金属污染中,常见的有汞(Hg)、铬(Cr)、镉(Cd)、铅(Pb)及砷(As)等。重金属迁移的特点是吸附在泥沙上进入水体,然后在水生物体内富集,并通过食物链传递到人体上。

一、重金属污染

下面就汞、铬、镉、铅及砷常见的 5 种重金属的污染源、危害等做一简单介绍。

1. 汞

据估计,全世界燃烧煤排放到大气中的汞约为 3000t/a。一座 70 万千瓦的热电厂,每天排放 2.5kC 汞。典型的汞污染事件是熟知的水俣病,水俣是个地名,位于日本九洲岛西南沿海的水俣镇,1953 年有多数人患了一种神经系统疾病。其原因是附近一家工厂排出的废水中含有甲基汞,废水排放到海湾后经食物链的作用,将甲基汞富集到鱼、贝类体内,人食用鱼、贝而引起汞中毒。

评价重金属污染程度的方法:检测头发中重金属含量(如发汞含量、发铅含量等),头发从发根至发梢像磁带一样记录着重金属不同的污染程度。发汞含量因地区和饮食习惯而异,正常的发汞含量,如北京为 $<1\mu g/g$,上海为 $<1.52\mu g/g$,长沙为 $<1.96\mu g/g$ 等。当发汞含量 $>50\mu g/g$ 时,会引起汞中毒。

汞污染的来源:氯碱工业(电解阳极等)、汞冶炼厂(制汞)、涂料工业(防霉漆等)、电器工业(电池、汞灯、电弧整流等)、仪表工业(温度计、比压计等)、农药厂(杀虫剂、防霉剂、选种剂等)。另外,热电厂排放的废热水,提高了汞的污染效应,温度升高使水生物代谢速度加快,使汞累积增加。

2. 铅

由于人类活动,铅从岩石圈迁至生物圈,致使人类生活在大"铅"世界中。铅的

污染源主要来自油漆、颜料、涂料、汽油、工业废气等,现简介如下:

冶炼有色金属和燃烧煤:工业废气是大气铅污染的重要来源,如煤燃烧后排入大气中的烟尘含铅量可达 100ppm。

汽油:铅含量 $20\sim50\mu g/L$,公路附近铅含量明显高于远离公路的地区,市区街道空气可达 $10\mu g/m^3$。在农村,铅含量为 $0.1\mu g/m^3$,而城市空气为 $1\sim3\mu g/m^3$。

油漆、涂料:建筑物墙面或广告牌上的涂料经日晒雨淋,散落在地面上,并随降雨径流汇入受纳水体。

食品铅污染:陶器(缸、盆、罐等)里层涂的彩釉,当用这种陶器烧煮食物或盛放酸性食物(腌菜)时会释放出铅;另外,食品添加剂、色素中也含有铅。

3. 镉

镉是威胁人类健康的第三个重金属元素。镉在自然界常与锌、铜、锰等矿共存,在这些金属的精炼过程中排出大量的镉。镉的用途很广,是塑料、颜料、试剂、电镀、荧光屏、雷达等的重要原料。

镉对人体的危害:肾脏、骨骼(骨质疏松)、肺部(肺气肿)、心血管病(高血压)、致癌(前列腺癌)等。慢性镉中毒会引起所谓的"痛痛病",该病源于日本富山县开采有色金属矿。

4. 砷

砷虽不是金属,但其性质类似重金属。砷是多种除草剂、杀虫剂的基本成分,在脱毛剂、防腐剂、染料、涂料中也含有砷化物,是一种高毒性无机物质。由于许多砷的化合物无味,故早在波尔基亚家族时代就被作为杀人剂。砷是第一个被确认的基本致癌物,这是 200 多年前由一位英国医师从烟囱的烟灰中得出的结论。美国一家炼铜厂,排出的含砷烟尘降落在附近的草地上,使牧草含砷量达 $52mg/kg$,造成了羊群中毒事件,600 多只吃了这种草的羊,15min 内全部死亡。

砷在自然界以化合物形态存在铜、银、铁等金属矿中。有些矿泉水砷含量高,如德国某矿泉水含砷酸纳 $10mg/L$,法国某矿泉水含亚砷酸 $6mg/L$,我国某地质勘探队饮用天然矿泉水(含砷化物)引起砷中毒事件。

5. 铬

铬主要来源于电镀、皮革、颜料、油漆、合金、印染、胶印、杀虫剂、木材防腐剂等。上海苏州河曾接纳含铬工业废水,致使水质超标 25 倍。

铬可致肺癌、对皮肤和黏膜有强烈的刺激和腐蚀作用。

二、重金属迁移模型

若以 C 表示重金属的浓度,则重金属在河流中的迁移扩散方程可写成

$$\frac{\partial C}{\partial t} + U\frac{\partial C}{\partial x} = \frac{\partial}{\partial x}\left(M\frac{\partial C}{\partial x}\right) + C_a \tag{5-106}$$

式中,M 为混合系数;U 为断面平均流速;C_a 为吸附项,可表示成

$$C_a = -\theta_1\frac{A_1}{A}\frac{\partial a_1}{\partial t} - \theta_2\frac{A_2}{A}\frac{\partial a_2}{\partial t} - \frac{\chi}{A}\frac{\partial a_3}{\partial t} \tag{5-107}$$

式中右端第一项为悬移质对重金属的吸附,第二项为推移质对重金属的吸附,第三项为底泥对重金属的吸附;θ_1 为悬移质的断面平均浓度;θ_2 为推移质平均浓度;a_1,a_2 分别为单位重量悬移质、推移质对溶解态重金属的吸附量;a_3 为单位面积底泥对重金属的吸附量;A_1,A_2 分别为悬移质、推移质所占据的断面面积;A 为总面积;χ 为湿周。

设棱柱体明渠的水深为 h、推移质厚度为 z、水力半径为 R。对于悬移质、推移质和底泥对重金属的吸附量,兹假定如下:

(1) 可用动态吸附模型来描述悬移质对重金属的吸附量,即

$$\frac{\partial a_1}{\partial t} = k_1 C - k_2 a_1 \tag{5-108}$$

(2) 可用平衡态吸附模型来描述推移质和底泥对重金属的吸附量,即

$$a_2 = b_2 C, \qquad a_3 = b_3 C \tag{5-109}$$

式中,k_1 为悬移质吸附系数,k_2 为悬移质解吸系数,b_2 为推移质吸附系数,b_3 为底泥吸附系数。

将式(5-108)、(5-109)代入式(5-107),得

$$C_a = -\theta_1\frac{h-z}{h}(k_1 C - k_2 a_1) - \left(\theta_2 b_2\frac{z}{h} + \frac{b_3}{R}\right)\frac{\partial C}{\partial t} \tag{5-110}$$

令 $\xi = 1 + \theta_2\dfrac{z}{h}b_2 + \dfrac{b_3}{R}$,$\theta' = \dfrac{h-z}{h}\theta_1\dfrac{1}{\xi}$,$U' = \dfrac{U}{\xi}$,$M' = \dfrac{M}{\xi}$

利用这些关系式,则式(5-106)可写成

$$\frac{\partial C}{\partial t} + U'\frac{\partial C}{\partial x} = M'\frac{\partial^2 C}{\partial x^2} - \theta'(k_1 C - k_2 a_1) \tag{5-111}$$

与式(5-111)相应的定解条件为

$$x = 0：C(x,t) = C_0(t)；x = \infty：C(x,t) = 0 \tag{5-112}$$

$$t = 0：C(x,t) = C_i(x)，a_1(x,t) = a_i(x) \tag{5-113}$$

为便于求解,对式(5-111)进行无量纲化,得

$$\frac{\partial C}{\partial t} + \eta_1\frac{\partial C}{\partial x'} = \eta_2\frac{\partial^2 C}{\partial x'^2} - \theta'(\zeta_1 C - \zeta_2 a_1) \tag{5-114}$$

$$\frac{\partial a_1}{\partial t'} = \zeta_1 C - \zeta_2 a_1 \qquad (5\text{-}115)$$

相应的定解条件变为

$$C(0,t') = C_0(t'), C(\infty,t') = 0, C(x,0) = C_t(x), a_1(x,0) = a_i(x)$$

$$(5\text{-}116)$$

上面各式中

$$x' = \frac{x}{h}, t' = \frac{t}{T_0}, T_0 = \frac{h}{U'}, \zeta_1 = k_1 T_0, \zeta_2 = k_2 T_0, \eta_1 = \frac{U'T_0}{h}, \eta_2 = \frac{M'}{U't'}$$

对式(5-114)、(5-115)取拉普拉斯变换，得

$$\frac{\mathrm{d}^2 \overline{C}}{\mathrm{d}x'^2} - \frac{\overline{\eta}_1}{\overline{\eta}_2} \frac{\mathrm{d}\overline{C}}{\mathrm{d}x'} - \frac{\overline{C}}{\overline{\eta}_2} \Big[\frac{S(S+\zeta_2) + S\zeta_1\theta'}{S+\zeta_2} \Big] = -\frac{1}{\eta_2} \Big[C_i(x') + \frac{\theta'\zeta_2 a_i(x')}{S+\zeta_2} \Big]$$

$$(5\text{-}117)$$

$$\bar{a}(x,S) = \frac{a_i(x') + \zeta_1 \overline{C}}{S + \eta_2} \qquad (5\text{-}118)$$

相应的定解条件为

$$\overline{C}(S) = \overline{C}_0(S), \qquad \overline{C}(\infty,S) = 0 \qquad (5\text{-}119)$$

联立式(5-117)、(5-118)可解得 C 的表达式。再对 C 进行逆变换，求得 C 和 a_1 的确切表达式为

$$C(x',t') = \exp\Big(\frac{\eta_1 x'}{2\eta_2}\Big) \int_0^t \big[F'(\tau) + \zeta_2 F(\tau) \big] C(t'-\tau) \mathrm{d}\tau$$

$$+ \exp\Big(\frac{\eta_1 x'}{2\eta_2}\Big) \int_0^\infty \Big\{ \Big[H'\Big(t', \frac{x'-\lambda}{\sqrt{\eta_2}}\Big) - H'\Big(t', \frac{x'+\lambda}{\sqrt{\eta_2}}\Big) \Big] X$$

$$+ \Big[H\Big(t', \frac{x'-\lambda}{\sqrt{\eta_2}}\Big) - H\Big(t', \frac{x'+\lambda}{\sqrt{\eta_2}}\Big) \Big] Y \Big\} \mathrm{d}\lambda \qquad (5\text{-}120)$$

$$a_1(x',t') = \zeta_1 \int_0^{t'} \exp[-\zeta_2(t'-\tau)] C(x',\tau) \mathrm{d}\tau + a_i(x') \exp(-\zeta_2 t')$$

$$(5\text{-}121)$$

式中

$$F(t') = \exp(-\zeta_2 t') \int_0^{t'} I_0 \sqrt{\theta'\zeta_1\zeta_2 y(t'-y)} \frac{x'}{\sqrt{\pi\eta_2 y}} \exp\Big(\frac{-x'^2}{4\eta_2 y} - yd\Big) \mathrm{d}y$$

$$H(t',p) = \exp(-\zeta_2 t') \int_0^{t'} 2I_0 \sqrt{\theta'\zeta_1\zeta_2 y(t'-y)} \sqrt{\frac{1}{y\pi}} \exp\Big(-\frac{q^2}{4y} - yd\Big) \mathrm{d}y$$

$$X = \frac{C_i(\lambda)}{\sqrt{\eta_2}} \exp\Big(\frac{\eta_1 \lambda}{2\eta_2}\Big), \qquad Y = \frac{\zeta_2}{\sqrt{\eta_2}} [a_i(\lambda) + \theta' C_i(\lambda)] \exp\Big(\frac{\eta_1 \lambda}{2\eta_2}\Big)$$

$$d = \frac{\eta_1^2}{4\eta_2} + \theta'\zeta_1 - \zeta_2$$

其中，I_0 为零阶贝塞尔函数。式(5-120)、(5-121)为一般情形的重金属浓度的积分表达式。下面就具体定解条件下的解做一简单讨论：

(1) 瞬时污染源情形

此时，$C_0(t) = C_0\delta(t')$，C_0 为常数，$\delta(t')$ 为狄拉克 δ 函数，并设当 $t' \leqslant 0$ 时，棱柱体明渠中没有重金属污染，即 $C_i = a_i = 0$，这样 $X = 0$，$Y = 0$，式(5-120)、(5-121)分别变为

$$C(x', t') = \frac{x'C_0}{2\sqrt{\pi\eta_2 t'^3}} \exp\left[-\frac{(x' - \eta_1 t')^2}{4\eta_2 t'} - \theta'\zeta_1 t' \right] \tag{5-122}$$

$$a_1(x', t') = \int_0^{t'} \frac{C_0\zeta_1 x'}{2\sqrt{\pi\eta_2 t'^3}} \exp\left[-\frac{(x' - \eta_1 \tau)^2}{4\eta_2 y} - \theta'\zeta_1 \tau - \zeta_2(t' - \tau) \right] d\tau$$

$$\tag{5-123}$$

由式(5-122)、(5-123)不难看出，当时间充分长时，浓度 C 和 a_1 均趋于零。

(2) 连续污染源情形

此时，$C_0(t') = C_0$，C_0 仍为常数，并设 $t < 0$，明渠中无重金属污染物，则 $C_i = a_i = 0$，这样 C 和 a_1 的解为

$$C(x', t') = \exp\left(\frac{\eta_1 x'}{2\eta_2} \right) \int_0^{t'} \left[F'(\tau) + \zeta_2 F(\tau) \right] C_0 d\tau$$

$$= C_0 \exp\left(\frac{\eta_1 x'}{2\eta_2} \right) \left[F(t') + \zeta_2 \int_0^{t'} F(\tau) d\tau \right] \tag{5-124}$$

$$a_1(x', t') = \zeta_1 C_0 \exp\left(\frac{\eta_1 x'}{2\eta_2} \right) \int_0^{t'} \exp\left[-\zeta_2(t' - \tau) \right] \left[F(\tau) + \zeta_2 \int_0^{t'} F(\tau) d\tau \right] d\tau$$

$$\tag{5-125}$$

从以上两式可以看出，对溶解态重金属浓度 C 起影响作用的主要参数为 η_1，η_2，ζ_1，ζ_2 和 θ。其中 η_1 是混合系数与断面平均流速的比值，反映了扩散项与对流项的对比关系；ζ_1 为吸附系数与特征时间的乘积，ζ_2 为解吸系数与特征时间的乘积，因此，ζ_1，ζ_2 分别反映泥沙吸附能力和解吸能力对溶解态重金属浓度分布的影响。推移质浓度、推移质吸附能力、底泥吸附能力以及水力半径的大小主要是通过 ζ_1，ζ_2 来影响溶解态重金属的浓度分布。

习　　题

5-1：何谓水质模型？其意义何在？

5-2：在斯佳特–费尔普斯模型中，当忽略纵向离散作用时，试证明

$$D = \frac{K_1 L_0}{K_2 - K_1} \left[\exp\left(-\frac{K_1}{U}x\right) - \exp\left(-\frac{K_2}{U}x\right) \right] + D_0 \exp\left(-\frac{K_2}{U}x\right)$$

5-3：简述托马斯、奥康纳以及坎普-道宾斯分别对斯佳特-费尔普斯模型作了哪些改进？

5-4：分别简述河流综合水质模型和湖泊综合水质模型的基本思想。

5-5：污水经初步处理后，5 日生化需氧量为 130mg/L，排污流量为 75000m³/d，河流流量为 6m³/s，河水的 5 日生化需氧量为 2mg/L，流速为 2.4km/h。污水与河水混合后，水温为 20℃，溶解氧为饱和溶解氧的 75%，耗氧系数 $K_1 = 0.25$/d，复氧系数为 $K_2 = 0.4$/d，试绘制氧垂曲线。

5-6：已知污水在 20℃时的耗氧系数 $K_1 = 0.22d^{-1}$，求在温度为 15℃时的耗氧系数。

5-7：根据托马斯修正模型，推求氧亏值最大的位置。

5-8：仿上题，根据坎普-道宾斯修正模型，推求氧亏值最大的位置。

5-9：试推求斯佳特-费尔普斯模型中临界溶解氧的时间和地点。

5-10：明渠水流的流量 $Q = 8500$L/s，平均流速 $U = 1$m/s，溶解氧的含量达到饱和溶解氧的 95%，水温 $T = 10℃$，生化需氧量 $BOD_5 = 1$mg/L。一污水处理厂以流量 $Q_u = 1500$L/s 向明渠排放污水，污水温度 $T_u = 15℃$，生化需氧量 $(BOD_5)_u = 200$mg/L，污水几乎在瞬间扩展到全断面上。已知废水的耗氧系数 $K_1 = 0.2$/d，复氧系数 $K_2 = 0.5$/d。试计算：

(1) 最大氧亏量及其出现时间；

(2) 最大氧亏量断面处的 5 日生化需氧量。

第六章　地下水污染模型

由于大量工业废水、城市生活污水的排放,固体垃圾的填埋,化肥、农药的大量施用等,加之地下水超采,地下水污染问题已引起人们的普遍关注。本章主要讨论地下水污染的随机模型、黑箱模型以及几种典型弥散问题的解析解。

6-1　概　　述

一、污染源

地下水的污染源主要有:①农业非点源污染:农田施用的化肥、农药一部分被农作物吸收,另一部分则在降雨、灌溉作用下渗入地下;②工业废水、生活污水:不仅污染地表水,而且渗入地下后污染地下水;③固体垃圾填埋:经降雨、淋滤、渗透后对地下水造成污染;④污水灌溉、地下水回灌:污水经过初步处理或深度处理后用于灌溉农田或回灌因地下水超采而形成的地面沉降漏斗;⑤地下输油管道泄漏;⑥海水入侵等。

二、多孔介质

地下水是在土壤中运动的,土壤可看作多孔介质,由固体、液体及气体三相组成。研究溶质或污染物在地下水中的运动规律,需要弄清几个基本概念(见图6-1):

(1) 饱和带:位于不透水层与地下水位之间,带内土壤空隙全被水充满,多孔介质由液、固两相组成。

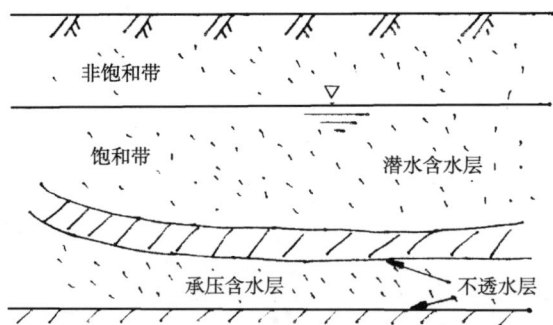

图 6-1　饱和带与非饱和带、潜水含水层与承压含水层示意图

（2）非饱和带：位于地下水位以上和地表以下，土壤空隙未被水充满，由气、液、固三相组成，适宜于农作物生长。

（3）潜水含水层：不透水层与地下水位之间的含水层，称为潜水含水层。

（4）承压含水层：两个不透水层之间的含水层，称为承压含水层。该含水层内的地下水流可看作有压管流。

（5）弥散：通常，将溶质在地下水中的扩散和离散，称之为弥散。影响弥散的因子除了流体的性质和流动特性外，还与孔隙的特性有关。

多孔介质中由于孔隙通道狭小，流体的紊动受到制约，其流动状态大多表现为层流。在河流等地表水中，由于紊动扩散远比分子扩散大，分子扩散可略去，但在多孔介质渗流中，分子扩散的作用不容忽视。另外，还要考虑土壤颗粒对污染物的吸附、解吸作用。

法国水力学家达西（Darcy 1856）提出均匀渗流的计算公式，即著名的达西定律

$$u = kJ = -k\frac{\mathrm{d}H}{\mathrm{d}s} \tag{6-1}$$

上式表明，渗流的水头损失与流速的一次方成比例。

对于非均匀渗流，可用杜比（Dupuit 1863）公式计算，其形式与达西公式相同。

三、弥散方程

弥散方程可写成

$$\frac{\partial C}{\partial t} + u_i\frac{\partial C}{\partial x_i} = \frac{\partial C}{\partial x_i}\left(D_{ij}\frac{\partial C}{\partial x_j}\right) + S \tag{6-2}$$

式中，源项 $S = -a\left(\dfrac{1-n}{n}\right)\dfrac{\partial C}{\partial t}$，其中 a 为吸附系数，h 为孔隙率。将源项表达式代入弥散方程（6-2），整理得

$$\frac{\partial C}{\partial t} + \frac{u_i}{R_d}\frac{\partial C}{\partial x_i} = \frac{\partial}{\partial x_i}\left(\frac{D_{ij}}{R_d}\frac{\partial C}{\partial x_j}\right) \tag{6-3}$$

式中，$R_d = 1 + a\left(\dfrac{1-n}{n}\right)$ 为阻滞系数，其作用是减小渗流速度和弥散系数，阻滞污染物的迁移作用。

6-2　地下水污染的随机模型

溶质（污染物）在地下水中的弥散现象，可用概率论的方法来分析。其基本思想为：假设多孔介质对溶质不吸收，溶质的质点从某一点进入多孔介质时，其去向是随机的，如图 6-2 所示。溶质每穿越一层介质都有两个可能方向，穿越 n 层介质

就是一个 n 重贝努利实验。这样质点在第 n 层上各点的概率应服从二项分布,质点在某点出现的概率就是溶质在该点的相对浓度。

图 6-2　溶质弥散随机模型示意图

设 n 表示层数,k 表示偏离次数,p 为每次试验出现的概率,则溶质在 n 层上各点的分布律 $P(n,k)$ 可表示成

$$P(n,k) = C_n^k p^k (1-p)^{n-k}, \qquad (k = 0,1,2,\cdots,n) \tag{6-4}$$

因为质点每穿越一层都有两种可能,则 $p=1/2$,代入上式得

$$P(n,k) = C_n^k \left(\frac{1}{2}\right)^n \tag{6-5}$$

若投放浓度为 C_0,则多孔介质中任一点的浓度为

$$C(n,k) = C_0 P(n,k) \tag{6-6}$$

当 $n=0$ 和 $k=0$ 时,上式表示边缘上的浓度,显然,边缘点上的浓度最小。

当 $n \to \infty$ 时,二项分布趋于正态分布,即

$$C_n^k p^k (1-p)^{n-k} \to \frac{1}{\sqrt{2\pi np(1-p)}} \exp\left[-\frac{(k-np)^2}{2np(1-p)}\right]$$

故

$$C(n,k) = \frac{0.8C_0}{\sqrt{n}} \exp\left[-\frac{(k-n/2)^2}{n/2}\right] \qquad (n>15) \tag{6-7}$$

轴线上的浓度,即横断面上的最大浓度可表示成

$$\frac{C_m}{C_0} = \frac{0.8}{\sqrt{n}} \tag{6-8}$$

上式表明,轴线浓度随着 n 的增加而减小。

6-3　地下水污染的黑箱模型

黑箱理论是从信息技术和自动控制论中建立的。设有一条河流穿过某一潜水含水层,如图 6-3 所示。潜水含水层水位高于河流水位,某工厂的废弃物经雨水淋滤后渗入潜水含水层。若已知废弃物渗入潜水含水层的污染物浓度为 $C_1(t)$,要

求预测由含水层向河水中输出的污染物
浓度 $C_2(t)$。

　　若把污染物在含水层中的弥散作用
看作一个黑箱,用 $B(t)$ 表示,则可把
$C_1(t)$, $B(t)$, $C_2(t)$ 三者之间的关系表示
如下

$$C_1(t) \rightarrow B(t) \rightarrow C_2(t)$$

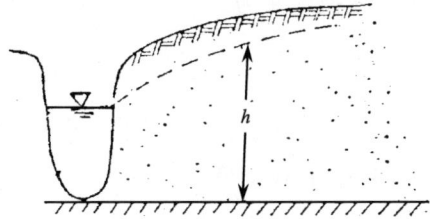

图 6-3　黑箱模型示意图

显然,若已知 $C_1(t)$,可通过 $B(t)$ 求出 $C_2(t)$。反之,已知 $C_2(t)$,可通过 $B(t)$ 求得
$C_1(t)$。下面我们建立 $C_1(t)$ 与 $C_2(t)$ 之间的关系式,为便于分析,兹作如下假定:

　　(1) 把 $C_1(t)$ 与 $C_2(t)$ 之间的关系看成是一个算子 $B(t)$,即存在 B,使 $C_2 = B \cdot C_1$;

　　(2) B 为线性算子,即

$$\lambda C_1 \rightarrow \lambda C_2, C_1 + C'_1 \rightarrow C_2 + C'_2, \lambda \text{ 为常数}$$

　　霍梅德证明 $C_1(t)$ 与 $C_2(t)$ 之间的关系为一卷积关系,即

$$C_2 = B * C_1 \tag{6-9}$$

我们把算子 B 叫做黑箱,对应的关系式叫做黑箱模型。输入浓度 $C_1(t)$ 称为激励
函数,输出浓度 $C_2(t)$ 叫做响应函数。

　　通常,把卷积写成如下形式

$$C_2(t) = \int_{-\infty}^{+\infty} B(t-\tau)C_1(t)\mathrm{d}\tau \tag{6-10}$$

这里假定 B 是一个可积函数。

　　若输入浓度 $C_1(t)$ 为狄拉克函数 $\delta(t)$,即

$$\delta(t) = \begin{cases} 0, & t \neq 0 \\ \infty, & t = 0 \end{cases}, \qquad \text{且} \int_{-\infty}^{+\infty} \delta(t)\mathrm{d}t = 1 \tag{6-11}$$

由于 $\int_{-\infty}^{+\infty} \delta(t-\tau)B\mathrm{d}\tau = B(t)$,所以亦称 $B(t)$ 为传递函数。只要知道 B,通过卷积运
算可推求 $C_1(t)$ 或 $C_2(t)$。

　　卷积有下列性质:

　　(1) 交换律:$f_1(t) * f_2(t) = f_2(t) * f_1(t)$ $\tag{6-12}$

　　(2) 傅里叶变换

$$F[f_1(t) * f_2(t)] = F_1(\omega) \cdot F_2(\omega) \tag{6-13}$$

傅里叶逆变换定义为

$$F^{-1}[F(\omega)] = \frac{1}{2\pi}\int_{-\infty}^{+\infty} F(\omega)\mathrm{e}^{i\omega t}\mathrm{d}\omega = f(t) \tag{6-14}$$

傅里叶变换定义为

$$F[f(t)] = F(\omega) = \int_{-\infty}^{+\infty} f(t) e^{-i\omega t} dt \qquad (6\text{-}15)$$

$$F^{-1}[F_1(\omega) \cdot F_2(\omega)] = f_1(t) * f_2(t) \qquad (6\text{-}16)$$

（3）拉普拉斯变换

$$L[f_1(t) * f_2(t)] = F_1(S) \cdot F_2(S) \qquad (6\text{-}17)$$

拉普拉斯逆变换定义为

$$L^{-1}[F_1(S) \cdot F_2(S)] = f_1(t) * f_2(t) \qquad (6\text{-}18)$$

拉普拉斯变换定义为

$$L[f(t)] = F(S) = \int_0^{\infty} f(t) e^{-St} dt \qquad (6\text{-}19)$$

（4）卷积定义

$$f_1(t) * f_2(t) = \int_{-\infty}^{+\infty} f_1(\tau) f_2(t - \tau) d\tau \qquad (6\text{-}20)$$

通过卷积运算可求出从含水层排到河流中的污染物浓度。

6-4　典型弥散问题的解析解

对于地下水弥散的定解问题，一般需数值求解。但对于一些理想化的特殊问题，可得到其解析解。根据解析解可了解弥散的一般特性，设计弥散实验，并用于验证数值解的可靠性。

一、半无限长土柱中连续注入示踪剂的运移模型

首先考虑土柱初始浓度为零的情形，假设：

（1）渗流区域可概化为半无限长直线（长土柱），$0 \leqslant x < \infty$，且地下水流动和示踪剂弥散视为一维问题；

（2）多孔介质为均质，地下水流为恒定均匀流，并满足达西定律。

从 $t > 0$ 开始，在土柱左端连续注入示踪剂浓度为 C_0 的流体，取地下水流动方向为 x 轴的正向，该问题可归结为如下定解问题：

控制方程

$$\frac{\partial C}{\partial t} + V \frac{\partial C}{\partial x} = D_L \frac{\partial^2 C}{\partial x^2}, \qquad (0 < x < \infty, t > 0) \qquad (6\text{-}21)$$

式中，V 为土柱内渗流速度，D_L 为弥散系数。

初始条件

$$C\Big|_{t=0} = 0, \qquad 0 \leqslant x < \infty \tag{6-22}$$

边界条件

$$C(x,t)\Big|_{x=0} = C_0, \qquad t > 0$$
$$\lim_{x \to \infty} C(x,t) = 0, \qquad 0 < t < \infty \tag{6-23}$$

令

$$C = \exp\left(\frac{Vx}{2D_L} - \frac{V^2 t}{4D_L}\right)\overline{C} \tag{6-24}$$

则上面的定解问题式(6-21)～(6-23)化为

$$\frac{\partial \overline{C}}{\partial t} = D_L \frac{\partial^2 \overline{C}}{\partial x^2} \tag{6-25}$$

$$\overline{C}(x,t)\Big|_{t=0} = 0 \tag{6-26}$$

$$\overline{C}\Big|_{x=0} = C_0 \exp\left(\frac{V^2 t}{4D_L}\right) \tag{6-27}$$

对式(6-25)～(6-27)取拉普拉斯变换,得

$$F'' - \frac{S}{D_L} F = 0 \tag{6-28}$$

$$L\left[C_0 \exp\left(\frac{V^2 t}{4D_L}\right)\right] = F(S) \tag{6-29}$$

式中,$F(x,S) = L[\overline{C}(x,t)]$

解式(6-28)、(6-29)得

$$F(x,S) = F(S)\exp\left(-\sqrt{\frac{S}{D_L}}\right) \tag{6-30}$$

考虑到

$$L^{-1}\left[\exp\left(-\sqrt{\frac{S}{D_L}}x\right)\right] = L^{-1}\left[S \cdot \frac{1}{S}\exp\left(-\sqrt{\frac{S}{D_L}}x\right)\right] = \frac{\partial}{\partial t}\left[\frac{2}{\sqrt{\pi}}\int_{\frac{x}{2\sqrt{D_L t}}}^{\infty} e^{-y^2}\,\mathrm{d}y\right]$$

$$= \frac{x}{2\sqrt{D_L \pi}} t^{-3/2}\exp\left(-\frac{x^2}{4D_L t}\right) \tag{6-31}$$

那么

$$\overline{C}(x,t) = L^{-1}[F(x,S)] = L^{-1}\left[F(S)\exp\left(-\sqrt{\frac{S}{D_L}}x\right)\right]$$

$$= C_0 \exp\left(\frac{V^2 t}{4D_L}\right) * \left[\frac{x}{2\sqrt{D_L \pi}} t^{-3/2}\exp\left(-\frac{x^2}{4D_L t}\right)\right]$$

$$= \int_0^t C_0 \exp\left(\frac{V^2 \tau}{4D_L}\right) \frac{x}{2\sqrt{D_L \pi}} \frac{1}{(t-\tau)\sqrt{t-\tau}} \exp\left(-\frac{x^2}{4D_L(t-\tau)}\right) d\tau \qquad (6\text{-}32)$$

将式(6-32)代入式(6-24)得

$$C(x,t) = \frac{C_0 x}{2\sqrt{D_L \pi}} \exp\left(\frac{Vx}{2D_L}\right) \int_0^t \exp\left(\frac{V^2(t-\tau)}{4D_L}\right) \frac{1}{(t-\tau)\sqrt{t-\tau}}$$

$$\cdot \exp\left(-\frac{x^2}{4D_L(t-\tau)}\right) d\tau$$

$$= \frac{C_0 x}{2\sqrt{D_L \pi}} \exp\left(\frac{Vx}{2D_L}\right) \int_0^t \exp\left(-\frac{V^2(t-\tau)^2+x^2}{4D_L(t-\tau)}\right) \frac{1}{(t-\tau)\sqrt{t-\tau}} d\tau$$

$$\tag{6-33}$$

令 $I = \int_0^t \exp\left(-\frac{V^2(t-\tau)^2+x^2}{4D_L(t-\tau)}\right) \frac{1}{(t-\tau)\sqrt{t-\tau}} d\tau \qquad (6\text{-}34)$

则 $C(x,t) = \dfrac{C_0 x}{2\sqrt{D_L \pi}} \exp\left(\dfrac{Vx}{2D_L}\right) \cdot I \qquad (6\text{-}35)$

下面计算 I 的表达式(6-34)：

做变量替换 $\alpha = t - \tau$ 代入 I 的表达式，有

$$I = \int_0^t \exp\left(-\frac{V^2\alpha^2+x^2}{4D_L\alpha}\right) \frac{1}{\alpha\sqrt{\alpha}} d\alpha \qquad (6\text{-}36)$$

经较繁复的积分运算，得

$$I = \frac{\sqrt{D_L \pi}}{x}\left[\exp\left(\frac{Vx}{2D_L}\right) erfc\left(\frac{x+Vt}{2\sqrt{D_L t}}\right) + \exp\left(-\frac{Vx}{2D_L}\right) erfc\left(\frac{x-Vt}{2\sqrt{D_L t}}\right)\right] \qquad (6\text{-}37)$$

将式(6-37)代入式(6-35)得

$$C(x,t) = \frac{C_0}{2}\left[erfc\left(\frac{x-Vt}{2\sqrt{D_L t}}\right) + \exp\left(\frac{Vx}{D_L}\right) erfc\left(\frac{x+Vt}{2\sqrt{D_L t}}\right)\right] \qquad (6\text{-}38)$$

当 x 很大时，上式右端第二项与第一项相比可略去，因此

$$C(x,t) \approx \frac{C_0}{2}\left[erfc\left(\frac{x-Vt}{2\sqrt{D_L t}}\right)\right] \qquad (6\text{-}39)$$

二、半无限长土柱中短时间注入示踪剂的运移模型

从 $t=0 \sim t_0$ 时间段内连续注入示踪剂浓度为 C_0 的流体，相应的定解问题为：
控制方程

$$\frac{\partial C}{\partial t} + V\frac{\partial C}{\partial x} = D_L\frac{\partial^2 C}{\partial x^2} \qquad (6\text{-}40)$$

初始条件

$$C(x,t)\mid_{t=0} = 0 \tag{6-41}$$

边界条件

$$C(x,t)\mid_{x=0} = \begin{cases} C_0, & 0 \leqslant t \leqslant t_0 \\ 0, & t_0 \leqslant t < \infty \end{cases} \tag{6-42}$$

$$\lim_{x\to\infty} C(x,t) = 0$$

其解法同问题一,解的表达式为

$$C(x,t) = \frac{C_0}{2}\left[erfc\left(\frac{x-Vt}{2\sqrt{D_L t}}\right) - erfc\left(\frac{x-V(t-t_0)}{2\sqrt{D_L(t-t_0)}}\right)\right] \tag{6-43}$$

例 6-1 有一潜水含水层与某运河相交。运河水位和潜水层水位分别为 h_2, h_1,已知 $h_2 < h_1$,该运河已被污染,污水通过扩散向潜水方向扩展,求污染物浓度的分布规律。

解:可看作半无限长土柱的弥散问题。假设土壤骨架所含溶质浓度与水的溶质浓度成正比,其比例系数为 a。该问题可归结为如下定解问题

$$\frac{\partial C}{\partial t} + \frac{u}{R_d}\frac{\partial C}{\partial x} = \frac{1}{R_d}\frac{\partial}{\partial x}\left(D_x\frac{\partial C}{\partial x}\right), \qquad x > 0, \qquad t > 0$$

$$C\mid_{t=0} = 0, \qquad x > 0$$

$$C\mid_{x=0} = C_0, \qquad C\mid_{x=\infty} = 0$$

式中,$D_x = a\mid u\mid$,$u = \dfrac{k(h_1^2 - h_2^2)}{2nl\sqrt{h_1^2 - \dfrac{x}{l}(h_1^2 - h_2^2)^2}}$,$n$ 为孔隙率,$R_d = 1 + \dfrac{1-n}{n}a$ 其浓度分布为

$$C(x,t) = \frac{C_0}{2}\left[erfc\left(\frac{x - \dfrac{u}{R_d}t}{2\sqrt{\dfrac{D_x}{R_d}t}}\right) + \exp\left(\frac{ux}{D_x}\right)erfc\left(\frac{x + \dfrac{u}{R_d}t}{2\sqrt{\dfrac{D_x}{R_d}t}}\right)\right]$$

三、地下放射性物质的弥散问题

通常,采用深井灌注的方法处理或处置核工业废水、核废料等放射性污染物。

今考虑一半无限长砂柱($x > 0$),一端注入放射性物质,其浓度为 C_0,并在柱体中发生放射性衰减,这一情形的定解问题可写成

$$\frac{\partial C}{\partial t} + u\frac{\partial C}{\partial x} = D\frac{\partial^2 C}{\partial x^2} - \lambda C, \qquad (\lambda \text{ 为衰减常数}) \tag{6-44}$$

$$C(x,0) = 0, \qquad x > 0 \tag{6-45}$$

$$C(0,t) = C_0, \qquad C(\infty,t) = 0, \qquad t > 0 \tag{6-46}$$

对控制方程和边界条件中的 t 做拉普拉斯变换,即

$$L[C(x,t)] = F(x,S) = \int_0^\infty C(x,t)e^{-St}\,dt \tag{6-47}$$

那么,控制方程(6-44)及其边界条件变为

$$DF'' - uF' - (\lambda + S)F = 0 \tag{6-48}$$

$$F(0,S) = C_0/S, \qquad F(\infty,S) = 0 \tag{6-49}$$

式(6-48)是二阶线性齐次方程,其通解为

$$F(x,S) = Ae^{r_1 x} + Be^{r_2 x} \tag{6-50}$$

式中,r_1,r_2 为特征方程的两个根,$A=0$,$B=C_0/S$,其特征方程为

$$Dr^2 - ur - (\lambda + S) = 0 \tag{6-51}$$

两个根为

$$r_{1,2} = \frac{u \pm \sqrt{u^2 + 4D(\lambda + S)}}{2D} \tag{6-52}$$

将其代入通解表达式(6-50),并考虑到边界条件式(6-49),得

$$F(x,S) = \frac{C_0}{S}\exp\left[x\left(\frac{u}{2D} - \sqrt{\frac{u^2}{4D^2} + \frac{\lambda + S}{D}}\right)\right] \tag{6-53}$$

对 $F(x,S)$ 取拉普拉斯逆变换可得放射性衰减时的浓度

$$C(x,t) = \frac{C_0}{2}\exp\left(-\frac{ux}{2D}\right) \times \left[\exp\left(-x\sqrt{\frac{u^2}{4D^2} + \frac{\lambda}{D}}\right)erfc\left(\frac{x - t\sqrt{u^2 + 4D\lambda}}{2\sqrt{Dt}}\right)\right.$$

$$\left. + \exp\left(x\sqrt{\frac{u^2}{4D^2} + \frac{\lambda}{d}}\right)erfc\left(\frac{x + t\sqrt{u^2 + 4D\lambda}}{2\sqrt{Dt}}\right)\right] \tag{6-54}$$

若不考虑放射性衰减,即 $\lambda=0$,则其浓度分布为

$$C(x,t) = \frac{C_0}{2}\left[erfc\left(\frac{x - ut}{2\sqrt{Dt}}\right) + \exp\left(\frac{ux}{D}\right)erfc\left(\frac{x + ut}{2\sqrt{Dt}}\right)\right] \tag{6-55}$$

式中,D 为分子扩散系数,即 $D=\alpha u$,α 为弥散度,则

$$\frac{4\lambda D}{u^2} = \frac{4\lambda\alpha}{u} = 4\lambda\alpha\,\frac{n}{q} \tag{6-56}$$

上式可作为放射性影响的判别准则。

四、地下水污染径向弥散问题

地面沉降后污水回灌,油田开采中水力驱油等,均可归结为径向弥散问题。其弥散方程可写作

$$\frac{\partial C}{\partial t} + u\,\frac{\partial C}{\partial r} = \alpha u\,\frac{\partial^2 C}{\partial r^2} \tag{6-57}$$

式中，$u = \dfrac{Q}{2\pi rBn}$，Q 为灌水流量，B 为含水层厚度，$\alpha u = D$，α 为弥散度。

有两种解法：

1. 解析解

唐氏、巴布（Tang 和 Babu 1979）通过积分变换、复变函数及特殊函数（贝塞尔函数）给出了问题的解析解，即

$$\frac{C}{C_0} = 1 - \left(\frac{r}{r_0}\right)^{1/2} \exp\left(\frac{r - r_0}{2\alpha}\right)(I_1 + I_2 + I_3) \tag{6-58}$$

式中，I_1, I_2, I_3 分别为一阶、二阶、三阶第一类贝塞尔函数。

2. 近似解

德·让提出一个近似解

$$\frac{C}{C_0} = \frac{1}{2} erfc \frac{r - \bar{r}}{\sqrt{4\alpha\bar{r}/3}} \tag{6-59}$$

式中，$\bar{r}$ 为注入水体的平均半径。

雷蒙迪等人提出的近似解为

$$\frac{C}{C_0} = \frac{1}{2} erfc \frac{r^2/2 - Gt}{\sqrt{4\alpha\bar{r}^3/3}} \tag{6-60}$$

式中，$G = \dfrac{Q}{2\pi Bn}$，$\alpha = \dfrac{3}{8} r\left(\dfrac{\Delta t}{t}\right)^2$，$\Delta t$ 为时间间隔。示踪剂由注入点运移至 r 点所需的时间为

$$t = \frac{r^2 R_d}{2G} \tag{6-61}$$

例 6-2　某市区有一承压含水层，含水层厚度 $B = 15$m，由细粉砂、亚黏土（$n = 0.3$）组成。今在该含水层中做弥散试验，从完全井 A 处连续注入流量 $Q = 9.36$m³/d，浓度 $C_0 = 11$mg/L 的 NaCl 溶液，并在距离分别为 $r = 3.02, 1.96$m 处 E 井和 F 井中观测 Cl⁻ 浓度的变化，并通过三次样条插值函数得到 C/C_0。已知 F 井的 C/C_0 为 0.5 和 0.16 所需的时间分别为 $t_{0.5} = 693.8$h，$t_{0.16} = 460.6$h，试求阻滞系数 R_d，吸附系数 a 及弥散度 α。

解：可归结为如下定解问题

$$\frac{\partial C}{\partial t} = \frac{G}{rR_d}\left(\alpha \frac{\partial^2 C}{\partial r^2} - \frac{\partial C}{\partial r}\right)$$

$$C(r, 0) = 0$$

$$C(0, t) = C_0, \qquad C(\infty, t) = 0$$

式中 $G = \dfrac{Q}{2\pi Bn}$，$u = \dfrac{G}{r} = \dfrac{Q}{2\pi rBn}$，$r = \sqrt{x^2 + y^2}$，$R_d = 1 + \dfrac{1-n}{n}a$

解得

$$G = \frac{Q}{2\pi Bn} = \frac{9.36/24}{2 \times 3.14 \times 15 \times 0.3} = 0.014 \mathrm{m^3/h}$$

$$R_d = \frac{2Gt_{0.5}}{r^2} = \frac{2 \times 0.014 \times 693.8}{3.02^2} = 2.1$$

$$a = \frac{R_d - 1}{(1-n)/n} = \frac{2.1 - 1}{(1 - 0.3)/0.3} = 0.5$$

$$\alpha = \frac{3}{8} r \left(\frac{\Delta t}{t} \right)^2 = \frac{3}{8} \times 3.02 \left(\frac{693.8 - 460.6}{693.8} \right)^2 = 0.13 \mathrm{m}$$

五、地下水污染平面二维弥散问题（瞬时注入情形）

现假定：

(1) 渗流区域为无限平面，地下水流为一维流动，达西流速 $u = q/n$；

(2) 当 $t = 0$ 时，瞬时注入质量为 m 的示踪剂；

(3) 示踪剂的浓度扩散为二维弥散；

(4) 多孔介质为均质，但各向异性。

若以注入井为坐标原点，无限平面为 xoy 平面，x 轴方向与流向一致，则其定解问题可表示成

$$\frac{\partial C}{\partial t} + u \frac{\partial C}{\partial x} = D_L \frac{\partial^2 C}{\partial x^2} + D_T \frac{\partial^2 C}{\partial y^2} \tag{6-62}$$

$$C(x, y, 0) = 0, \qquad (x, y) \neq (0, 0), \qquad \text{且} \int_{-\infty}^{\infty} \int_{-\infty}^{\infty} nC \mathrm{d}x\mathrm{d}y = m \tag{6-63}$$

$$\lim_{x \to \pm\infty} C(x, y, t) = 0, \qquad \lim_{y \to \pm\infty} C(x, y, t) = 0 \tag{6-64}$$

式中，D_L，D_T 分别为纵向、横向弥散系数。

对控制方程取二重傅里叶变换

$$F[C] = \int_{-\infty}^{\infty} \int_{-\infty}^{\infty} C(x, y, t) \mathrm{e}^{-\mathrm{i}(\omega_1 x + \omega_2 y)} \mathrm{d}x\mathrm{d}y = \overline{C} \tag{6-65}$$

$$F\left[\frac{\partial C}{\partial t}\right] = \int_{-\infty}^{\infty} \int_{-\infty}^{\infty} \frac{\partial C}{\partial t} \mathrm{e}^{-\mathrm{i}(\omega_1 x + \omega_2 y)} \mathrm{d}x\mathrm{d}y = \frac{\mathrm{d}\overline{C}}{\mathrm{d}t} \tag{6-66}$$

$$F\left[\frac{\partial^2 C}{\partial x^2}\right] = \int_{-\infty}^{\infty} \int_{-\infty}^{\infty} \frac{\partial^2 C}{\partial x^2} \mathrm{e}^{-\mathrm{i}(\omega_1 x + \omega_2 y)} \mathrm{d}x\mathrm{d}y = -\omega_1^2 \overline{C} \tag{6-67}$$

同理，$\qquad\qquad F\left[\dfrac{\partial C}{\partial x}\right] = \mathrm{i}\omega_1 \overline{C}, \qquad F\left[\dfrac{\partial^2 C}{\partial y^2}\right] = -\omega_2^2 \overline{C}$ $\qquad\qquad$ (6-68)

通过傅里叶变换，控制方程化为

$$\frac{\mathrm{d}\bar{C}}{\mathrm{d}t} = -(D_{\mathrm{L}}\omega_1^2 + D_{\mathrm{T}}\omega_2^2 + \mathrm{i}u\omega_1)\bar{C} \tag{6-69}$$

解方程得

$$\bar{C}(\omega_1,\omega_2,t) = A\mathrm{e}^{-(D_{\mathrm{L}}\omega_1^2 + D_{\mathrm{T}}\omega_2^2 + \mathrm{i}u\omega_1)t} \tag{6-70}$$

傅里叶逆变换定义为：$F^{-1}[F(\omega)] = \dfrac{1}{2\pi}\displaystyle\int_{-\infty}^{\infty} F(\omega)\mathrm{e}^{\mathrm{i}\omega t}\mathrm{d}\omega = f(t)$　　$(6\text{-}71)$

对式(6-70)做傅里叶逆变换得

$$\begin{aligned}
C(x,y,t) &= \frac{A}{(2\pi)^2}\int_{-\infty}^{\infty}\int_{-\infty}^{\infty}\bar{C}(\omega_1,\omega_2,t)\mathrm{e}^{\mathrm{i}(\omega_1 x + \omega_2 y)}\mathrm{d}\omega_1\mathrm{d}\omega_2 \\
&= A\left[\frac{1}{2\pi}\int_{-\infty}^{\infty}\mathrm{e}^{-D_{\mathrm{L}}t\omega_1^2}\cdot\mathrm{e}^{\mathrm{i}\omega_1(x-ut)}\mathrm{d}\omega_1\right]\cdot\left[\frac{1}{2\pi}\int_{-\infty}^{\infty}\mathrm{e}^{-D_{\mathrm{T}}t\omega_2^2}\cdot\mathrm{e}^{\mathrm{i}\omega_2 y}\mathrm{d}\omega_2\right] \\
&= \frac{A}{4\pi t\sqrt{D_{\mathrm{L}}D_{\mathrm{T}}}}\exp\left[-\frac{(x-ut)^2}{4D_{\mathrm{L}}t} - \frac{y^2}{4D_{\mathrm{T}}t}\right]
\end{aligned} \tag{6-72}$$

式中，A 为积分常数，可由 $\displaystyle\int_{-\infty}^{\infty}\int_{-\infty}^{\infty} Cn\,\mathrm{d}x\mathrm{d}y = m$ 确定，得 $A = m/n$，代入式(6-72)得

$$C(x,y,t) = \frac{m/n}{4\pi t\sqrt{D_{\mathrm{L}}D_{\mathrm{T}}}}\exp\left[-\frac{(x-ut)^2}{4D_{\mathrm{L}}t} - \frac{y^2}{4D_{\mathrm{T}}t}\right] \tag{6-73}$$

这就是瞬时注入情形平面二维弥散的浓度分布，实质上是沿 z 轴瞬时注入的线源问题。

六、地下水污染平面二维弥散问题（连续注入情形）

假定同前，仅当 $t=0$ 时，以流量 Q 连续注入示踪剂浓度为 C_0 的流体。连续注入可看作一系列的瞬时注入，只要对时间进行积分，便可从瞬时注入的基本解得到连续注入的解。在 $\mathrm{d}t$ 时段注入示踪剂的浓度应为

$$\mathrm{d}C(x,y,t) = \frac{QC_0\mathrm{d}t}{4\pi t\sqrt{D_{\mathrm{L}}D_{\mathrm{T}}}}\exp\left[-\frac{(x-ut)^2}{4D_{\mathrm{L}}t} - \frac{y^2}{4D_{\mathrm{T}}t}\right] \tag{6-74}$$

对时间 t 积分，即得连续注入的示踪剂浓度

$$C(x,y,t) = \frac{QC_0}{4\pi\sqrt{D_{\mathrm{L}}D_{\mathrm{T}}}}\int_0^t\exp\left[-\frac{(x-ut)^2}{4D_{\mathrm{L}}t} - \frac{y^2}{4D_{\mathrm{T}}t}\right]\frac{\mathrm{d}t}{t} \tag{6-75}$$

当 $t\to\infty$ 时，可得其渐近式

$$C(x,y) = \frac{QC_0}{2\pi\sqrt{D_{\mathrm{L}}D_{\mathrm{T}}}}\exp\left(\frac{ux}{2D_{\mathrm{L}}}\right)\mathrm{K}_0\left(\frac{x^2u^2}{4D_{\mathrm{L}}} + \frac{y^2u^2}{4D_{\mathrm{L}}D_{\mathrm{T}}}\right) \tag{6-76}$$

式中，K_0 为第二类零阶贝塞尔函数。

以 $D_{\mathrm{L}} = \alpha_{\mathrm{L}}u$，$D_{\mathrm{T}} = \alpha_{\mathrm{T}}u$ 代入式(6-75)得

$$C(x,y,t) = \frac{QC_0}{4\pi u\sqrt{\alpha_L\alpha_T}}\exp\left(\frac{x}{2\alpha_L}\right)\int_0^t \exp\left[-\frac{ut}{4\alpha_L} - \frac{1}{ut}\left(\frac{x^2}{4\alpha_L} + \frac{y^2}{4\alpha_T}\right)\right]\frac{\mathrm{d}t}{t}$$

$$(6\text{-}77)$$

设 $\eta = \dfrac{ut}{4\alpha_L}$，$t = \dfrac{4\alpha_L}{u}\eta$，$\mathrm{d}t = \dfrac{4\alpha_L}{u}\mathrm{d}\eta$，则上式变为

$$C(x,y,t) = \frac{QC_0}{4\pi u\sqrt{\alpha_L\alpha_T}}\exp\left(\frac{x}{2\alpha_L}\right)\int_0^t \exp\left[-\eta - \frac{1}{4\alpha_L\eta}\left(\frac{x^2}{4\alpha_L} + \frac{y^2}{4\alpha_T}\right)\right]\frac{\mathrm{d}\eta}{\eta}$$

$$(6\text{-}78)$$

令 $b^2 = \dfrac{x^2}{4\alpha_L^2} + \dfrac{y^2}{4\alpha_L\alpha_T}$，借助于汉徒什（Hantush 1964）的越流井函数，有

$$W(\xi,b) = \int_\xi^\infty \exp\left(-\eta - \frac{b^2}{4\eta}\right)\frac{\mathrm{d}\eta}{\eta}$$

$$(6\text{-}79)$$

从而 $\qquad C(x,y,t) = \dfrac{QC_0}{4\pi u\sqrt{\alpha_L\alpha_T}}\exp\left(\dfrac{x}{4\alpha_L}\right)\left[W(0,b) - W(t,b)\right]$ $\qquad(6\text{-}80)$

式(6-80)使用方便，可查表计算越流井函数。

习　　题

6-1：何为饱和带与非饱和带，潜水含水层与承压含水层？

6-2：简述随机模型的基本思想，并编写一段计算二项分布的计算机程序。

6-3：写出黑箱模型的简略数学表达式。

6-4：给出地下水弥散"半无限长土柱"的物理背景。

6-5：设潜水含水层有一注水井，井的半径为 r_w，注水溶质的浓度为 C_0，潜水在天然状态下的含水层厚度为 h_0，注水井水位为 h_w，注水影响半径为 R，含水层土壤孔隙率为 n，试写出其定解问题，并给出溶质分布的近似表达式。

第七章 分 层 流

重力场中由流体密度变化引起的流体运动称之为分层流,如潮汐河口的盐水楔、水库中的异重流、气象中冷锋面的运动等都是典型的分层流。这种分层流的特征是较重的液体在较轻的液体下面运动或较重的气体在较轻的气体下面运动,因此,必须考虑分层流的重力效应。这种重力效应取决于上下层流体的相对密度差,而不是下层较重流体密度的绝对值,这样下层流体仿佛承受一个折减重力加速度,即 $g(\rho_2-\rho_1)/\rho_2=\varepsilon g=g'$,其中 ε 为相对密度差,g' 为折减重力加速度(亦称有效重力加速度)。广义上讲,所有具有自由表面的液体运动均可看作分层流,如江河、湖泊、海洋等。但由于大气与水的密度差别很大(1:800),上层流体(大气)的密度、惯性效应与下层流体相比可忽略不计,因此,常把这种分层流看作单相均质流体来分析(泄水工程中的高速水流除外)。

自从 1847 年斯托克斯对分层流问题的开创性研究工作以来,分层流的基本理论已日渐成熟。本章主要讨论分层渐变流的基本方程、分层均匀流和非均匀流、内波运动、交界面的稳定性以及选择性取水问题。

7-1 分层渐变流基本方程

实际中,大多数分层流问题均可近似看作双层分层流。今考虑渐变流状态、垂向分为两层的一维明渠分层流动,如图 7-1 所示。其上层和下层的连续性方程可写成:

上层流体:
$$\frac{\partial h_1}{\partial t}+\frac{\partial q_1}{\partial x}=0 \qquad (7\text{-}1)$$

下层流体:
$$\frac{\partial h_2}{\partial t}+\frac{\partial q_2}{\partial x}=0 \qquad (7\text{-}2)$$

式中,U_1,U_2,h_1,h_2,q_1,q_2 分别为上层和下层的断面平均流速、水深及单宽流量。在本章讨论中,上、下层液体的各物理量以下标 1,2 表示。

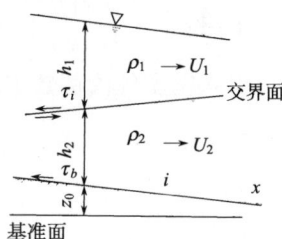

图 7-1 一维明渠分层
流动示意图

对于恒定流,$\partial/\partial t=0$,则连续性方程退化为

$$\frac{\partial q_1}{\partial x}=\frac{\partial q_2}{\partial x}=0 \qquad (7\text{-}3)$$

运动方程为

$$\frac{1}{g}\frac{\partial U}{\partial t}+\frac{\partial}{\partial x}\left(\frac{U^2}{2g}\right)+\frac{\partial}{\partial x}\left(\frac{p}{\rho g}+z\right)=-J_f \tag{7-4}$$

式中，J_f 为水力坡度，对于分层流动的上层和下层，上式左端第三项的测压管水头可分别写成

上层：　　$\dfrac{p_1}{\rho_1 g}+z=h_1+h_2+z_0$ 　　　　　　　　　　　(7-5)

下层：　　$\dfrac{p_2}{\rho_2 g}+z=(1-\varepsilon)h_1+h_2+z_0$ 　　　　　　　　(7-6)

式中，相对密度差 $\varepsilon=(\rho_2-\rho_1)/\rho_2$，考虑到底坡 $i=-\partial z_0/\partial x$，则上、下两层流体的运动方程可分别写成

上层：　　$\dfrac{1}{g}\dfrac{\partial U_1}{\partial t}+\dfrac{\partial}{\partial x}\left(\dfrac{U_1^2}{2g}\right)=i-\left(\dfrac{\partial h_1}{\partial x}+\dfrac{\partial h_2}{\partial x}\right)-J_{f1} \tag{7-7}$

下层：　　$\dfrac{1}{g}\dfrac{\partial U_2}{\partial t}+\dfrac{\partial}{\partial x}\left(\dfrac{U_2^2}{2g}\right)=i-\left[(1-\varepsilon)\dfrac{\partial h_1}{\partial x}+\dfrac{\partial h_2}{\partial x}\right]-J_{f2} \tag{7-8}$

设上、下两层交界面上的切应力为 τ_i，渠底上的切应力为 τ_b，相应的范宁阻力系数（范宁阻力系数为达西-魏斯巴赫阻力系数的四分之一）分别为 f_i，f_b，则水力坡度 J_{f1}，J_{f2} 可分别表示成

$$J_{f1}=\frac{\tau_i}{\rho_1 g h_1}=f_i\frac{|U_1-U_2|(U_1-U_2)}{2gh_1} \tag{7-9}$$

$$J_{f2}=\frac{\tau_b-\tau_i}{\rho_2 g h_2}=f_b\frac{|U_2|U_2}{2gh_2}-f_i\frac{|U_1-U_2|(U_1-U_2)}{2gh_2} \tag{7-10}$$

对于恒定流，运动方程变为

上层：　　$\dfrac{\partial}{\partial x}\left(\dfrac{U_1^2}{2g}\right)=i-\left(\dfrac{\partial h_1}{\partial x}+\dfrac{\partial h_2}{\partial x}\right)-J_{f1} \tag{7-11}$

下层：　　$\dfrac{\partial}{\partial x}\left(\dfrac{U_2^2}{2g}\right)=i-\left[(1-\varepsilon)\dfrac{\partial h_1}{\partial x}+\dfrac{\partial h_2}{\partial x}\right]-J_{f2} \tag{7-12}$

引入密度佛汝德数 F_d，对于上下层可分别表示成

$$F_{d1}=\sqrt{\frac{q_1^2}{\varepsilon g h_1^3}},\qquad F_{d2}=\sqrt{\frac{q_2^2}{\varepsilon g h_2^3}} \tag{7-13}$$

考虑到 $\dfrac{\mathrm{d}}{\mathrm{d}x}\left(\dfrac{U^2}{2g}\right)=-\dfrac{q^2}{gh^3}\cdot\dfrac{\mathrm{d}h}{\mathrm{d}x}=-\varepsilon F_d^2\dfrac{\mathrm{d}h}{\mathrm{d}x}$，则上、下两层的运动方程可进一步写成

$$(1-\varepsilon F_{d1}^2)\frac{\mathrm{d}h_1}{\mathrm{d}x}+\frac{\mathrm{d}h_2}{\mathrm{d}x}=i-J_{f1} \tag{7-14}$$

$$(1-\varepsilon)\frac{\mathrm{d}h_1}{\mathrm{d}x}+(1-\varepsilon F_{d2}^2)\frac{\mathrm{d}h_2}{\mathrm{d}x}=i-J_{f2} \tag{7-15}$$

解式(7-14)、(7-15)，可显式地表示出上层、下层水深沿流程变化的微分方程

$$\frac{\mathrm{d}h_1}{\mathrm{d}x} = \frac{-F_{d2}^2(i - J_{f1}) + (J_{f2} - J_{f1})/\varepsilon}{1 - F_{d1}^2 - F_{d2}^2 + \varepsilon F_{d1}^2 F_{d2}^2} \tag{7-16}$$

$$\frac{\mathrm{d}h_2}{\mathrm{d}x} = \frac{-F_{d1}^2(i - J_{f2}) + (J_{f1} - J_{f2})/\varepsilon + i - J_{f1}}{1 - F_{d1}^2 - F_{d2}^2 + \varepsilon F_{d1}^2 F_{d2}^2} \tag{7-17}$$

式(7-16)、(7-17)即为恒定一维分层渐变流动的基本方程组。

7-2　分层均匀流

本节主要讨论上层静止,下层为均匀流的分层流,如图 7-2(a)和 7-2(b)所示。当分层流的重力与由固定边界、交界面的动边界施加的剪切力相平衡时,下层流体发生均匀流。如果上层流体的水深大于下层流体,那么可忽略在上层流体中所诱导的速度。由均匀流公式可得平衡方程如下

$$\tau_b + \tau_i = (\rho_2 - \rho_1)gh_2\sin\theta \tag{7-18}$$

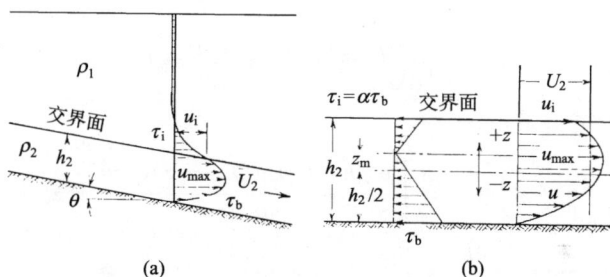

图 7-2　上层静止、下层为均匀流的分层流

若假定交界面光滑、清晰,则可用两平行平板间的流动来比拟,即下层平板是固定的,上层平板(交界面)以流速 u_i 运动。其切应力由底部的 τ_b 线性地变化到流速最大点处的零值,再变化到交界面处的 τ_i。

令 $\tau_i = \alpha\tau_b$,即交界面处的切应力为底部切应力与某一固定比例系数之积,并且只依赖于最大流速点的垂向位置。由图 7-2(b)中几何关系可得切应力比 α

$$\alpha = \frac{1 - 2z_m/h_2}{1 + 2z_m/h_2} \tag{7-19}$$

消去 τ_i 后,式(7-18)可写成

$$\tau_b = \frac{\rho_2 g' h_2}{1 + \alpha}\sin\theta \tag{7-20}$$

式中,$g' = \varepsilon g$,称之为折减重力加速度,$\varepsilon = (\rho_2 - \rho_1)/\rho_2$ 为相对密度差。

底部切应力 τ_b 还可用范宁阻力系数 f_b 表示,即

$$\tau_b = f_b \rho_2 \frac{U_2^2}{2} \qquad (7\text{-}21)$$

式中，U_2 为下层断面平均流速。联立式(7-20)、(7-21)，可得 U_2

$$U_2 = \sqrt{\frac{2g'h_2}{f_b(1+\alpha)}\sin\theta} \qquad (7\text{-}22)$$

上式即为下层均匀流公式的一般形式。对于具有自由表面的明渠均匀流，$g=g'$，$\alpha=0$ 及 $h_2=R$，由谢才公式得

$$U_2 = C\sqrt{Ri} \qquad (7\text{-}23)$$

式中，底坡 $i=\sin\theta$。

现就下层流体做层流运动和紊流运动时的流速、阻力讨论如下：

(1) 下层流体作层流运动

对于层流情形，伊本、哈利曼(Ippen 和 Harleman 1952)分析得到切应力比及阻力系数随雷诺数的变化关系。应用 N-S 方程可写出下层流体做层流运动的方程

$$-\frac{\partial}{\partial x}\left(\frac{p}{\rho_2} + gz\right) + \nu\frac{\mathrm{d}^2 u}{\mathrm{d}z^2} = 0 \qquad (7\text{-}24)$$

其中测压管水头可表示成

$$-\frac{\partial}{\partial x}\left(\frac{p}{\rho_2 g} + z\right) = -\frac{\partial}{\partial x}\left[\frac{\rho_1 g h_1 + \rho_2 g(h_2 - z)\cos\theta}{\rho_2 g} + z_b + z\cos\theta\right] \qquad (7\text{-}25)$$

考虑到 $h_1 + h_2 = \mathrm{const}$，$-\dfrac{\partial h_1}{\partial x} = \dfrac{\partial h_2}{\partial x}$，上式可写成

$$-\frac{\partial}{\partial x}\left(\frac{p}{\rho_2 g} + z\right) = -\frac{\partial}{\partial x}\left(\frac{\rho_2 - \rho_1}{\rho_2}h_2\right) = \varepsilon\sin\theta \qquad (7\text{-}26)$$

将式(7-26)代入式(7-24)得

$$\nu\frac{\mathrm{d}^2 u}{\mathrm{d}z^2} = -g'\sin\theta \qquad (7\text{-}27)$$

式(7-27)的边界条件为

当 $z=0$ 时，$u=0$；当 $z=h_2$ 时，$u=u_i$

这样，积分式(7-27)可得下层做层流运动的流速分布

$$u = \frac{h_2^2 g'\sin\theta}{2\nu}\left(\frac{z}{h_2} - \frac{z^2}{h_2^2}\right) + u_i\frac{z}{h_2} \qquad (7\text{-}28)$$

下层流体做层流运动的断面平均流速可由以下积分求得

$$U_2 = \frac{1}{h_2}\int_0^{h_2} u\mathrm{d}z = \frac{u_i}{2} + \frac{1}{12}\frac{h_2^2 g'\sin\theta}{\nu} \qquad (7\text{-}29)$$

将式(7-29)两端同除以 U_2，有

$$1 = \frac{1}{2}\frac{u_i}{U_2} + \frac{1}{12}\frac{h_2^2 g' \sin\theta}{U_2 \nu} \tag{7-30}$$

令上式右端第二项中

$$\Lambda = \frac{U_2 \nu}{h_2^2 g' \sin\theta} = \frac{U_2^2}{g' h_2} \cdot \frac{\nu}{U_2 h_2} \cdot \frac{1}{\sin\theta} = \frac{F_{d2}^2}{Re_2 \sin\theta} \tag{7-31}$$

Λ 为一无量纲数,表示重力与黏性力之比。其中

$$F_{d2} = \frac{U_2}{\sqrt{g' h_2}}, \qquad Re_2 = \frac{U_2 h_2}{\nu} \tag{7-32}$$

考虑到式(7-31),可将流速分布写成无量纲形式

$$\frac{u}{U_2} = 1 + 2\frac{z}{h_2} - \frac{1}{2\Lambda}\left[\left(\frac{z}{h_2}\right)^2 + \frac{1}{3}\frac{z}{h_2} - \frac{1}{12}\right] \tag{7-33}$$

对上式求导可得交界面流速 u_i 与最大流速 u_{max} 之间的关系为

$$\frac{u_i}{u_{max}} = \frac{12\Lambda - 1}{12\Lambda^2 + 4\Lambda + 1/3} \tag{7-34}$$

式(7-34)表明,u_i/u_{max} 的比值为一常数,其大小与流体特性有关。柯立根(Keule-gan 1944)曾研究过这个问题,对于上层流体与下层流体的密度、黏性系数几乎相同的情形,u_i/u_{max} 的比值为 0.59。关于不同流体特性的 u_i/u_{max} 的比值,可参阅波特(Potter 1957)的文章。

由式(7-34)以及柯立根的研究结果,知

$$\Lambda = 0.14, \qquad \alpha = 0.64$$

这样,式(7-22)可写成

$$U_2 = 0.375 Re_2^{1/2}(g' h_2 \sin\theta)^{1/2} \tag{7-35}$$

底部的范宁阻力系数可由式(7-22)求得

$$f_b = \frac{2}{(1+\alpha)\Lambda Re_2} \tag{7-36}$$

上面推导出下层流体做层流运动的流速分布式(7-33)以及阻力系数式(7-36)。已有研究表明,在分层流中,即使上、下层的相对流速较大,但仍能很好地保持层流状态。

(2)下层流体做紊流运动

同大多数紊流阻力问题一样,若下层均匀潜流为紊流状态,由于交界面的不稳定性,很难从理论上确定交界面的位置。关于交界面的稳定性问题,将在后面讨论(见 7-4 节)。对于二维流动,具有自由表面的 $\alpha=0$,因此,$1+\alpha$ 表明交界面的存在使阻力系数增加。比拟于相应的自由表面流动,若以 $4h_2$ 代替水力半径,则阻力系数 f 可由莫迪图求得。巴塔、鲍基奇(Bata 和 Bogich 1953)对下层紊流的速度分

布进行了实验研究,雷诺数 $Re=4h_2U_2/\nu<10^5$,实验结果表明,最大速度的位置约在 $0.7h_2$ 处,这样由式(7-19)可求得切应力比 $\alpha=0.43$。应当指出,由于折减重力加速度 g' 的作用,下层潜流的雷诺数比自由表面流要小。

由式(7-22)可粗略估算下层紊流速度的大小。若近似采用曼宁公式,则底部范宁阻力系数 f_b 可表示成

$$f_b = \frac{2g}{C^2} = \frac{2gn^2}{h^{1/3}} \tag{7-37}$$

从而,有

$$U_2 = \frac{h_2^{2/3}}{n} \sqrt{\frac{\varepsilon \sin\theta}{1+\alpha}} \tag{7-38}$$

7-3　分层非均匀流

一、盐水楔

在弱潮河口,通常河势较缓,密度大的海水常呈楔状向河口上游延伸,形成盐水楔,如图 7-3 所示。如果忽略水流的垂向加速度,仅考虑各层的平均速度,则由双层体系下恒定渐变流的运动方程式(7-7)、(7-8),得:

上层:　　$\dfrac{\mathrm{d}h_1}{\mathrm{d}x} + \dfrac{\mathrm{d}h_2}{\mathrm{d}x} + \dfrac{U_1}{g}\dfrac{\mathrm{d}U_1}{\mathrm{d}x} + J_{f1} - i = 0$ 　　　　　(7-39)

下层:　　$(1-\varepsilon)\dfrac{\mathrm{d}h_1}{\mathrm{d}x} + \dfrac{\mathrm{d}h_2}{\mathrm{d}x} + \dfrac{U_2}{g}\dfrac{\mathrm{d}U_2}{\mathrm{d}x} + J_{f2} - i = 0$ 　　　(7-40)

由式(7-3)可得上、下层的连续性方程:

上层:　　$U_1\dfrac{\mathrm{d}h_1}{\mathrm{d}x} + h_1\dfrac{\mathrm{d}U_1}{\mathrm{d}x} = 0$ 　　　　　　　　　(7-41)

下层:　　$U_2\dfrac{\mathrm{d}h_2}{\mathrm{d}x} + h_2\dfrac{\mathrm{d}U_2}{\mathrm{d}x} = 0$ 　　　　　　　　　(7-42)

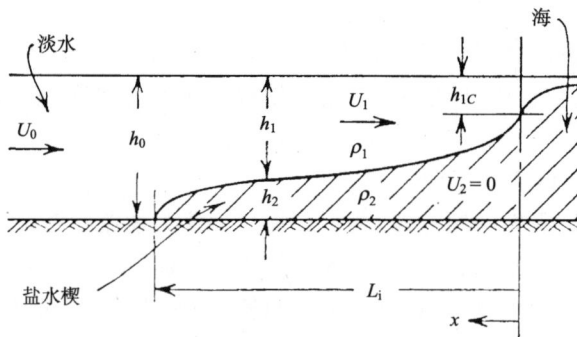

图 7-3　河口盐水楔示意图

上、下层的水力坡度(能坡)J_f 可表示成

$$J_{f1} = \frac{\tau_i}{\gamma h_1}, \qquad J_{f2} = \frac{\tau_b - \tau_i}{\gamma h_2} \tag{7-43}$$

其中,床底切应力、交界面上的切应力可表示成

$$\tau_i = f_i \frac{\rho}{2}(U_1 - U_2), \qquad \tau_b = f_b \frac{\rho}{2} \mid U_2 \mid U_2 \tag{7-44}$$

式中,f 为范宁阻力系数;在式(7-43)、(7-44)中,密度和比重近似地以两层流体的平均值来表示,即 $\rho = (\rho_1 + \rho_2)/2$。巴塔(Bata 1957)曾应用这些方程求解了热电厂取水口与出水口之间冷却水环流交界面的位置。

下面分析一下盐水楔入侵的形状及位置。对于弱潮河口,由于没有足够的能量引起明显的交界面混合,结果盐水楔被淡水覆盖。若忽略总水深的变化,则临界流的条件可由式(7-39)减去式(7-40)得到,并代入连续性方程得

$$F_{d2}^2 + F_{d1}^2 - 1 = \frac{J_{f1} - J_{f2}}{g' \dfrac{\mathrm{d}h_1}{\mathrm{d}x}} \tag{7-45}$$

在临界流断面,$\mathrm{d}h_1/\mathrm{d}x$ 变为无穷大,有

$$F_{d2}^2 + F_{d1}^2 - 1 = 0 \tag{7-46}$$

当上、下两层都运动时,式(7-46)的解为无穷大。但是,对于驻盐水楔,下层的平均速度为零。因此

$$F_{d2} = 0, \qquad (F_{d1})_c = 1$$

在 $x = 0 \to L_i$ 的区域,$\tau_b \cong 0$,这样式(7-45)可写成

$$\frac{h_1}{h_0}\left[\frac{1}{5F_{d0}^2}\left(\frac{h_1}{h_0}\right)^4 - \frac{1}{4F_{d0}^2}\left(\frac{h_1}{h_0}\right)^3 - \frac{1}{2}\left(\frac{h_1}{h_0}\right) + 1\right] + 3F_{d0}^{2/3}\left[\frac{1}{10}F_{d0}^{2/3} - \frac{1}{4}\right] = \frac{f_i}{2}\frac{x}{h_0} \tag{7-47}$$

其中,$F_{d0} = \dfrac{U_0}{\sqrt{g'h_0}}$,由式(7-47)可确定盐水楔的形状。

如果已知盐水楔的长度 L_i,则由式(7-47)可计算出 $x = L_i, h_1 = h_0$ 处交界面的平均阻力系数

$$f_i = \frac{h_0}{2L_i}\left(\frac{1}{5F_{d0}^2} - 2 + 3F_{d0}^{2/3} - \frac{6}{5}F_{d0}^{4/3}\right) \tag{7-48}$$

另外,若已知交界面的阻力系数,则由上式

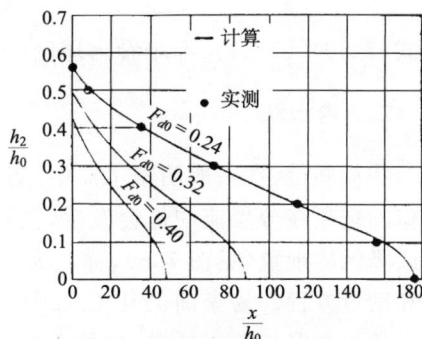

图 7-4 驻盐水楔形状计算值与实测值的比较

可计算出盐水楔的长度

$$L_i = \frac{h_0}{2f_i}\left(\frac{1}{5F_{d0}^2} - 2 + 3F_{d0}^{2/3} - \frac{6}{5}F_{d0}^{4/3}\right) \tag{7-49}$$

图 7-4 示出式(7-47)计算值与柯立根(Keulegan 1957)实测值的比较。

　　对于动盐水楔的推进速度可由能量守恒原理来确定。如图 7-5 所示,设密度不同的液体分别置于薄膜的两侧,当薄膜突然破裂或撤去时,形成盐水楔。经过时

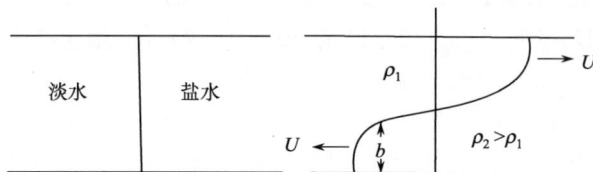

图 7-5　薄膜形成的盐水楔

段 Δt 后,动能增量为

$$2Ub\Delta t\left(\frac{\rho_1}{2}U^2 + \frac{\rho_2}{2}U^2\right)$$

另一方面,由于比重大的液体下沉,比重小的液体上升引起的势能减少为

$$Ub\Delta t(\rho_2 - \rho_1)gb$$

动能的增加应等于势能的减少,得

$$U = \sqrt{\frac{(\rho_2 - \rho_1)gb}{\rho_1 + \rho_2}} = 0.71\sqrt{\frac{(\rho_2 - \rho_1)gd}{\rho_1 + \rho_2}} \tag{7-50}$$

易家训(1983)的实验结果为

$$U = 0.67\sqrt{\frac{(\rho_2 - \rho_1)gd}{\rho_1 + \rho_2}} \tag{7-51}$$

由式(7-50)、(7-51),不难看出理论计算与实测值吻合良好。

二、内水跃

　　我们知道,在一般明渠水流中,当水流从急流向缓流过渡时,会发生水跃现象。类似的现象在分层流中也会发生,我们把分层流交界面在一定条件下出现突然升高或降低的现象(见图 7-6),称之为内水跃。它同普通水跃一样,应遵循连续性方程和动量方程。易家训(Yih C. S. 1955)忽略床底及交界面上的切应力,并假定断面上的压力服从静压分布,推导出上、下层的动量方程:

　　下层:　　$\rho_2 q_2\left(\dfrac{1}{h_2'} - \dfrac{1}{h_2}\right) = h_1 h_2 \rho_1 g + \dfrac{1}{2}h_2^2 \rho_2 g - h_1' h_2' \rho_1 g - \dfrac{1}{2}h_2'^2 \rho_2 g$

$$+\frac{1}{2}(h_1+h_2)\rho_1 g(h_2'-h_1') \tag{7-52}$$

上式左端为动量通量,右端前四项为水跃上、下游及水跃处的压力,右端第五项为上下层间的动量交换。

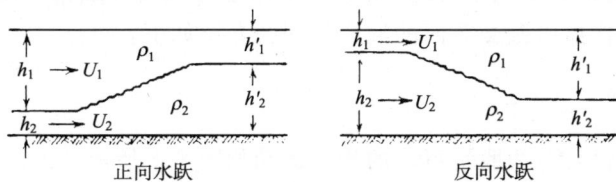

图 7-6 正向水跃与反向水跃

令

$$a_i=q_i^2/g,(i=1,2),r=\rho_1/\rho_2, \tag{7-53}$$

式(7-52)化为

$$2a_2(h_2-h_2')=h_2h_2'(h_2+h_2')[r(h_1-h_1')+(h_2-h_2')] \tag{7-54}$$

同理,可以导出上层的动量方程

$$2a_1(h_1-h_1')=h_1h_1'(h_1+h_1')[r(h_1-h_1')+(h_2-h_2')] \tag{7-55}$$

在给定 h_1,h_2 后,可联立方程(7-54)、(7-55),解出共轭水深 h_1',h_2',但其解不是唯一的,求得的正实根便是问题的解答。根据易家训的分析,最多时可以有三种共轭状态。如果其中一层的密度佛汝德数足够大,那么只有一种共轭状态,其跃后水深被唯一地确定。特殊情形下,其中一层静止,上述水跃方程类似于具有自由表面的水跃方程。

对于正向水跃,相当于上层流体静止,即 $a_1=0$,由式(7-55)得

$$\frac{h_2'}{h_2}=\frac{1}{2}\left(\sqrt{1+8F_{d2}^2}-1\right) \tag{7-56}$$

对于反向水跃,相当于下层流体静止,则有

$$\frac{h_1'}{h_1}=\frac{1}{2}\left(\sqrt{1+8F_{d1}^2}-1\right) \tag{7-57}$$

泰泼(Tepper 1952)认为,只有在上、下层流体朝同一方向流动,而且上、下层的流速比满足下面的关系式

$$\frac{U_1}{U_2}>\frac{h_1'(h_2+h_2')}{h_2'(h_1+h_1')}\left[\frac{(h_2-h_2')^2h_1'/h_1}{2U_1^2(h_2+h_2')/g'}\right]>1 \tag{7-58}$$

才会发生反向水跃。关于多层流体中的水跃现象,可参阅苏绍星(Su C. H. 1976)的文章。

7-4　内波运动与交界面的稳定性

在密度不同的分层流中,交界面上的波称之为内波。现就分层流交界面的振荡波、孤立波的传播以及交界面的混合等问题介绍如下:

一、振荡波

在大多数情形下,两股平行流的相对运动如图 7-7 所示。由图可见,在交界面和上层自由表面上存在振荡波运动。交界面上波的传播速度(波速)可表示成

$$c_2 = \frac{RU_2 + TU_1}{R + T} \pm \left[\frac{g(\rho_2 - \rho_1)}{k(R + T)} - \frac{RT(U_2 - U_1)^2}{(R + T)^2} \right]^{1/2} \tag{7-59}$$

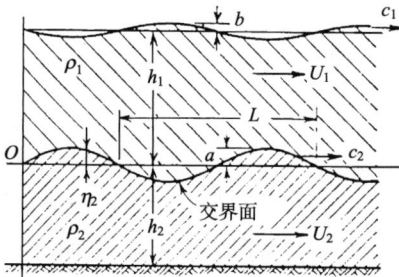

图 7-7　分层流中振荡波运动

式中,波数 $k = \dfrac{2\pi}{L}$, L 为波长, $R = \rho_2 \coth kh_2$, $T = \rho_1 \left[\coth kh_1 - \dfrac{b/a}{\sin(kh_1)} \right]$, 其中 a, b 分别为交界面的振幅和自由表面的振幅,交界面与自由表面的振幅比可表示成

$$\frac{a}{b} = \cosh kh_1 - \frac{g \sinh kh_1}{k(U_1 - c_2)^2} \tag{7-60}$$

当 $U_1 = U_2 = 0$ 时,波速和振幅变为

$$c_2^2 = \frac{g(\rho_2 - \rho_1)}{k(R + T)} \tag{7-61}$$

$$\frac{a}{b} = \cosh kh_1 - \frac{g \sinh kh_1}{k c_2^2} \tag{7-62}$$

由式(7-59)、(7-60)不难看出,波速方程中包含了振幅比,振幅方程中包含了波速。因此,波速和振幅必须同时求解。在所考虑的几种情形中,下层水深均比波长大。若令 $kh_2 = 1$, $R = \rho_2$,则波速和振幅的方程可近似写成

$$c_2^2 = \frac{g(\rho_2 - \rho_1)}{k(\rho_2 + \rho_1 \coth kh_1)} \tag{7-63}$$

$$\frac{a}{b} = -\frac{\rho_1 \mathrm{e}^{kh_1}}{\rho_2 - \rho_1} \tag{7-64}$$

由式(7-64)可以看出,在盐水楔情形下,交界面波的振幅比表面波的振幅大许多倍。因此,一方面,在交界面生成的波实际上对自由表面没有影响;另一方面,在自由表面生成同样的波会产生大振幅的交界面波。埃克曼(Ekman 1904)曾用这个

结论来解释船舶在分层水域航行时遇到异常阻力的原因。

在开阔海域,由于热力分层,会形成很长的内波。这种波的波速可由式(7-61)求解,考虑到 kh 变小时,$\coth kh$ 可由 $1/kh$ 代替,这样

$$c_2^2 = \frac{gh_1 h_2 (\rho_2 - \rho_1)}{(h_1 + h_2)\rho_2} \tag{7-65}$$

此处假定 $\rho_2 - \rho_1$ 是一小量,波长比总水深 $h_1 + h_2$ 大,并忽略了地球的自转效应。豪维茨(Haurwitz 1950)对此做过较详细的分析,并考虑了地球自转效应。分析结果表明,内波出现的周期与潮周期非常吻合。

二、孤立波

孤立波是一个在交界面上传播并具有有限高度的波,如图 7-8 所示。此外,一个较小的孤立波也可在自由表面上发生。孤立波为推进波,这意味着流体质点在波的传播方向移动一个有限量。理论上,由于孤立波剖面渐近于未扰动的交界面,因此孤立波的波长为无穷大。如果用一个刚性水平边界来代替自由表面,则分析可大大简化。在这种假定下,振幅为 a 的孤立波的波速可由下式给出

$$c_0^2 = c_2^2 \left(1 + \frac{h_1 - h_2}{h_1 h_2} a\right) \tag{7-66}$$

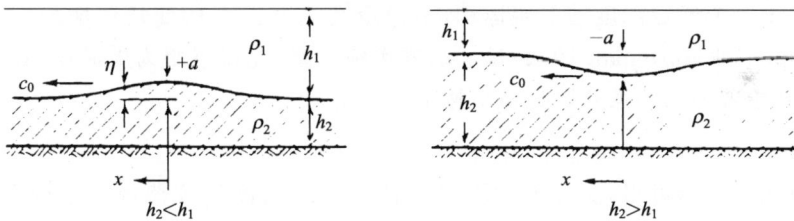

图 7-8　分层流交界面上孤立波

式中,c_2 可由式(7-65)确定。孤立波的剖面为

$$\eta = a \operatorname{sech}^2 \beta \frac{x}{h_2} \tag{7-67}$$

其中,

$$\beta = \left(\frac{1}{2} \frac{h_1 - h_2}{h_1} \frac{a}{h_1}\right)^{1/2} \tag{7-68}$$

上述方程表明,两层的相对厚度决定着孤立波的形成。当 $h_2 < h_1$ 时,孤立波为上凸型;当 $h_2 > h_1$ 时,孤立波为下凹型,并且振幅为负值。若两层深度相同、且密度差较小,则不存在孤立波(在刚性自由表面假设下)。柯立根(Keulegan 1953,1955)、郎氏(Long 1956)、阿伯杜拉(Abdullah 1956)等对交界面上孤立波的特性进行了实验研究和理论分析;彼得、斯托克(Peters 和 Stoker 1959)在未假定自由

表面为刚性边界的条件下,对交界面上孤立波进行了较完整的解析研究。对双层体系下内波运动的其他类型波的分析,如立波、津波,可参阅普鲁德曼(Proudman 1953)的著作。

三、交界面的稳定性

内波的振幅和波长一般均很大,随着内波振幅的增大,内波就会发生破碎并开始混合。可用一般形式的内波波速方程(7-59),对这种交界面的稳定性问题做近似分析。同前,令下层的速度为 U_2,上层的速度为零。在稳定波中,波速 c_2 为实数,但是容易看出,如果式中根号下的第二项大于第一项,则波速变为虚数,由此可认为这种波发生破碎。设式(7-59)中根号下的两项相等,并令下层的速度为 U_{2c},可得

$$\frac{U_{2c}}{\sqrt{g'h_2(L/\pi h_2)}} = \left[\frac{1}{2}(\tanh kh_2 + \tanh kh_1)\right]^{1/2} \tag{7-69}$$

假定密度差很小,并忽略自由表面波的振幅。对于波长较短($kh \geqslant 2$)的情形,式(7-69)右端项退化为 1,并可写成

$$\frac{U_{2c}}{\sqrt{g'h_2(L/\pi h_2)}} = 1 \tag{7-70}$$

因此,对于一个给定深度的下层运动,不稳定性随波长 L 的变短而增加。伊本、哈利曼(Ippen 和 Harleman 1952)基于水槽实验结果,建议下层为层流运动的交界面上内波开始破碎的关系式可近似地按下式计算

$$L = \pi h_2 \tag{7-71}$$

因此,由式(7-70)可得,交界面的不稳定性与下层密度佛汝德数大于或等于 1 有关。在临界条件下,自由表面流的相对不稳定性已证实了上面交界面波(内波)的结论。

上面的分析是基于无旋流动的假定,易家训(Yih C. S. 1955)研究了三维扰动的二维平行流的稳定性,从量纲分析得到包含黏性影响的稳定性参数;秦氏(Tchen 1956)试图以较复杂的方法来分析内波的稳定性,他把亥姆霍兹的稳定性理论推广到包含黏性和表面张力的影响。显然,当密度差趋近于零,从而 g' 趋近于零时,由式(7-70)表示的纯重力稳定性判据不再有效。由于在这种条件下,式(7-70)的左端项对所有波长均大于 1,因此可用柯立根(Keulegan 1949)定义的参数来表示,即所谓的柯立根数

$$Ke = \frac{\nu_2 g'}{U_2^3} \tag{7-72}$$

式中,U_2 为下层流速。对于二维流动,若以 h_2 作为雷诺数中的特征长度,则柯立

根数变为

$$Ke = \frac{1}{F_{d2}^2 Re_2} \tag{7-73}$$

根据美国麻省理工学院（MIT）及美国标准局的实验结果，柯立根数的临界值如下：

下层为层流运动： $\quad Ke_c = \frac{1}{Re_2}$ $\tag{7-74}$

下层为紊流运动： $\quad Ke_c = 0.18$ $\tag{7-75}$

当 $Ke > Ke_c$ 时，分层流交界面不会发生混合。另外，当下层雷诺数 $Re_2 \geqslant 1000$ 时，下层流动转变为紊流。

7-5 选择性取水

河流、湖泊、水库、河口、海湾等水体常作为热电厂的热量交换器，如热电厂从河道抽取冷水，冷却的热水依然排入同一河道。由于取排水温差的作用，热电厂冷却水的取水口附近水域常常形成分层流，温度上热下冷，密度上小下大。若热水以水舌形式延伸至上游取水处，为不使上层热水进入取水管，那么其最大取水量应为多少？因此，合理选择取水口的位置对保障热电厂的正常运行具有重要的意义。另外，在其他工程领域也常常会遇到选择性取水问题，如热带海域热分层发电的取水口位置、水库异重流排沙口的位置、农田灌溉用水的取水口位置、河口海湾地区阻止盐水楔入侵的河工或海工建筑物的设计问题等，这些问题可概化为二维分层流流入线汇或点汇的问题。

一、侧向上层取水

克瑞亚（Craya 1949）应用复变函数方法较早地研究了双层体系下取水口位于垂直边界上流体的取出问题。现就克瑞亚的求解过程介绍如下：

首先讨论交界面上的速度、压力的关系。设上层水的密度为 ρ_1，下层水的密度为 ρ_2，其中 $\Delta\rho = \rho_2 - \rho_1 > 0$，$y$ 为交界面坐标，p_1，p_2 为交界面处上、下层的压力。如果只是上层的水在流动，下层的水是静止的，根据伯努利方程，有

$$\frac{1}{2}\rho_1 U^2 + p_1 + \rho_1 gy = \text{const} \tag{7-76}$$

$$p_2 + \rho_2 gy = \text{const} \tag{7-77}$$

在交界面处，有 $p_1 = p_2$，由此可导出

$$\frac{1}{2}\rho_1 U^2 - \Delta\rho gy = \text{const} \tag{7-78}$$

令 $g' = -\dfrac{\Delta\rho}{\rho_1}g < 0$，于是，可得到两层流体交界面上的关系式如下

$$U^2 + 2g'y = \text{const} \tag{7-79}$$

由上述方程可知，当流速减小时，流线下降；流速增大时，流线上升，自由流线的形状如图 7-9 所示。流量、流速较小时，由于有驻点 S 存在，所以流线下降，并在 S 处与壁面正交；当流量与流速达到一定程度时，自由流线形状突然由图(a)变为图(b)，流线在 B 点处与壁面相切。如果我们假定这一状态作为能否选择取水的临界状态，则可用解析方法确定选择取水的条件。

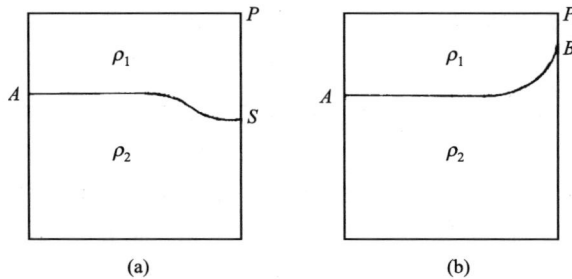

图 7-9　自由流线形状

应用复变函数方法，设流场的复势为

$$W(z) = \phi + i\psi \tag{7-80}$$

其中，ϕ 为速度势，ψ 为流函数。这时，式(7-79)变为

$$\left|\frac{dW}{dz}\right|^2 + 2g'y = \text{const} \tag{7-81}$$

理查森认为具有自由流线流动的复势可表示成

$$-\frac{dz}{dW} = (2g')^{-1/3}\left\{\left[\frac{1}{H(W)} - H'^2(W)\right]^{1/2} + iH'(W)\right\} \tag{7-82}$$

该式称为理查森公式。式中 $H(W)$ 为一解析函数，要求 $H(W)$ 和 $H'(W)$ 在自由面上为实数，便可满足自由面上的伯努利关系式(7-81)。考虑到 $dW = d\phi$ 也为实数，因此有

$$\left|\frac{dW}{dz}\right|^2 = \left|\frac{dz}{d\phi}\right|^{-2} = (2g')^{2/3}H(\phi) \tag{7-83}$$

式(7-82)的虚部为

$$-dy = (2g')^{-1/3}H'(\phi)d\phi \tag{7-84}$$

积分上式得

$$2g'y = -(2g')^{2/3}H(\phi) + \text{const} \tag{7-85}$$

将式(7-83)、(7-85)代入式(7-81),显然能使伯努利关系得到满足。选择不同的 $H(W)$ 便可获得不同固壁条件下流动的复势。

为了得到精确的解析解,先讨论上壁面与水平面有 30° 倾角的情况,物理平面同复势平面的对应关系如图 7-10 所示。

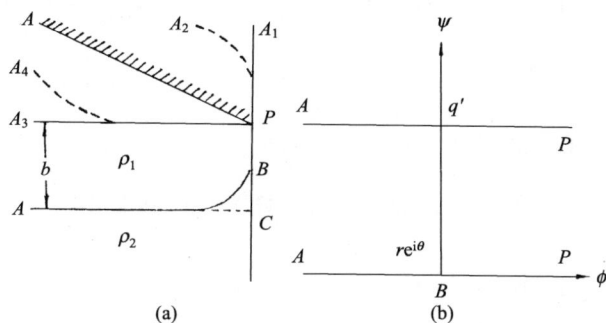

图 7-10 物理平面与复势平面的对应关系

按照克瑞亚的思想,取

$$H(W) = \left[\frac{3}{2}G(W)\right]^{3/2} \qquad (7-86)$$

式中,$G(W) = \dfrac{2q}{\pi}\exp\left(\dfrac{\pi W}{2q}\right)$,其中 q 为单宽流量,即 $q = Uh$。这样,理查森公式(7-82)变为

$$-\frac{\mathrm{d}z}{\mathrm{d}W} = [3g'G(W)]^{-1/3}\left\{[1 - G'^2(W)]^{1/2} + \mathrm{i}G'(W)\right\} \qquad (7-87)$$

在自由流线 AB 上,$\psi = 0$,$W = \phi(\phi < 0)$,那么 $G(W)$ 和 $[1 - G'^2(W)]^{1/2} = \left[1 - \exp\left(\dfrac{\pi W}{q}\right)\right]^{1/2}$ 均为实数,故在 AB 上满足伯努利关系。

在固壁 AP 上,$\psi = q$,$G(W)$ 和 $G'(W)$ 均为纯虚数,其幅角为 $\pi/2$,所以,式(7-87)右端大括弧中的函数为实数,$\mathrm{d}W$ 也为实数,$g' < 0$,则

$$\arg \mathrm{d}z = \arg G^{-1/3} = -\frac{\pi}{6} \qquad (7-88)$$

这样,AP 相当于与水平面成 30° 倾角的平板。

对式(7-87)的虚部积分可求出 CB 的长度,分界点 B 为 $\mathrm{d}x = 0$ 的点,亦即 $[1 - G'^2(W)]^{1/2} = 0$,进而 $W = 0$,于是

$$CB = l = \int_{-\infty}^{0}(-3g')^{1/3}[G(W)]^{-1/3}G'(W)\mathrm{d}W = \left(\frac{9}{2\pi^2}F_d^2 h^3\right)^{1/3} \qquad (7-89)$$

式中,F_d 为密度佛汝德数,可表示成

$$F_d^2 = \frac{q^2}{g\dfrac{\Delta\rho}{\rho_1}h^3} = \frac{q^2}{g'h^3} \tag{7-90}$$

同样地,由于在 BP 上,式(7-87)右边都是虚数,有

$$iBP = (-3g')^{-1/3}\int_0^\infty [G(W)]^{-1/3}\{[1-G'^2(W)]^{1/2}+iG'(W)\}dW$$

$$= \left(-\frac{9q^2}{2g'\pi^2}\right)^{1/3}\int_1^\infty \Omega^{-3/2}[(1-\Omega^3)^{1/2}+i\Omega^{3/2}]d\Omega \tag{7-91}$$

考虑到式(7-89),那么式(7-91)可进一步写成

$$i\frac{BP}{l} = \int_1^\infty \Omega^{-3/2}[(1-\Omega^3)^{1/2}+i\Omega^{3/2}]d\Omega \tag{7-92}$$

式中,$\Omega = \exp\left(\dfrac{W\pi}{3q}\right)$,$dW = \dfrac{3q'}{\Omega\pi}d\Omega$。

在物理平面上,在 B 点附近取上半平面,以 B 点为圆心,r 为半径的小圆周上(见图 7-10(b)),有

$$[1-G'^2(W)]^{1/2} = \left\{1-\exp\left[\frac{\pi}{q}r(\cos\theta+i\sin\theta)\right]^{1/2}\right\}$$

$$= \left[1-\exp\left(\frac{\pi}{q}r\cos\theta\right)\cos\left(\frac{\pi}{q}r\sin\theta\right)-i\exp\left(\frac{\pi}{q}r\cos\theta\right)\sin\left(\frac{\pi}{q}r\sin\theta\right)\right]^{1/2} \tag{7-93}$$

当 $\theta\to 0$ 时,上式实部、虚部均为负,幅角为 $-\pi$,故其开方幅角为 $-\pi/2$,这样式(7-92)可化成

$$\frac{BP}{l} = \int_1^\infty (1-\sqrt{1-1/\Omega^3})d\Omega = 0.293 \tag{7-94}$$

由几何关系,有

$$CB + BP = h = 1.293l \tag{7-95}$$

联立式(7-89)、(7-94)及(7-95),得

$$F_d = \left(\frac{1}{1.293}\right)^{3/2}\frac{\sqrt{2}\pi}{3} = 1.01 \tag{7-96}$$

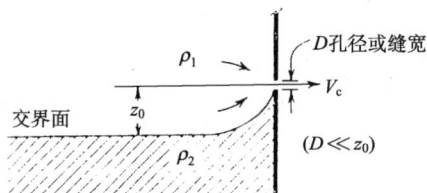

图 7-11　侧向上层缝隙取水示意图

对于垂直壁面情形,先用同一复势求出在 P 点之切线为铅垂线的流线,然后用介于 PA_2 与 AB 间的流动来近似真实的流动,这样可得临界佛汝德数为

$$F_{dc} = \frac{3}{2}F_d = 1.52 \tag{7-97}$$

若一缝隙从侧向上层取水,如图7-11

所示,考虑到 $h=z_0$,$q=V_c D$,联立式(7-90)、(7-97),得

$$\frac{V_c}{\sqrt{g'z_0}} = 1.52\frac{z_0}{D} \tag{7-98}$$

式中,D 为缝隙宽度或孔口直径,V_c 为取水口出流速度,z_0 为取水口距交界面的深度。

同理,对于孔口取水,有

$$\frac{V_c}{\sqrt{g'z_0}} = 3.25\left(\frac{z_0}{D}\right)^2 \tag{7-99}$$

这些公式已被加里尔(Gariel 1949)的实验所证实。

二、底部下层取水

对于下层为有限深度情形,在下层底部设置立管单取下层水的临界出流问题,可分为两种情形:

对于立管取水口与底面齐平情形(见图 7-12),可用哈利曼、摩根、泼珀尔(Harleman,Morgan 和 Purple 1959)提出的公式计算

$$\frac{V_c}{\sqrt{g'z_0}} = 2.07\left(\frac{z_0}{D}\right)^2 \quad 或 \quad \frac{V_c}{\sqrt{g'D}} = 2.07\left(\frac{z_0}{D}\right)^{5/2} \tag{7-100}$$

对于立管取水口伸入底面以内情形,如图 7-13 所示,可用加藤正進等人(1969)提出的公式计算

$$\frac{V_c}{\sqrt{g'z_0}} = 8.37\frac{z_{ac}}{z_0}\left(\frac{z_{ac}}{z_0}+\frac{b}{z_0}\right)\left(1-\frac{z_{ac}}{z_0}\right)^{1/2}\left(\frac{z_0}{D}\right)^2 \tag{7-101}$$

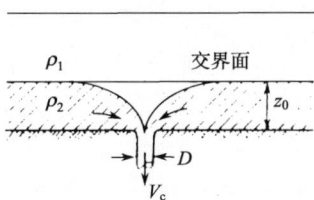

图 7-12　立管与底面齐平情形　　　　　　　图 7-13　立管伸入底面以内情形

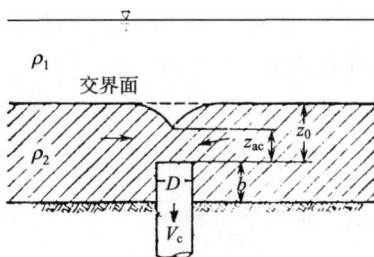

其中

$$\frac{z_{ac}}{z_0} = \frac{1}{10}\left[\left(4-3\frac{b}{z_0}\right)+\sqrt{\left(4-3\frac{b}{z_0}\right)^2+40\frac{b}{z_0}}\right] \tag{7-102}$$

式中,z_{ac} 为从交界面的降低位置到取水口的高度,b 为立管取水口伸入下层底面以上的高度。

　　图 7-14 是在立管取水口上方设置圆形帽盖的情况,阿诺德、道诺侯(Arnold 和 Donohoe 1957)曾对此进行过实验研究。当圆盖和进口间距 L' 与圆盖直径 D' 之比 $L'/D'=0.25$ 时,临界取水条件为

$$\frac{V_c}{\sqrt{g'z_0}} = 5.3\left(\frac{z_0}{D}\right)^2 \qquad (7\text{-}103)$$

应当指出,具体设计时立管取水口并不像图 7-13,图 7-14 那样简单,而是由装有注氯装备的滤网、改善取水特性和防止鱼类吸入的顶帽及防止海底底沙推移吸入的底面导流板等构成,一般采用图 7-15 所示的形式。

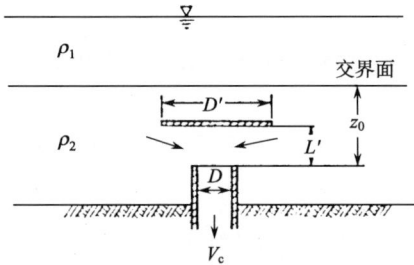

图 7-14　加帽盖的立管取水口

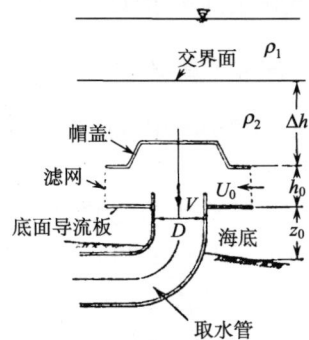

图 7-15　立管取水口的一般形状

三、垂向上层取水

　　在上下两层深度均为无限大的双层分层水体内,用垂直向下开口的取水管提取上层水,如图 7-16 所示。罗斯(Rouse 1956)的实验研究给出下层水不被吸上来的临界条件为

$$\frac{V_c}{\sqrt{g'z_0}} = 5.7\left(\frac{z_0}{D}\right)^{3/2} \qquad (7\text{-}104)$$

四、侧向下层取水

　　关于分层水体的下层取水问题,休伯(Huber 1960)用松弛法求得两层水深相等($h_1=h_2$),且在取水口前为无限水体,下角为线汇取水时分层流交界面的形状(见图 7-17),并给出在上层水开始流动的临界条件下下层最大取水量的计算公式

$$\frac{(U_{2\infty})_c}{\sqrt{g'h_2}} = 1.66 \qquad (7\text{-}105)$$

$$q_c = (U_{2\infty})_c h_2 \qquad (7\text{-}106)$$

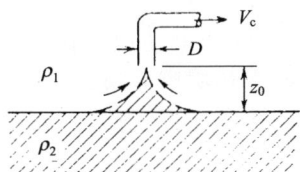

图 7-16　垂向上层取水示意图

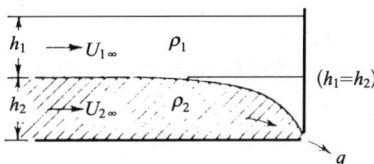

图 7-17　侧向下层取水示意图

五、挡墙下层取水

如图 7-18 所示，哈利曼、古奇、伊本（Harleman，Gooch 和 Ippen 1958）应用能量方程推导出垂直挡墙下层取水的临界条件

$$\frac{V_c}{\sqrt{g'h_0}} = F_{d0} \qquad (7\text{-}107)$$

$$\frac{\Delta h}{h_0} = \frac{\alpha}{2}F_{d0}^2 \qquad (7\text{-}108)$$

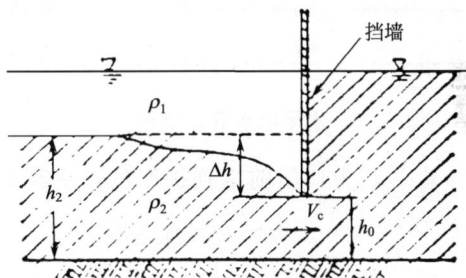

图 7-18　挡墙下层取水示意图

式中，Δh 为从交界面到挡墙下端的深度；h_0 为取水口门高度；α 为取水口流速分布修正系数，哈利曼等给出取水口处底板水平情形，$\alpha=3.1$；千秋信一、和田明（1964）对于取水口处底板为 $1：3.5$ 斜坡情形，$\alpha=50$，并给出相应的经验公式

$$\frac{\Delta h}{h_0} = 1.1F_{d0} \qquad (7\text{-}109)$$

哈利曼、艾尔德（Harleman 和 Elder 1965）假定最大可能临界取水流量发生在下层行近流的临界水深为 $\frac{2}{3}h_2$ 处，提出垂直平板挡墙、圆弧形挡墙（见图 7-19）的最大临界取水流量的计算式：

对于垂直平板挡墙

$$Q_c = B\sqrt{g'\left(\frac{2}{3}h_2\right)^3}, \quad 且 \frac{h_2}{h_0} \geqslant 2.5$$

$$(7\text{-}110)$$

对于圆弧形挡墙

$$Q_c = \left(\frac{2\pi\theta}{360}\right)r_w\sqrt{g'\left(\frac{2}{3}h_2\right)^3},$$

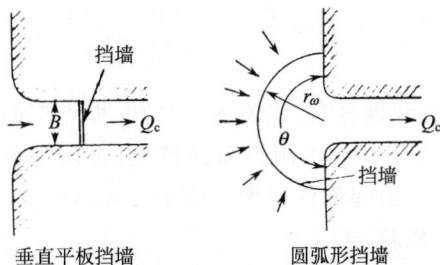

图 7-19　垂直平板挡墙和圆弧形挡墙

$$\text{且}\frac{h_2}{h_0}\geqslant 1.5 \tag{7-111}$$

式中,B 为平板挡墙宽度;r_w 为圆弧挡墙半径;θ 为圆弧挡墙中心角。

六、下层水平管取水

千秋信一、藤本稔美(1967)给出用矩形断面管道从下层水平取水(见图 7-20)的临界取水条件为

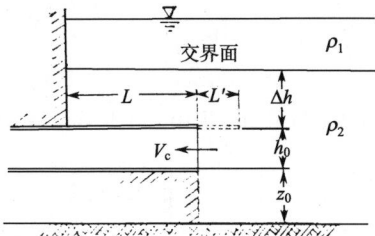

图 7-20　水平取水管示意图

$$\frac{V_c}{\sqrt{g'h_0}} = C\left(\frac{\Delta h}{h_0}\right)^{3/2} \tag{7-112}$$

式中,Δh 为自内部交界面到取水管孔口顶端的高度,h_0 为取水口高度,b 为取水口宽度,C 为与行近流速分布有关的系数,可由 $l = L/h_0$,$m = z_0/h_0$,$n = b/h_0$,$l' = L'/h_0$ 这些决定进口形状和周围地形的参数查图 7-21 得出。其中 L 为口门前端到护岸的水平距离,L' 为口门顶端帽檐水平伸出长度。

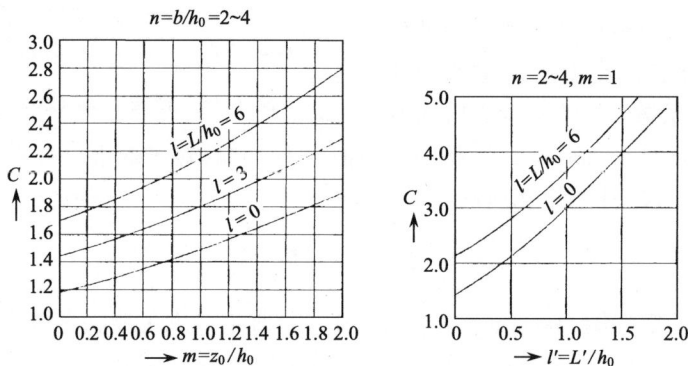

图 7-21　水平取水管临界取水条件式中的系数

七、线性分层流体中的选择性取水

易家训等人(Yih et al 1962)对垂向密度线性分布、水流流向角隅,即点汇的流动情况作了理论分析,如图 7-22(a)所示。由于在点汇附近流速较大,可认为惯性力和重力是主要因素,并考虑了由密度变化而引起流体惯性的微小变化,建立相应的二维流动基本方程,导出底部取水的流函数解。

垂向密度线性分布的分层水体二维流动的基本方程可表示成

$$\frac{\partial^2 \psi}{\partial \xi^2} + \frac{\partial^2 \psi}{\partial \eta^2} + \frac{\psi}{F_d^2} = -\frac{\eta}{F_d^2} \tag{7-113}$$

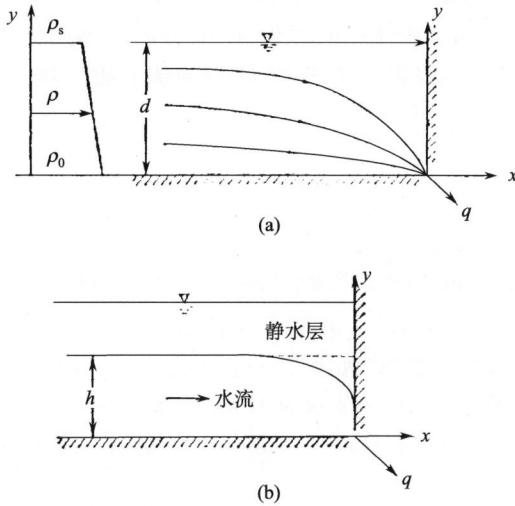

图 7-22 密度连续分布的分层水体向点汇的流动状态

(a) $q > q_c$；(b) $q < q_c$

式中，$F_d = \dfrac{U'}{d} \dfrac{1}{\sqrt{g\varepsilon}}$，$\xi = \dfrac{x}{d}$，$\eta = \dfrac{y}{d}$，$\psi = \dfrac{\psi'}{U'd}$，其中 d 为总水深；ψ' 满足 $u' = -\dfrac{\partial \psi'}{\partial y}$，$v' =$

$\dfrac{\partial \psi'}{\partial x}$ 的流函数；$u' = u\sqrt{\rho/\rho_0}$；$v' = v\sqrt{\rho/\rho_0}$；$U' = U_\infty\sqrt{\rho/\rho_0}$；$U_\infty$ 为距点汇上游无穷远处

流速；$\rho = \rho_0(1 - \varepsilon y)$ 为分层水体的线性垂直密度分布；$\varepsilon = \dfrac{\rho_0 - \rho_s}{\rho_0 d}$；$\rho_0$ 为水底处密度；

ρ_s 为水面处密度；x, y 坐标系如图 7-22(b) 所示。

用分离变量法解式(7-113)，可得点汇的流函数

$$\psi = \eta + \frac{2}{\pi} \sum_{n=1}^{\infty} \frac{\sin n\pi\eta}{n} \exp\left[(n^2\pi^2 - F_d^{-2})^{1/2}\xi\right] \tag{7-114}$$

这个解对应于 $F_d > 1/\pi$。随着 F_d 逐渐变小并趋近于 $1/\pi$，在点汇附近形成旋涡区，由此可得下层取水的临界条件

$$F_{dc} = \frac{U'}{d} \frac{1}{\sqrt{g\varepsilon}} = \frac{1}{\pi} = 0.318 \tag{7-115}$$

上式与戴乐（Dehler 1959）的实验结果基本吻合。对于非常小的密度佛汝德数，存在着如图 7-22(b) 所示分隔下层水流和上层静止水体的流线。高氏（Kao 1965）把点汇上方的垂直壁面假想为均匀分布的点汇，如图 7-23

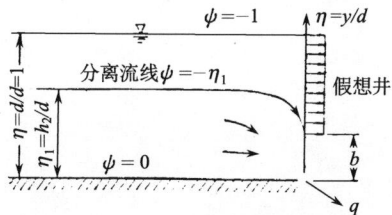

图 7-23 高氏求解图

所示,得出 $F_d < 1/\pi$ 情形的解。其结果表明,当 $F_d < F_{dc} = 0.345$ 时,在流场中存在分离流线,其上方静水层的流体流向假想井,下方的流体则流入底部角落的点汇。

关于轴对称流动选择取水的临界条件,可参阅日野干雄、大西外明(1969)的文章。

<h2 style="text-align:center">习　题</h2>

7-1:何为盐水楔、异重流?

7-2:在上层静止、下层为层流的二维分层流动中,试证明下层的平均流速为

$$U_2 = 0.372 \sqrt{Re_2(\varepsilon g h_2 \sin\theta)}$$

式中,h_2 为下层深度,Re_2 为下层雷诺数,即 $Re_2 = U_2 h_2/\nu_2$。

7-3:一条平底矩形断面小型河口,宽度为150m,水深为3m,盐水楔入侵长度为3000m,求盐水楔交界面的平均阻力系数、河口处上层水深及盐水楔形状。设径流量为180m³/s,海水密度为 1.021g/cm³。

7-4:在分层流的交界面上,发生波长为 40cm 的内波,已知上层流速为 1m/s,密度为 1g/cm³,上层水深为 4m,下层与上层流动方向相反,其流速为 0.3m/s,下层密度为 1.022 g/cm³,水深为 6m。求内波波速,并检验是否稳定。

7-5:一条宽度为30m 的棱柱体矩形断面明渠,在上层静止、下层流动的双层分层流交界面上发生内水跃。已知上层密度为 1.0g/cm³,下层密度为 1.025g/cm³,下层流量为 5.0L/s。设发生内水跃前的下层水深为 50cm,求内水跃后的下层水深及内水跃引起的能量损失。

7-6:一双层分层流,上层淡水处于紊流状态,下层盐水处于静止状态,若在交界面上产生内波,为不使下层盐水混入上层淡水,上层的平均流速应为多少?设上层水深大于30cm,盐水的运动黏性系数为 0.014cm²/s,试分别就 $\Delta\rho/\rho_1 = 0.001, 0.01, 0.02, 0.03$ 进行计算。若上层淡水超过临界流速,下层盐水已混入上层,问在交界面处的混入流速为多少?(设此时上层流速为 5.5cm/s,$\Delta\rho/\rho_1 = 0.02$)

第八章 生态水力学引论

本章讨论水生态环境中的水力学问题，即生态水力学（ecohydraulics）。主要阐述以鱼类为主的水生动物的生态特性、生境的水力设计及过鱼孔的水力特性。

8-1 鱼类的生态特性

一、鱼类的产卵特点、体型特征及运动器官

1. 鱼类产卵

鱼类的产卵是在一定的环境条件下进行的。如当达到某一水温时，鱼类便开始产卵，这就形成了鱼类的产卵期。大多数鱼类在春季水温开始上升时进行繁殖，这时水中氧气状况较好，饵料生物的繁殖加强，这对幼鱼的发育生长显然是有利的。鱼类的产卵需要具备一定的温度条件，例如长江的青鱼、草鱼、鲢鱼、鳙鱼等的产卵水温为 $22 \sim 26℃$，鲤鱼在水温 $18℃$ 以上才能产卵。观察表明，正在产卵的鲤鱼，若水温骤然下降会停止产卵。

很多鱼类的卵是一次排出的，但也有些鱼类却有分批产卵的特性，其产卵期可延续很长时间，以适应饵料、环境的变化，保证其后代在不良条件下不致遭到全部毁灭。

不同鱼类的性腺成熟和发育时间不尽相同，这主要表现在产卵时间和产卵时间间隔的不同上，如食蚊鱼两次产卵仅相隔几个月，但大多数鱼的产卵周期接近一年。某些溯河性鱼类，如鲟科鱼的产卵周期可达两年，甚至更长。某些鱼类一生中可多次产卵，而另外一些鱼类一生中只产一次卵。

在适宜于鱼类繁殖的水域，鱼类会大批群聚以进行繁殖，这样就形成了鱼类的产卵场。鱼类对产卵场的选择是严格的，除水温外，鱼类繁殖还需具备一定的环境条件，如一定的水流条件、底质、溶解氧以及幼鱼的生长条件等。根据鱼类的产卵环境条件，可将鱼类分为五个基本的生态群：

喜石性鱼类：这些鱼类把鱼卵产在岩石、卵石或砾石河床上，它们的卵子有的有黏性，能黏附在石头上发育，如鲟科鱼类；有的无黏性而随水流扩散到石砾缝隙中发育；有的将鱼卵埋在沙砾中发育，如大马哈鱼。

喜水层性鱼类：这些鱼类直接把卵产在水层中，卵子的整个发育过程是在悬

浮状态中进行的，如青鱼、草鱼、鲢鱼、鳙鱼、鲥鱼等，其产卵量可达 100 万粒以上。

喜植物性鱼类：这些鱼把卵直接产在植物性附着物上发育，如鲤鱼、鲫鱼等。

喜贝壳性鱼类：这些鱼把卵产在软体动物的外套腔内发育，如鳑　将卵产在蚌壳里，产卵不到 100 粒。

洄游性或半洄游性鱼类产卵后的归宿可大致分为两种类型，一类是洄游亲鱼完成产卵后，在自然条件下会引起死亡，如鲑鱼。亲鱼过坝繁殖后，无须回归；另一类是亲鱼在完成首次产卵后，在自然条件下不会死亡，这类鱼占大多数，必须考虑亲鱼的回归问题。

2. 鱼类的体型

按鱼类活动水层的深度，可分为中上层鱼类和底层（底栖）鱼类。中上层鱼类一般较机警、行动活跃、游动敏捷、对黯然无光的水体会恐惧，适应性差。底层鱼类喜贴底潜游，对黑色水体和孔洞的适应性好，喜潜伏在河底坑穴深潭中，行动较迟缓。

鱼类的体型是对外界条件长期适应和演变的结果，大致可分为以下几种体型：

纺锤型：鱼类的标准体型为纺锤型，具有纺锤体型的鱼，游动时阻力小，行动灵活敏捷，游速快。生活于水体中上层的鱼类，大多具有这种体型。

扁高型：这类鱼的体型不适于快速游泳，因此很少快速追捕食物，以吃水草和一些软体动物为主，它们常生活在深水、缓流处的中下层。

扁平型：这是生活在急流中的鱼类，它们不仅身体扁平，有时胸鳍、腹鳍形成较大的吸盘，吸附在溪底岩块上，免遭急流冲卷。

蛇型：属于这种体型的鱼类有鳗鲡、鳝鱼等。体型细长无鳞且黏滑，呈圆柱形。它们游速不快，但适于钻泥入穴，穿缝过草。喜循着细流黏附攀爬，越过障碍物前进。

3. 鱼类的运动器官及其运动特征

鱼类在长期对生活环境的适应和演变中形成极好的体型和运动器官，它们在水体中可以极小的阻力自如地运动。鱼体的比重在 1.0 左右，自重与浮力相平衡，是处在失重状态的运动体。鱼类的运动器官由刺状的硬骨或软骨支撑薄膜构成。按它所在的部位，可分为尾鳍、胸鳍、背鳍、腹鳍和臀鳍等，如图 8-1 所示。下面就鱼鳍在运动中的作用简介如下：

尾鳍：尾鳍是鱼前进的主要动力，也是控制前进方向的主要运动器具。如果将鱼的尾鳍剪去,鱼在水中虽然仍可游动,但前进的速度却大减,而且尾部摆动的幅度大大增大,不能持久,且十分劳累。尾鳍有分叉形、圆蒲形、平截形和月牙形等。分叉的尾鳍较圆蒲形、平截形的推力大,克流能力强,月牙形高大的尾鳍推力更大、游速更快。

胸鳍和腹鳍:又名偶鳍,主要起维持鱼体的平衡,配合鱼体的转向、升降的作用。胸鳍比腹鳍更为有效,鱼在快速游动时,胸鳍一般都紧贴于鱼体,以减小阻力。当一侧胸鳍举起时,这一侧的阻力增大,鱼体可以迅速地转弯。当两侧胸鳍同时突然举起时,阻力增大,前进的鱼可以迅速地停下来。如果用线把鱼的胸鳍、腹鳍紧缚在躯干上,鱼虽能在水中保持游泳能力,但稍有不慎,鱼体极易失去平衡,鱼腹便会翻向水面,可见它们是鱼的水平舵。

背鳍和臀鳍:又称奇鳍,是保持鱼体垂直、平衡的控制器,如果将背鳍和臀鳍用线扎缚在躯干上,鱼的游动呈现较大的弯曲,其行进路线呈"S"形。在失去平衡后,鱼体的侧面便会翻向上面。鱼在快速运动时,也常将背鳍折叠起来,以减小运动时的阻力。

鳔:鳔的充气或排气,可以使鱼体沉浮,即比水重或比水轻,以得到浮力或沉力。因此,鳔是主管沉浮的器官,它配合胸鳍、尾鳍的动作,可以使鱼迅速地下沉或上浮。鳔也是平衡鱼体内外压差的器官,使鱼体内外压力得到平衡。此外,鳔还是某些底层鱼能沿大致相等的等深线运动的感受器。

纵观鱼类各鳍的功能,它比较适宜于单向的缓变流中运动和前进,对平稳、顺直的水流适应性好,对三维水流的适应性差。因此,当鱼遇到横向水流时,会立即转身调整位置,使自己处在迎流情况下;遇上刮风,水面风浪稍大时,鱼就潜入水体深处或避于背风处;在强烈旋转的涡流中,鱼只能顺水漂流。

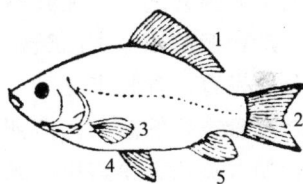

图 8-1　鱼鳍

图中符号:1-背鳍;2-尾鳍;3-胸鳍;4-腹鳍;5-臀鳍

鱼在水中的游动方式是多种多样的,但概括起来可分为两种基本类型,即鳝泳和鲭泳。

鳝泳:犹如蛇那样,全身做波浪形运动,这种波动是从头至尾的,其水平摆动距离向后逐渐增大。这种运动速度虽低,但效率较高。

鲭泳:鱼体的波动只发生在鱼体的后半部或后部 1/3 的地方,鱼体中部的侧向运动几乎接近于零。鲭泳的"发动机"和"推进器"在尾部,是一种快速低效的运动。

二、鱼类洄游

鱼类因产卵、觅食、季节变化等的影响,沿着一定路线有规律地往返迁移,称之为洄游，即从一个栖息环境迁移到另一个栖息环境，以寻找适应其生活周期某一阶段所必需的条件。鱼类洄游是一种集体行动。

1. 洄游分类

洄游性鱼类：有两类洄游性鱼类，一类是通常生活在海洋中，当达到性成熟后，在每年的繁殖季节成群地上溯到内陆河流上游或其附属湖泊中繁殖的鱼类，如中华鲟、鲥鱼、刀鱼、大马哈鱼、河　等；另一类是通常生活在淡水中，当性成熟后顺流到海洋繁殖的鱼类，如鳗鲡等。

半洄游性鱼类：有些纯淡水鱼类，为了产卵、索饵和越冬等目的，从相对静止的水体（如湖泊）洄游到流动水体（如江河）中，或从流动水体向静止水体洄游，这些鱼类称为半洄游性鱼类，如青鱼、草鱼、鲢鱼、鳙鱼等。

定居性鱼类：有些鱼类不进行有规律的洄游活动，它们的繁殖、索饵、越冬一般均在同一水体中进行，如鲤鱼、鲫鱼等。

主动洄游和被动洄游：鱼类在生命的某一阶段表现为主动洄游，而在生命的另一阶段则表现为被动洄游。主动洄游为逆流洄游，被动洄游则为顺流洄游。主动洄游和被动洄游都是鱼类周期性的生活规律。鱼卵、幼鱼和产卵后的亲鱼，其运动能力微弱或完全没有运动能力，处在随水流运动的支配之下，进行被动或半被动洄游；成鱼和性成熟的亲鱼，则能主动地沿河上溯。水的运动是鱼类决定方向的重要因素之一，在其不同生活阶段对水流作出不同的反应。

产卵洄游：鱼类因繁殖的需要而进行的游动。鱼类在产卵洄游时，朝着适宜于鱼卵发育、食物丰富和生活安全的水域进行。这样的游动对其后代的正常发育，有着重要的意义。产卵洄游可分为三种类型：第一种类型是大多数海洋鱼类，如大黄鱼、小黄鱼、鳓鱼、鲭鱼和马鲛鱼等在生殖季节由深海向浅海洄游，或由外海向海洋洄游；第二种类型是由海洋洄游到江湖中产卵的鱼类，如鲥鱼、鲑鱼等平时生活在海水中，产卵时游动到江湖中；第三种类型是由淡水到深海中产卵的鱼类，如鳗鲡等。

索饵洄游：很多鱼类在生殖期停止摄食，越冬期也很少进食，因而在生殖期和越冬期后，对食物的需求就非常迫切，那些产卵没有死亡的或越过冬的亲鱼，接着就进行索饵洄游，开始其肥育过程。

越冬洄游：鱼类对水温变化的反应非常敏感，它们能随着水温升降而主动地选择水温适宜的栖息场所。冬季水温下降，鱼类新陈代谢减慢，它们常洄游到温度适宜的水域越冬，这就是越冬洄游。如秋季，许多长江鱼类从湖泊、河汊洄游到水深较大的河段进行越冬。洄游性鱼类和半洄游性鱼类、海水鱼类和淡水鱼类都进行越冬洄游。洄游性鱼类的越冬洄游，常常是产卵洄游的开始。冬季溯河性鱼类从海中肥育处游入河中越冬时，常聚集在深坑中，很少活动，一般不摄食。

鲟科鱼类常进行越冬洄游。许多淡水鱼类的越冬洄游表现得也很明显，草鱼、鲢鱼等在肥育结束后就离开湖泊，到大江下游的坑穴中越冬。

上述产卵洄游、索饵洄游、越冬洄游，是洄游周期中几个环节，这个周期在不同种鱼类的生活中重复 1～10 次或更多次。鱼类的洄游是生物有机体与外界环境的统一，是由于外界环境周期性的变化而引起其生理状态发生相应变化的一种反应。鱼类的洄游是保证其种群得到有利的生存和适宜的繁殖条件而进行的，因此对洄游路线的任何阻碍，都将对其种群的生存和繁殖产生不利的影响。这种影响对于洄游性鱼类颇为明显，对半洄游性鱼类的影响也是很大的。鱼类的洄游既然是为了适应外界环境周期性的变化，因此鱼类在洄游之前，必然要有洄游的准备，如必须具备一定的肥满度和含脂量等。为了保证洄游途中具有较好的体力和溯游能力，那些到河流中上游产卵的洄游性鱼类，更需要做此准备。据有关文献报导，鲢鱼在一定条件下能达到 10m/s 以上的游速和 3.5m 以上的跳跃能力。洄游性鱼类进入内河繁殖、肥育时，它们对繁殖、肥育场所的选择是严格的，在它们上溯时，它们穿越沿途障碍物的积极性是很高的，半洄游性鱼类则次之，定居性鱼类更次之，三者有明显的区别。

2. 洄游能力与洄游速度

（1）洄游能力

鱼类洄游的路线有长有短，如中华鲟由长江口洄游到长江上游的川江和金沙江下游产卵，里程约 2000～3000km；长江鲥鱼可上溯到江西赣江上游产卵，里程达 1500km。红大马哈鱼在哥伦比亚河内进行洄游达 1800km，而在有的河流中能溯河 3600km，通过标志放流查明，一昼夜沿河往上游洄游的里程为 30～40km；秋大马哈鱼沿黑龙江能溯河洄游 1500km，夏大马哈鱼沿黑龙江上溯里程为 400～500km。

洄游性鱼类在长途洄游过程中总是选择最有利于它们体力消耗最小的方式、最有利的局部水域和最有利的运动队形前进。如大洋中某些鱼类大都是成群洄游的，以多列交叉队形前进，这种排列方式可大大减小鱼群的运动阻力，从而可减小每尾鱼的体力消耗。在俄罗斯伏尔加河对鲟鱼的观测表明，在水位保证率为 99% 时，其洄游路线的相关系数可达 0.9 左右。观察表明，鱼类在较强的急流中迎流前进时，往往是先迎流迅速冲刺前进，然后又迅速在旁侧较缓的水流中休息片刻，待体力恢复后再继续迎流上溯，如在我国七里垅水电站尾水渠护坡末端和右岸灌溉渠道中的观察结果表明，急流中鱼类的运动以固有的洄游路线间歇间跃地前进。

关于鱼类洄游时的体力消耗，一般地讲，产卵洄游期间鱼停止摄食，它们的洄游完全是依赖其有机体内的储存物质。已有研究结果表明，大马哈鱼经过长途洄游之后，丧失其全部储存物质的 3/4。鲥鱼溯河洄游至产卵场时，其体内储存物质已大大消耗，因此在江西峡江以上捕获的鲥鱼远不如江苏境内的肥美。

鱼类的跳跃也是鱼类飞跃急流和障碍的一种适应能力。在鱼道中有些鱼以跳跃方式越过隔板。很多鱼类可以跳跃，其中鲤鱼、鲢鱼、鳊鱼、鲑鱼的跳跃更为常见。鱼类的跳跃可分为三种类型（如图 8-2 所示）：

图 8-2　鱼类的三种跳跃方式

（a）原始的跳跃：跳跃时身体并不完全离开水面，如鲤科等小淡水鱼等。

（b）斜向上方的空中跳跃：沿着一直线方向跃至最高时即行落下，鲤鱼、鲢鱼等跳跃即属此类，其落下的姿势或者头部向上或者身体横斜。

（c）斜抛运动：跳跃时在空中呈半弧形，以头部跳入水中，　鱼、　鱼即属此类跳跃方式。

通常，健壮的成鱼能跳跃 1～2m 高，其中鲑的跳跃能力很强，跳跃高度可达 3.5m 左右。鱼类的跳跃要求在跳跃前有较大的水深，并且水流平缓，以便在急速跳跃前做加速运动。因此，在设计鱼道水池和隔板时，应考虑其间距、水深等水力要素。

对于蛇形的幼鳗，具有两种爬行能力，即既能黏附于有细流的建筑物壁面，循垂直下挂的细流向上爬行，又能以其细长的体型环绕在有下挂细流的细长杆件上缓慢上行。图 8-3 所示为七里垅鱼道中的幼鳗，先是以跳跃冲过喷射的急流障碍，当身躯悬挂在钢筋栅栏后，再将全身移入上游而通过障碍物。

（2）洄游速度

根据鱼类在一定时段内可以克服的某一水流速度，将鱼类的洄游速度分为感应流速、偏爱流速、极限流速等。

感应流速：当水体由静止到流动时，鱼开始有反应并游向水流时的水流速度，称为感应流速。

偏爱流速：在鱼类能克服的各种流速中，喜欢在某一流速范围内舒适地游动，则相应的流速称为鱼类的偏爱流速。

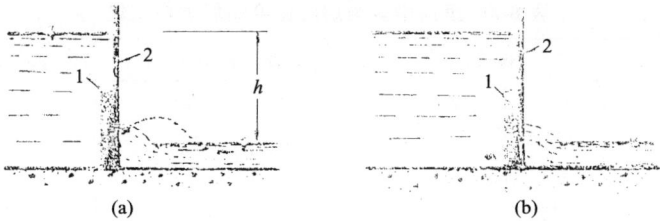

图 8-3　幼鳗的爬行能力

（a）跃起和悬挂；（b）缓慢地把身躯移入上游；图中 1 为钢筋栅栏及
其网前厚厚的草幕帘；2 为钢筋混凝土隔板

极限流速：即鱼类所能克服的最大流速。若超过这一流速，就停止溯游。

另外，依照鱼类的洄游能力，还可分为冲刺速度、巡游速度等。

冲刺速度：即鱼在某一瞬间所能达到的速度，亦称猝发速度。

巡游速度：即鱼能在某一段时间内持续前进的速度，其数学表达式为

$$U = 1.98\sqrt{L} \tag{8-1}$$

式中，U 为巡游速度，以 m/s 计；L 为鱼的体长，以 m 计。上式可供初步设计时参考。应当指出，上式忽略了鱼的种类、生长阶段、生活环境、水温等影响，难以反映相同体长、不同鱼类在游泳能力上的差异，并且同种鱼类因生长阶段的不同，也具有不同的游泳能力，不完全遵循与体长成比例的关系。

国内外许多单位对鱼类的洄游速度进行了实验研究，积累了不少资料，现列于表 8-1～表 8-7 中（南京水利科学研究所等 1982）。

表 8-1　玻璃水槽中鱼类洄游速度实验结果

鱼种	体长/cm	感应流速/m·s^{-1}	偏爱流速/m·s^{-1}	极限流速/m·s^{-1}
梭鱼	14～17	0.2	0.4～0.6	0.8
鲫鱼	10～20	0.2	0.3～0.6	0.7～0.8
鲤鱼	6～9	0.2	0.3～0.5	0.7
	20～25	0.2	0.3～0.8	1.0
	25～35	0.2	0.3～0.8	1.1
鲢鱼	10～15	0.2	0.3～0.5	0.7
	23～25	0.2	0.3～0.6	0.9
鲂鱼	10～17	0.2	0.3～0.5	0.6
草鱼	15～18	0.2	0.3～0.5	0.7
	18～20	0.2	0.3～0.6	0.8
鱼	20～25	0.2	0.3～0.7	0.9
黑鱼	30～60	0.3	0.4～0.6	1.0
鲶鱼	30～60	0.3	0.4～0.8	1.1

表 8-2　鱼道中鱼类洄游速度的原型观测值

鱼种	体长/cm	偏爱流速/m·s^{-1}	极限流速/m·s^{-1}
鳗苗	5～10	0.18～0.25	0.45～0.50
刀鲚	10～25	0.20～0.30	0.40～0.50
	25～33	0.30～0.50	0.60～0.70
幼蟹	体宽1～3	0.18～0.23	0.40～0.50

表 8-3　玻璃水槽中鱼类巡游速度的实验结果

鱼种	体长/cm	水温/℃	巡游速度/m·s^{-1}
鳙鱼	40～50	22	<0.8
鲢鱼	40～50	22	0.9～1.0
青鱼	26～30	19.5～23	0.6～0.94
	40～58		1.25～1.31
	64.4		1.06
草鱼	24～27		1.02
	30～40		1.27
	40～50		1.03
鲤鱼	37～41		1.16
	40～59		1.11
鳊鱼	26～27		1.03
	36～40		1.17
鲫鱼	21.5～23		0.91～0.94

表 8-4　富春江水库鱼道中鱼类克服孔口流速大比尺模型实验结果

鱼种	体长/cm	克服孔口流速/m·s^{-1}	溯游9.2m所需时间/s
鳙鱼	80～90	1.2～1.9	19～59
鲢鱼	70～80	1.2～1.9	52
	30～40	1.2～1.9	17.0～18.5
草鱼	30～40	1.2	56
鳊鱼	28～32	1.3～1.5	50.6
青鱼	50～60	1.3	44

表 8-5 前苏联一些鱼类的洄游速度

鱼种	鱼类能够克服的流速/m·s⁻¹		鱼道中的允许流速/m·s⁻¹
	切尔法斯建议	格里申建议	
鲑鱼	4.0	2.5~4.0	2.3~3.5
鲑属	1.3~2.5	2.5~4.0	
淡水鲑	2.3~3.5	2.3~4.0	
白鱼属	1.5	1.5	
白鲑、鲟鱼	1.5~2.5	1.5~2.5	1.6~2.3
鳊鱼、诸子条		1.2~1.6	

表 8-6 欧洲一些鱼类的极限流速

鱼种	极限流速/m·s⁻¹
鲑鱼	8.0
鳟鱼	4.4
软口鱼	3.5
圆鳍雅罗鱼	2.7
鲃鱼	2.4
河鲈	0.6
狗鱼	0.45
鲤鱼	0.4

表 8-7 日本鲇鱼的游动速度

体长/cm	游动速度/m·s⁻¹
5~6	0.3~0.4
6~7	0.35~0.47
7~8	0.42~0.55
8~9	0.47~0.60

南京水利科学研究所等（1982）关于鱼类洄游速度与体长关系的室内实验结果如图 8-4~图 8-6 所示。

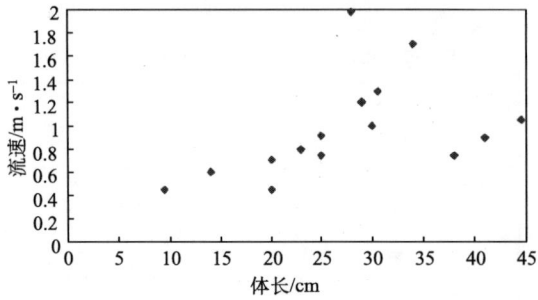

图 8-4　不同体长的鱼所能克服的流速

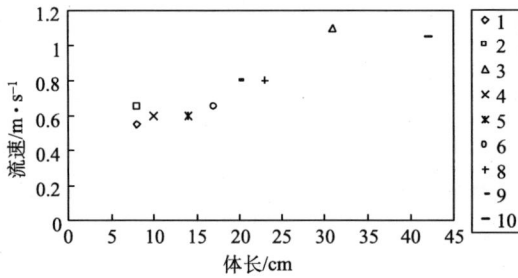

图 8-5　鱼类体长与极限流速的关系

图中符号：1-计算；2-鲤鱼；3-鲢鱼；4-鲫鱼；5-鲂鱼；
6-草鱼；7-梭鱼；8- 鱼；9-黑鱼；10-鲶鱼

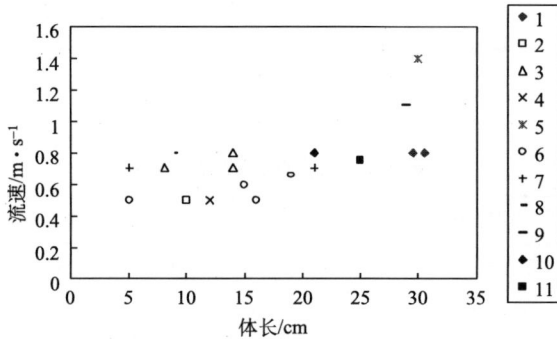

图 8-6　鱼类体长与偏爱流速的关系

图中符号：1-鲤鱼；2-鲢鱼；3-鲫鱼；4-鲂鱼；5-草鱼；6-梭鱼；
7- 鱼；8-鳗鱼；9-鲈鱼；10-鳊鱼；11-刀鱼

三、我国主要几种洄游性、半洄游性鱼类的习性

1. 洄游性鱼类

八目鳗：它是我国东北地区特有的鱼类，部分时期栖息于海中，成长后游至淡水河流中产卵，为洄游性鱼类。孵化后不久即成为仔鳗。仔鳗白天埋藏在泥沙下面，夜晚出来摄食。此阶段的仔鳗，称为沙阴幼鳗。仔鳗过自由生活，经过 4 年后入海，再过几年，成熟个体在冬季上溯至河口，进入江河。黑龙江、乌苏里江、图门江、松花江等水系均产此鱼。每年冬季进入江河的亲鱼体长约 31～48cm（也有长达 60cm 者），含脂量极高。它们进入江河上游后，到次年四、五月，雌雄亲鱼在河床掘巢，雄鱼以吸盘吸着雌鱼头部，同时排卵受精。受精卵在巢中孵化，产卵后的雌鱼死亡。

河鳗：它分布于中国、日本和朝鲜。我国沿海各省以及安徽、江西、湖南、湖北和四川的金沙江、岷江和嘉陵江地区均有分布，为洄游性鱼类。河鳗在淡水水域（江河、湖泊）生活。饵料为小鱼、蟹、虾、甲壳动物、水生昆虫，也有动物腐败尸体和高等植物碎屑。在接近性成熟时，秋季夜间，特别是在暴风雨袭击下，常大批顺河入海进行繁殖。据记载，顺河前，雄鱼最小体长为 310mm，5岁，雌鱼最小体长为 350mm，6 岁。顺河入海时，河鳗体内盐分开始增高，眼睛变大，体色灰暗，婚姻色显著。在海洋里，河鳗幼苗孵出后随海流漂向沿海，受沿海内河下游河口潮汐影响和幼鱼的溯游习性，河鳗可进入江河湖泊索饵成长。河鳗常昼伏夜出，白天如遇阴雨也常常活动。鳗苗虽具有明显的溯河习性，但其游泳能力很有限，故其洄游受环境的影响较大。鳗苗的汛期、数量常因水温、径流量、潮汐等因素的变化而变化。

鲥鱼：分布于我国长江下游、富春江和西江，为洄游性鱼类，常栖息于近海的中上层暖水中，每当春末夏初，溯河做产卵洄游。鲥鱼初进淡水时，生殖腺处于 Ⅲ～Ⅳ 期，在溯河过程中，生殖腺逐渐成熟。长江鲥鱼的主要产卵场在赣江，位于新干县的三湖至吉安 90 多公里的江段上。产卵时，雌鱼在前，雄鱼在后，经常数尾雄鱼与一尾雌鱼相互追逐，有时跃出水面，产卵时间多在 6～7 月间 12：00～18：00。受精卵在水温 28℃时，经 17 个小时即可浮出；在水温 23℃时，需要 25 个小时才能孵出。进入长江的鲥鱼，于 4 月下旬到达长江下游的南通、江阴一带。以后继续沿江而上，经镇江、芜湖、安庆、湖口进入赣江产卵。亲鱼产卵后，一般于 7 月底、8 月初成群由赣江入长江，再由长江入海；进入钱塘江的鲥鱼，主要产卵场在桐芦附近，下至富阳一带；进入珠江的鲥鱼，鱼汛期较早，每年 4 月初即成群溯江而上，4 月中旬到达浔江，再经苍梧、平南到达桂平，溯入黔江。产卵场分布较广，东起广东的肇庆，西至广西黔江的芦滩，以苍

梧至芦滩比较集中。幼鲥鱼在江河湖泊中生活到 9～10 月份，开始群集下海。

中华鲟：生活在近海，是一种洄游性鱼类，到了生殖季节，性成熟个体向长江上游洄游。因此，每年秋季在镇江、九江、沙市一带都能捕到一定数量的中华鲟。产卵场分布在金沙江下游和川江上段，每年 9～11 月间出现捕捞鲟鱼的渔汛。亲鱼产卵后，便离开产卵场，在长江或到沿海摄食。每年春季，在木洞、宜昌、洞庭湖（岳阳）都能采到体长 10～20cm 的幼鱼。在崇明岛能采到小中华鲟，这说明幼鱼可以顺河游到沿海一带肥育。中华鲟是底层鱼类，达到性成熟的个体，鱼龄较大。据四川省长寿湖鱼场的调查资料，中华鲟的生殖期在十月、十一月间。

白鲟：栖息于长江干流，有时也进入沿江大型湖泊（如洞庭湖），为中下层鱼类。白鲟于春季在长江上游产卵。白鲟是我国特有的珍稀鱼类，应采取相应措施给予保护。

长颌鲚：亦称刀鱼，分布在长江口至洞庭湖一带，为洄游性鱼类。平时生活在海里，每年 2～3 月份亲鱼由海入江，并溯江而上进行产卵洄游。长颌鲚进入长江口时，其性腺仍处在 Ⅱ 期阶段，在溯江进行洄游过程中，性腺才发育成熟，由 Ⅱ 期发育至 Ⅳ、Ⅴ 期产卵。长颌鲚的主要产卵场在安徽、江西、湖南等省沿江湖泊、支流，或在干流浅水弯道、流速缓慢的河段产卵。产卵期于 4 月下旬开始，5 月份为最盛期，直至 6 月中旬仍有少数亲鱼产卵。产卵群体以 3～4 岁组成居多。幼鱼顺流而下，第一年在河口咸淡水中生活，第二年入海生长、肥育。

大马哈鱼：分布于黑龙江流域的乌苏里江及黑龙江上游，为洄游性鱼类。大马哈鱼原栖息于太平洋中，进入我国黑龙江地区的都是寻找产卵场的亲鱼。它有两个生物群，即夏鲑和秋鲑。每年夏季或秋季，由鄂霍次克经库页岛成群结队进入黑龙江，上溯至我国境内的只是秋鲑。大多数在下游产卵，到达上游产卵的仅为一半。

大马哈鱼有回归故乡产卵的习性，即原在黑龙江呼玛河孵化的幼鱼，入海成熟后，仍然会回到原来的地区产卵。产卵场为流速较大，河底多沙砾的河段。仔鱼孵出后，长至 50mm 左右便开始顺河入海，沿途摄食小型浮游生物，到达河口时逗留一段时间就向海洋中迁移，达到成熟时再回归淡水河流。通常，大马哈鱼经过 4 个冬龄的生长达到性成熟。产卵后，亲体瘦弱，几乎全部死去。大马哈鱼是比较贵重的大型经济鱼类，向产卵场洄游前，脂肪含量很高，肉味鲜美，其幼鱼是东北地区名贵水产品之一，营养价值极高。

2. 半洄游性鱼类

青鱼：青鱼分布在长江以南的平原地区，西江上游也有青鱼产卵，华北地区的青鱼较少，为半洄游性鱼类。长江的青鱼，每年 5～7 月由长江中下游溯游到流速较高的场所产卵繁殖。青鱼的产卵期较草鱼、鲢鱼稍晚，在长江干流，自重庆到黄石道士袱均有产卵场分布。在长江支流汉江、湘江也有青鱼产卵场。青鱼生殖过后又到沿江各湖泊及附属水体内肥育，冬季则转移到河底越冬。青鱼卵粒受精后随水漂流，孵化后的仔鱼漂流一段江面后，卵黄囊消失，再过一段时间，它们就主动地洄游至肥育地，到河汊、湖泊中索饵成长。长江青鱼的成熟期不同，最早为 3 岁，最晚为 6 岁，大多数为 4～5 岁。雄鱼比雌鱼成熟稍早，据湖口地区的资料显示，青鱼 4 岁时，雄鱼成熟个体 68％，雌鱼成熟个体仅占 47％；青鱼 6 岁时，雄鱼全部为成熟个体，而雌鱼还有少数个体尚未成熟。初次成熟的雌鱼的最小个体的体长为 88cm，体重 10kg，一般体长约 100cm，体重约 15kg时达到性成熟；初次成熟的雄鱼最小个体的体长为 83cm，体重 8.5kg，一般体长约 90cm，体重约 11kg 时达到性成熟。关于青鱼生殖群体的年龄结构，雌鱼为3～15 岁，其中 82％为 5～9 岁；雄鱼为 3～10 岁，其中主要为 4～5 岁个体，占68％。

草鱼：分布比较广泛，南至广东，北至东北平原的江河湖泊等水体中均有此鱼，属半洄游性鱼类，常在江湖之间洄游。每年成鱼在一定时期到江河流水中生殖，幼鱼到大江、大河的支流及湖泊中肥育。到冬季时又到较深处越冬。草鱼在肥育期间，一般喜欢在水的中下层和近岸多水草的区域栖息。草鱼在静水中不产卵。长江的草鱼一般在 4 月下旬即开始产卵，西江较早，东北则较晚。长江上游干流（包括嘉陵江、沱江）、中游（宜昌至湖口）都有草鱼产卵。长江支流赣江上游也有草鱼产卵场。一般在河流汇合处、弯道凹岸、突然收缩段等河段适宜于草鱼产卵。

在生殖季节，草鱼的卵巢由 Ⅳ 期发育到 Ⅴ 期是在溯游过程中完成的。成鱼一般到 3～4 冬龄才能成熟产卵，雄鱼体重 4.2kg 以上已能排精，雌鱼通常在 Ⅲ 期过冬，至春季成熟的亲鱼再沿江河溯游到上游产卵。

鲢鱼：在江湖之间洄游，属半洄游性鱼类。平时栖息于大江干流及其附属水体中摄食肥育，性活泼，为中上层鱼类。到性成熟时，每年 4 月中旬，长江鲢鱼即开始集群，溯游至产卵场。其产卵场，上自重庆下到黄石道士袱，1400 多公里江段都有分布，其中宜昌至洪湖江段，则是它们的主要产卵地。长江鲢鱼在四月中旬开始产卵，产卵后大部分个体进入湖中索饵。冬季湖水降落，成熟个体又到干流的河水深处越冬。

鳙鱼：主要分布在长江中、下游，东北、华北地区的河流中，属半洄游性鱼类，在江湖之间洄游，生活在水体的中上层。长江鳙鱼的产卵场主要分布在中游宜昌至道士袱江段，上游峡谷型产卵场则很少有鳙鱼产卵。鳙鱼成熟年龄在 4 岁左右，体长 90cm，体重 12kg 左右。在成长过程中，幼鱼多在江边近岸处或湖泊中游动，性成熟时到江中产卵。产卵以后的亲鱼又回到湖泊食物丰富的地方肥育，冬季多栖息于河床和较深的岩坑中越冬。

四、环境对鱼类的影响

鱼类与各种环境因子（如水流、光线、声音、温度、盐度、DO 等）存在着一定的联系，但这种联系是有条件的，因为自然界中生物与环境的一切关系处在相互作用之中。鱼类与某些环境因子相互作用的性质，在很大程度上取决于鱼类本身的生物学状态。不同种类的鱼对流速的反应不同，即使同一种类的鱼在不同生物学状态时，对同一环境因子也有不同的反应。

（1）水流对鱼类的影响

流速的大小对鱼类的游动有直接影响，如鲟鱼的游速随着顶冲水流速度的加大而提高 10％～20％，但当流速高达 1.7m/s，即停止前进；当流速降低时，鲟鱼游速也随着下降，若流速降低至 0.2m/s 左右时，鲟鱼难以察觉这样低的流速，只好停止游动。鱼类对水流的反应有正有负，大、小鱼对水流的反应也是不同的，大鱼对水流一般是正反应，也就是说，通常它是顶着水流游动，水流改变方向时，它们也改变游向。幼鱼对水流是负反应，一般来说，总是顺水漂流的，如坝上游的幼鱼，会顺流进入水电站进水口或溢洪道进口随流下泄。但大鳗在洄游季节对水流的反应与其他鱼类不同，即大鳗随水流下行入海，小鳗则逆流上溯。

（2）光线对鱼类的影响

光对鱼类是一个不可缺少的环境因素，大多数鱼的视觉器官对游动时判别猎物、凶猛动物、群体中的个体、静止物的位置等起着重要的作用，只有少数鱼类能够适应黑暗的洞穴生活。因此在设计鱼类的生境时，不宜设计成黯然无光的封闭式结构。

鱼对光线的反应，不仅不同种鱼类是不同的，即使同一种鱼类在不同生活时期对光线的反应也是不同的。某些鱼类可以被水上灯光引诱，另一些鱼类则被水下灯光引诱，如黑海的鲱鱼可以很容易地被水下光源所引诱，而秋刀鱼、沙丁鱼则可被水上灯光所诱导。在照明区内，幼鱼较成鱼离光源更近。

（3）声音对鱼类的影响

鱼类对声音的反应以及鱼类通过声音交流信息的发现，已成为声诱、声驱捕鱼的基本原理。水声学的研究表明，鱼在低频范围内的声学信号，对于鱼类的防卫、觅食和性交流有着重要的意义。如鱼类群体的游动声、摄食声或生殖时期发出的声响，可以诱集更多的鱼。鱼被钩住时发出的挣扎声，可以使鱼群迅速分散。美国马里兰（Maryland）大学的实验研究表明，鲤鱼在水中发出的惊恐声和鸟类在空中发出的惊恐声相似，有诱集或离散同类的鸣叫声，有引起同类注意和向同类报警的鸣叫声等。船舶的马达声会使产卵前潜居河底坑穴中的鲑鱼跃出水面。由于长期作用的马达声和其他机械振动声，使鱼类对外界声音的反应从敏感到消失，并逐渐适应这种环境。

（4）水温对鱼类的影响

水温对于鱼类的各个生命过程有着很大的影响，也就是说，鱼的代谢强度的变化与周围水温的变化有着密切联系，鱼的体温几乎完全随水温而变化。水温变化多表现为信号，决定着鱼类某一过程（产卵、洄游等）的开始。每种鱼的正常生活都有一定的温度界限，高于或低于此界限，对鱼类的生活都会产生不良的影响。只有在适宜的温度范围内，鱼类的生命过程才能延续。

（5）盐度对鱼类的影响

盐度对鱼类的影响是通过水体密度、渗透压力的变化来反映的。鱼类由海洋过渡到淡水或由淡水过渡到海水时，有着逐渐适应外界不同盐分的能力，从而引起体内渗透压力的调节。

（6）溶解氧（DO）对鱼类的影响

水体中溶解氧的含量决定着鱼类的呼吸条件。鱼类运动能力的大小与溶解氧有关，运动能力强的鱼，往往需氧量大。内陆水域中溶解氧的含量有很大差异，根据淡水鱼类对溶解氧的适应能力，形成各种类型的淡水鱼。寒冷、急流中的鱼类，如鲑科鱼类，需要水体中有大量的溶解氧（7～10mg/L），静水鱼类，如鲤鱼、鲫鱼等，可生活在溶解氧较少（4mg/L）的水体中。

8-2 鱼道水力设计

一、鱼道分类

沿海型鱼道：位于沿海挡潮闸上，其上游内河水位比较稳定，下游水位受潮汐影响，水位变幅较大，在高潮位时形成倒灌。因此，此型鱼道隔板过鱼孔流速也随下游潮位而变，倒灌时形成反向流速。主要过鱼对象一般是沿海岸要求进入内陆河流、湖泊肥育的幼鱼和蟹苗，也有一些从河口进入江河产卵的成鱼。幼鱼和蟹苗几乎没有溯游能力，最适宜于在允许倒灌时随潮流纳入上游。

沿江型鱼道：位于沿江节制闸上，其上游水位比较稳定，下游受江水或潮汐影响，倒灌机会不多。主要过鱼对象是幼鱼和小蟹，还有进入湖区肥育的中小鱼及产卵的成鱼，其规模一般比沿海型鱼道要大。

枢纽型鱼道：鱼道位于大坝枢纽中，过鱼对象主要是溯河生殖洄游和半洄游性的成鱼，其规格和游泳能力较沿海、沿江型大。

人工孵化场或人工产卵渠附设的鱼道：用鱼道将江河中的鱼引入孵化池或产卵渠中，以减少人工捕捞对鱼类的损伤。这类鱼道的主要过鱼对象是成鱼和产卵亲鱼，鱼道上游水位极为稳定，水位差不大，下游水位受江水影响。在美国、加拿大新建的鱼类保护设施中应用较多。

海湾型鱼道：在海湾、岛屿间围海工程中以及潮汐电站枢纽中，常兴建此型鱼道，以沟通洄游性溯河产卵鱼类进入海湾和所属内河的通路。此型鱼道上游和下游的水位变幅较大，且很频繁，不仅受潮汐影响，而且也受潮汐电站、泄水闸运行的影响，有时需建较长的鱼道。

内湖型鱼道：其过鱼对象一般较沿江型大一点，对复杂流态的适应性较沿江型更好些，上下水位差较稳定。

二、过鱼孔形式

鱼道由一定数量的隔板把鱼道水槽分隔成一系列相互连通的水池。设置隔板的目的为：

（1）将上下游总的水位差分成若干级较小的水位差，以降低过鱼孔的流速，造就一个鱼群能在其中溯游前进的水道；

（2）控制鱼道水池流态，创造鱼类既能上溯又能歇息的栖息环境。

鱼道隔板的形态设计应满足：

（1）适应主要过鱼对象通过的性能好；

（2）隔板过鱼孔流速小，消能充分，池内水流流态良好，没有过大和剧烈的旋涡、涌浪、水跃，鱼类溯游和休息的条件好；

（3）适应鱼道上下游水位变幅的性能好，能较快地稳定池室水流条件；

（4）隔板形态简单，便于施工、维修。

隔板上过鱼孔的布置，可以与鱼道轴线正交，也可以与鱼道轴线斜交。过鱼孔在隔板上的位置、形态以及相邻两块隔板间的平面组合方式等，应根据各地不同的过鱼对象的习性、水位差和水位变幅等因素综合比较而定。不同的形态和布置，就有不同的池室水流条件，直接影响过鱼效果。

按过鱼孔的形状及在隔板上的位置，可分为下面四种形式，即堰流式、孔口式、竖缝式及组合式。

（1）堰流式过鱼孔

如图 8-7 所示，过鱼孔在隔板顶部，水流呈溢流堰流态下泄，其全部或大部分水量在堰顶通过。堰顶可以是平顶或曲面，下泄水流主要靠下游水垫来消能。此类过鱼孔适合于喜欢在表层洄游和有跳跃习性的鱼类。

对于堰流式过鱼孔，堰后一般为淹没出流，且堰坎厚度 δ 与堰顶水头 H 的比值为 $0.67 < \delta/H < 2.5$，可按实用堰流公式计算其流量

$$Q = \sigma_s mb \sqrt{2g} H_0^{3/2} \tag{8-2}$$

式中，σ_s 为淹没系数，与隔板的淹没程度有关；m 为实用堰流量系数，与堰顶

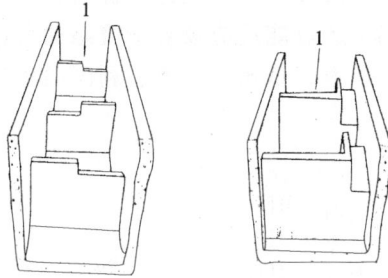

图 8-7　堰流式过鱼孔
（图中符号"1"表示流向）

形状有关；H_0 为包括行近流速水头在内的堰顶水头；b 为隔板宽度。

（2）孔口式过鱼孔

如图 8-8 所示，隔板过鱼孔是淹没在水下的孔洞，孔口流态是淹没出流，鱼道全部或大部分水量在孔中通过。按孔口形状可分为矩形、圆形等，孔口形式有一般孔口式、包达管嘴式、栅笼式等，适合于喜在底层洄游的大、中型鱼类。淹没孔口式隔板对上下游水位变动的适应性较好。我国采用此型过鱼孔的鱼道有江苏团结河鱼道、洋口北闸鱼道、利民河鱼道等，都是平板上的长方形孔口。其中团结河鱼道隔板分为上、下两层，上层为长方孔，下层为品字孔，前后两块隔板的孔口交错布置。此型过鱼孔结构简单，便于维修，且适用于双向潮流。

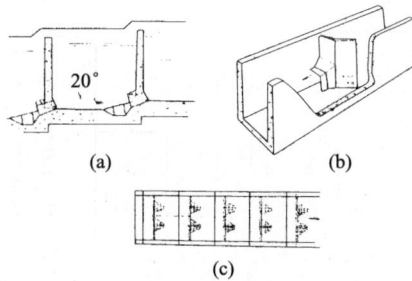

图 8-8　孔口式过鱼孔
（a）一般孔口式；（b）包达管嘴式；（c）栅笼式

（3）竖缝式过鱼孔

隔板上竖缝式过鱼孔是从上到下的一条竖缝，水流通过竖缝下泄，如图 8-9 所示。该型过鱼孔又可分为不带导板的一般竖缝式和带导板的竖缝式（简称导竖式）。一般竖缝式即在鱼道水槽中用一块平板把水槽大部分拦截，仅留下一条过鱼竖缝。导竖式又可分为双侧导竖式和单侧导竖式。此型过鱼孔主要通过扩散和对冲消能，消能效果比孔口式和堰流式充分，且当上下游水位同步变化时，较能适应水位的变幅。一般用于通过能适应较复杂流态的大中型鱼类。我国采用此型隔板的鱼道有江苏斗龙港鱼道、瓜州闸鱼道、利民河鱼道，安徽裕溪闸鱼道，浙江七里垅鱼道等。

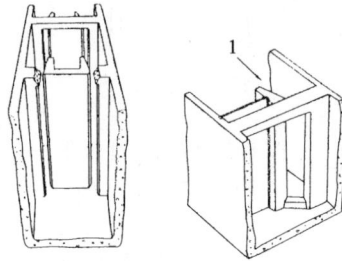

图 8-9　竖缝式过鱼孔
（图中符号"1"表示流向）

（4）组合式过鱼孔

组合式过鱼孔是由溢流堰、潜孔及竖缝组合而成。此型过鱼孔能较好地发挥各种型式孔口的水力特性，也能灵活地控制所需要的池室流态和流速分布，故为现代鱼道所常用。国内组合式过鱼孔，有堰和竖缝组合的江苏太平闸鱼道、孔口和竖缝组合的浏河鱼道、孔口和堰组合的湖南洋塘鱼道（见图 8-10）等。国外常用的组合方式为潜孔和堰，如美国著名的邦维尔、麦克纳里、北汉、冰港等坝的鱼道。

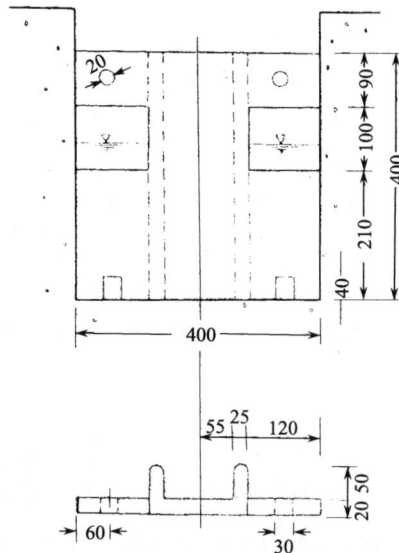

图 8-10　湖南洋塘鱼道组合式过鱼孔

三、隔板形式及其水力条件和过鱼条件

室内模型实验研究和原型观测表明，影响鱼道过鱼效果的因素很多，其中最重要的因素是隔板形式及其水力条件。一个合理的鱼道隔板设计，必须根据不同鱼道类别、过鱼对象、水力条件等因素来设计隔板形式，使之能适应鱼类的洄游。一种合理的隔板形式，除满足结构要求外，在水力特性上必需满足两个要求：

（a）隔板过鱼孔的流速应小于主要过鱼对象的允许流速；

（b）两隔板间水池流态要适应当地不同习性、不同规格鱼类的溯游和休息。

隔板上过鱼孔的布置及相邻两块隔板上过鱼孔的布置方式，直接影响池室的水力条件。图 8-11～图 8-13 为典型的隔板布置形式，有同侧直线布置、异侧交错布置、同侧或异侧斜向布置、导竖式隔板布置等形式。现就每一种布置方式简介如下：

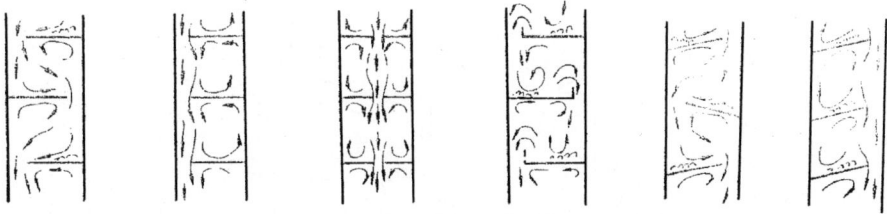

图 8-11　竖缝式布置

（1）同侧直线布置

此种布置方式，水流顺直，有利于溯游能力强的鱼类较快上溯，亲鱼可以不停歇地一次急窜数块隔板。但应防止前一块隔板孔口的急流直冲后一块隔板的孔前，要适当增加池室长度，使之扩散和消能充分，防止水流逐级加急。

（2）异侧交错布置

此种布置方式的主流从上一隔板过鱼孔流入第二块隔板与槽壁的角隅。若池室长度不够，则此区水流会形成剧烈的翻滚，同时在孔口断面上侧出现横向水流，加剧孔口水流的左右摆动，影响鱼类上溯。异侧布置的水流消能比同侧布置充分，但池内水流过于弯曲，不利鱼类做不停歇的连续上溯，洄游速度较慢。若把溢流孔和潜孔左右逐渐交错布置，则具有两者的优点。国外著名的坎伯斯鱼道就是采用这种布置方式，其流态如图 8-12 所示。

（3）隔板斜向布置

斜向布置的隔板可以增大上游隔板孔口至下游隔板固定段的距离，有利于消能，并且斜隔板有一定的导鱼作用。

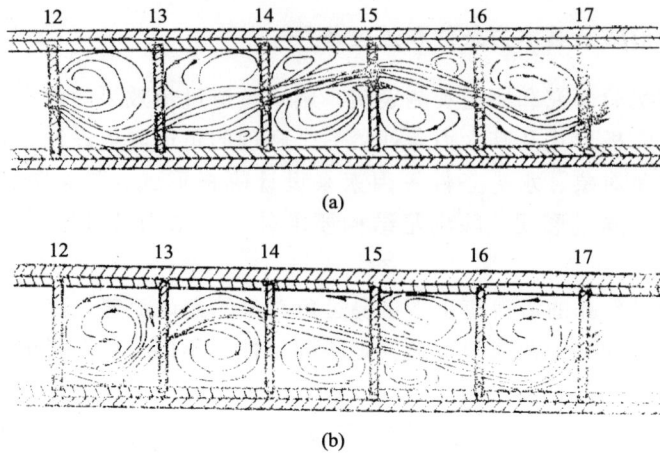

(a)

(b)

图 8-12 坎伯斯鱼道隔板及其流态

（a）溢流情形的流态；（b）潜孔情形的流态

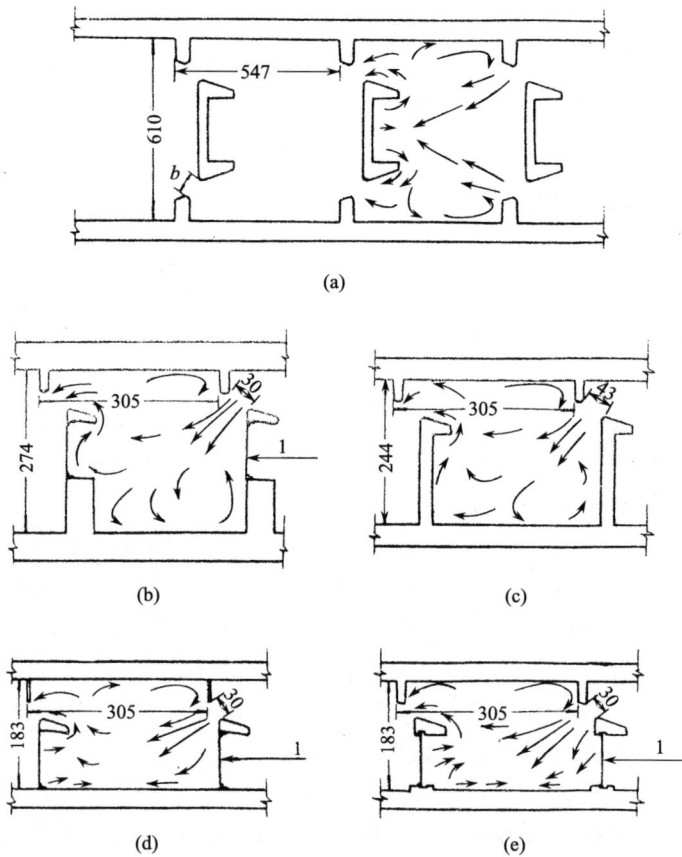

(a)

(b)　　　　　　　　　　(c)

(d)　　　　　　　　　　(e)

图 8-13 导竖式布置及其流态（图中单位：cm，1-钢板）

（4）导竖式布置

导竖式是在孔口上游侧布置导板，其优点是可消除孔口上游侧的横向水流，增加孔口部位水流的平稳性和顺直度；其缺点是加剧了池室水流的弯曲和紊动，影响池室内鱼类的运动和休息。图 8-13 为几座导竖式隔板鱼道的池室流态。导竖式隔板的孔口射流射向下游池室，使流程延长，消能较为充分，孔口流速较小。室内实验表明，此型隔板过鱼孔的射流与 α（α 为射流轴线与隔板的夹角）有关，若 α 较小，则射流射向池室中间部分，消能充分，流速较小；若 α 较大，则射流直冲下游隔板过鱼孔，流速较大。但是 α 过小，会加剧池室的横向水流，形成较强烈的旋涡和翻滚。

（5）组合式布置

对于组合式布置，不同部位的流速相差较大，如江苏太平闸鱼道（见图 8-14)的梯形过水断面边坡处的流速仅为 $0.36\sim0.44\text{m/s}$，而同一断面矩形溢流孔内的流速为 $0.86\sim0.91\text{m/s}$。该鱼道过鱼对象较多，且规格不一，这样连续变化的水流条件，对不同洄游能力的鱼类提供了十分良好的窜孔条件。因此，组合式隔板过鱼孔适宜于不同习性、不同克流能力的鱼类。

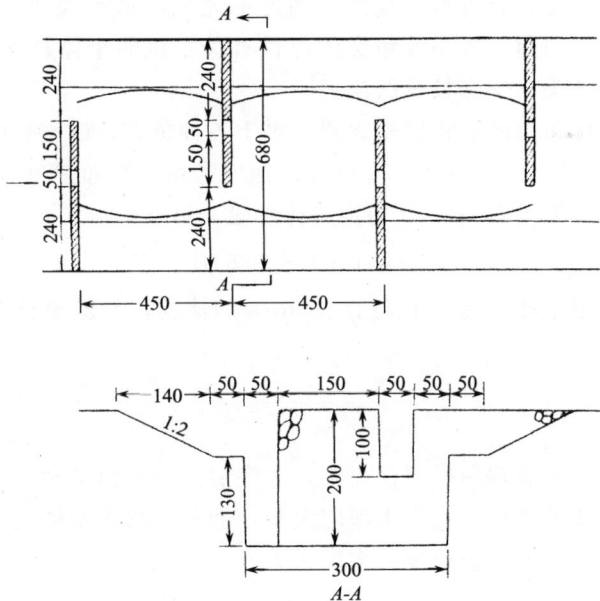

图 8-14　江苏太平闸鱼道（单位：cm）

四、鱼道池室尺寸的确定

1. 鱼道宽度

观测表明，鱼类的运动大多以"S"形路线前进，活动宽度大于它们的体宽。鱼类在运动中，经常要变换游动的姿态，以利于休息和长途溯游。因此，在设计池室的宽度时应考虑鱼类运动的要求。

鱼道宽度是指鱼道池室的净宽，主要由过鱼量、过鱼对象的习性、鱼道孔缝宽度及消能条件等确定。当过鱼量多时，鱼道宽度应大些；当河面较宽时，鱼道宽度也应大些。鱼道宽度应与隔板孔缝成一定比例，满足池室的水力要求。

国外鱼道宽度一般为 3～5m，有的宽达 10m 以上；国内鱼道宽度一般为 2～3m，也有较窄（1m）或较宽（4m）的鱼道。综观已建鱼道的水力条件和过鱼情况，2～3m 的鱼道宽度，对个体不大的鲤科鱼类是足够的。

2. 池室长度

池室长度与水流的消能效果和鱼类的休息条件有关。较长的水池，水力条件好，休息水域大，过鱼条件好；反之，消能不充分，水流紊动大，过鱼条件差。另外，池室长度也与鱼体大小及鱼类的习性有关。鱼的个体越大，池室应越长。对于躁性急窜的鱼类，应有较长的池室。

据浙江七里垅鱼道的放鱼试验观测，对于各种鱼类，池室长度不应小于最大个体鱼长的 4～5 倍，对躁性鱼类应更大。池室长度 l 与鱼道宽度 B 之间存在一定的比例关系，一般为 $l > B$，在初步设计阶段，可取

$$l = (1.2 \sim 1.5)B \tag{8-3}$$

式中系数 1.2 适用于孔口流速不大于 1.0m/s 的情况，当流速较大时，系数应取得大些。

3. 池室水深

鱼道池室水深主要视鱼类习性而定。在底层活动的鱼类和大个体成鱼，喜欢较深的水体和暗淡的光线，池室水深应大些；幼鱼喜欢在水体表层活动，池室水深可小些。一般情况下，鱼道池室水深为 $h = 1.5 \sim 2.5$m。

4. 过鱼孔尺寸

隔板过鱼孔的大小，要有利于鱼类急窜通过，应满足过鱼量的要求，要使鱼类没有异感，因此过小的尺寸是不适宜的，尤其当过鱼量较大，主要过鱼对象为机警的鱼类且个体较大时，过鱼孔尺寸更宜大些。但是，孔口尺寸也不宜过大，

应与池室水流消能要求和池室的尺寸和谐，要求孔后消能好，池室水流既平稳，又不过多浪费水量。过鱼孔可分为以下几种类型：

（1）堰流式

对于溢流堰式孔口，国外认为过鲑鱼时的级差不能大于 0.45m，溢流孔最小宽度为 0.6m，溢流堰顶应在最低水位以下 0.45m。国内已建鱼道没有采用简单溢流堰式，但从某些组合式隔板堰口工作情况观测，认为堰顶水深和宽度对鱼的窜越影响较大，要保证有一定的堰顶水深和宽度，特别是对于喜在表层活动的幼鱼和具有跳跃习性的成鱼，更应注意。一般，溢流水舌厚度为 20～30cm，水舌宽度为 30～50cm。

（2）孔口式

国内潜孔型鱼道，一般都是平板上的矩形孔，孔长等于板厚。孔口宽度和高度应在 30～50cm 以内。沿海一些以过小鱼为主的鱼道，其孔口宽度还可小些。

英国关于淹没潜孔的孔口尺寸的室内实验研究表明，当隔板上下游水池级差小于 60cm 时，潜孔尺寸最小应为 45cm 见方；当级差为 60cm 时，潜孔长度不得小于出口直径的 2～3 倍。潜孔应做成收缩型，入口应为喇叭形，其曲率半径约为入口最大尺度的 1/4，入口面积应为出口面积的 1.4 倍。另外，还要求潜孔轴线应向下倾斜 45°角。

加拿大渔业部和国际太平洋鲑鱼协会认为，鲑鱼过鱼孔的大小，在 0.56～1.10m² 是适中的，并且孔口适宜的潜置深度为 0.6～2.5m。

前苏联根据鱼类游动要求和池室水力条件，对多种过鱼对象的鱼道，提出了孔口和池室的最小尺寸，见表 8-8，可供参考。

表 8-8　不同过鱼对象的过鱼孔、池室的最小尺寸

鱼的种类	孔口或收缩断面尺寸/m			水池尺寸/m	
	宽度	高度	水深	宽度	长度
小淡水鱼	0.3	0.2	0.6	1.5	1.5
湖产鲑、石斑鲑、诸子鲦	0.5	0.4	0.6～0.8	1.5～2.0	2.2～2.8
鲑鱼、白鲑、鲃鱼	0.8	0.6～0.7	0.8～1.0	3.0	5.0～6.0
鲟鱼	1.0～1.5	1.0	2.0	5.0	6.0～7.0

（3）竖缝式

一般来说，我国一些已建鱼道的孔缝尺寸与水池尺寸的比例，均较国外为大。如国外竖缝式鱼道，一般同侧竖缝的宽度为池室宽度的 1/6～1/8，为水池长度的 1/8～1/10，而我国同侧竖缝的宽度一般为池室宽度的 1/5，为水池长度的 1/5～1/6。这个比例，与隔板的消能效果有关，消能充分的，比例可以大些，因而异侧竖缝可较同侧竖缝为大，同侧竖缝又比长方孔为大；此外，这个比例还与隔板水头有关，隔板水头小时这个比例可以大些。

我国以过鲤科中小型鱼类为主的鱼道，每块隔板水头一般仅为 4cm 左右，孔口流速也远较国外的要小，因而可适当加大孔缝宽度。为了减小水池中的紊动，可适当控制下泄水量，对于异侧竖缝式鱼道，其缝宽应为池室宽度和长度的 1/5 左右，对于同侧竖缝式鱼道，其孔缝宽度应为池室宽度的 1/6 或水池长度的 1/7 左右。

关于导竖式鱼道尺寸，还可参考国外的研究资料：

口门宽度：对于 2.5kg 以上的鲑鱼，最小为 0.3m；对于 1.0kg 以下的鳟鱼，口门宽度为 0.15m。

水池尺寸：当口门宽度为 0.3m 时，水池尺寸为 1.8m×2.4m 尚可，而 1.8m×3.0m 较好，2.4m×3.0m 则更好。同样，当口门宽度为 0.15m 时，水池尺寸为 0.9m×1.2m 勉强可以，而 1.2m×1.5m 较好。

级差：水池尺寸小，级差应减小。当水池尺寸为 1.8m×2.4m 时，级差应小于 0.3m。当水池尺寸为 1.8m×3.0m 或 2.4m×3.0m 时，0.3m 的级差不会引起大的紊动。当然，级差还要考虑鱼种，如善泳的钢头鳟，级差 0.3m 是可行的，而对游泳能力稍差一些的鲑鱼，级差应减为 0.22m。

5. 鱼道隔板的块数

设鱼道水头为 H，鱼道隔板的块数为 n，则鱼道每一级水池的水头为 H/n，于是，由能量方程可导出隔板块数的估算公式

$$n = \frac{2g\varphi^2 H}{U^2} \tag{8-4}$$

式中，U 为过鱼孔流速，φ 为流速系数，初步设计时，可取 $\varphi=0.85\sim0.90$。

6. 鱼道长度

考虑到鱼类在上溯途中需要一定的休息场所，一般每隔 10 块隔板应设置一个休息池，其长度一般为水池长度的两倍。因此，鱼道长度 L 可近似表示成

$$L = 1.1nl \tag{8-5}$$

式中，鱼道长度是指鱼道的有效长度，实际长度还需加上鱼道进、出口段的长度。

7. 鱼道底坡

原则上，在整个鱼道全长中应取一个固定不变的底坡，这样有利于各池室间有比较均匀的落差，有比较相同的水深，有利于鱼类很快地适应水流条件而迅速

通过。若因条件所限或需要改变进、出口部位的流速而需要变坡时，应避免底坡突变，必须保持底坡缓慢变化。

8. 国内若干鱼道概况

　　表 8-9 列出我国江苏、浙江、安徽、上海等省市一些沿海型、内湖型、沿江型及枢纽型鱼道的概况，可供初步设计时参考。

表 8-9　国内若干鱼道概况

| 工程名称 | 鱼道类型 | 鱼道长度/m | 设计水头/m | 隔板 | | | 池室尺寸 | | | 平均底坡 |
				过鱼孔型式	块数	流速/m·s⁻¹	长度/m	宽度/m	水深/m	
江苏大丰斗龙港闸	沿海	50	1.5	竖缝	36	0.8～1.0	1.17	2.0	1.0	1∶33
江苏射阳利民河闸	沿海（小）	90	1.5	孔口	74	0.5～0.7	1.2	1.0	1.5	1∶60
江苏射阳利民河闸	沿海（大）	90	1.5	竖缝	36	0.8～1.0	2.4	2.0	—	—
江苏如东洋口北闸	沿海	60	1.6	孔口	40	—	1.5	1.0	1.7	1∶38
江苏东台梁垛河闸	沿海	54	1.0	竖缝	24	0.8～1.0	2.0	2.0	2.0	1∶53
江苏南通团结河闸	沿海	51.3	1.0	双层孔口	32	0.8	1.4～1.6	1.0	2.5	1∶50
江苏高邮杨庄河闸	内湖	120	2.0	竖缝	102	0.5～0.7	1.2	1.0	1.5～2.0	1∶60
江苏高淳杨家湾闸	内湖	64	1.5	竖缝	22	—	2.4	2.0	1.0～2.8	1∶40
江苏邗江瓜州闸	沿江	46.3	1.0	竖缝	22	0.8～1.0	2.0	2.0	2.0	1∶50
江苏邗江太平闸	沿江	127	3.0	组合	117	0.5～0.8	2.5	2.0	2.0	1∶87
江苏太仓浏河闸	沿江	90	1.2	组合	35	0.8	2.5	2.0	1.4～1.6	1∶90

续表

工程名称	鱼道类型	鱼道长度/m	设计水头/m	隔板			池室尺寸			平均底坡
				过鱼孔型式	块数	流速/m·s^{-1}	长度/m	宽度/m	水深/m	
浙江长山闸	沿海	210	2.0	—	—	0.5	1.2	1.0	—	1：87
浙江萧山围垦闸	沿江	88	1.1	—	54	—	1.5	2.0	1.5	1：80
浙江七里垅水电站	枢纽	450	16.8	竖缝	105	1.84	3.5	3.0	1.5	1：23
安徽裕溪闸	沿江	250	4.0	竖缝	95	—	—	2.0	—	—
安徽巢湖闸	沿江	136	3.0	竖缝	50	—	1.9	2.0	3.0	1：47
上海奉贤中港闸	沿海	45	1.6	—	34	—	—	—	—	1：40
湖南洋塘抽水蓄能电站	枢纽	317	4.5	组合	100	0.8~1.2	3.0	4.0	2.5	1：67

五、人工产卵渠

人工产卵渠是模仿天然产卵场的水环境条件,即流速、水深、水温及河床等。在美国、加拿大有多处人工产卵渠,如美国哥伦比亚河麦克纳里坝产卵渠、蒙大那州的黄尾坝产卵渠,加拿大弗雷塞河支流琼斯溪产卵渠和西顿溪的产卵渠、温哥华岛上的罗伯逊溪产卵渠等。

美国加州在中央河谷赤壁坝的一条灌渠中,选取 8km 长的一段作为人工产卵渠。产卵床是一层 90cm 厚的砂砾层,粒径为 1.9~15.2cm,产卵渠段的流速,表层为 0.58~0.70m/s,底部为 0.09m/s,适宜水温为 7.3~12.8℃。该人工产卵渠可容纳亲鱼 4 万尾,产卵 1.4 亿粒。

俄罗斯的鲟鱼业很发达,鲟鱼人工繁殖已有悠久历史,取得了良好的效果。鲟鱼已成功地通过了伏尔加格勒升船机,但其过鱼量不能满足上游自然繁殖的要求。为此,大量采用人工孵化场和人工产卵渠。在伏尔加河、顿河上的 4 座水利枢纽上都为鲟鱼建有人工产卵渠,如尼柯拉耶夫枢纽产卵渠,总长约 6km,梯形断面,底宽为 25m,顶宽为 35m,水深为 2.0~2.4m,产卵床为 5~10cm 的卵石，层厚 30cm。为控制流速，渠底还布设大石块和砼块。产卵渠设计流量为 80m³/s，表层流速为 1.2m/s，出口断面平均流速为 0.8m/s。产卵渠取水库表层水，比河流水温高 0.9℃。

8-3　过鱼孔出流特性

由 8-2 节知，过鱼孔可分为孔口式、竖缝式及组合式等型式。流经此类过鱼孔的水流可归结为三维自由射流、三维壁面射流以及双股射流问题，其水力特性决定了鱼道池室的过鱼条件。

一、三维紊动自由射流

所谓三维射流主要指从非对称孔口或喷嘴（如矩形、椭圆形、三角形）出射的射流。三维紊动不可压缩射流具有三个明显的区域，如图 8-15 所示。图中 u_m 为轴线速度，u_{m0} 为孔口断面轴线速度，$y_{1/2}$ 为 xy 平面轴向速度的半值宽，$z_{1/2}$ 为 xz 平面轴向速度的半值宽。这三个流动区域分别为：

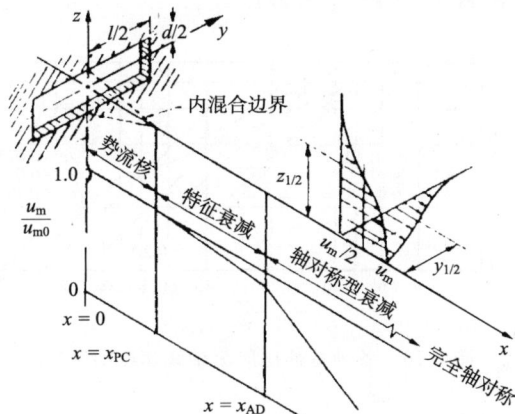

图 8-15　三维射流流场示意图

（1）势流核心区（potential core region）：简称 PC 区，该区起始于射流边界的掺混但尚未发展到整个流场，因此保留着一个具有等轴线速度并等于射流出口速度特征的区域。

（2）特征衰减区（characteristic decay region）：简称 CD 区，此区轴线速度衰减取决于孔口形状，短轴平面的速度剖面是相似的，而长轴平面的速度剖面不相似。因此，这个区称之为初始几何形状的"特征"区。

（3）轴对称型衰减区（axisymmetric type decay region）：简称 AD 区，该区

轴线速度的衰减实质上是轴对称的，即 $u_m \sim x^{-1}$，整个流动接近轴对称，因此，"忘记"了孔口几何形状。该区内两个对称平面的速度剖面是相似的。再往下游，即为充分轴对称流动区域。

值得注意的是，三维射流的整体特性，在 PC 区和 CD 区似乎完全由孔口几何形状来确定，而在 AD 区和充分轴对称区与孔口几何形状无关。

为便于分析，定义孔口特征比 $e = d/l$，以反映孔口形状的特征，其中 l 和 d 分别为孔口横断面的长轴和短轴。对于矩形、椭圆形等孔口，其特征比 $e < 1$；对于圆形、方形和等边三角形孔口等，其 $e \approx 1$。

1. 特征衰减区

在三维射流的特征衰减区（CD区），轴线速度以幂函数规律衰减，即 $u_m \sim x^{-n}$。我们知道，对于平面和轴对称射流，n 分别为 0.5 和 1.0，然而，对于各种特征比孔口出射的射流，其实验结果表明，指数 n 随特征比 e 的变化并非单值，在 $e = 0.1$ 附近存在极小值，从而反映出轴线速度衰减的三维性。各种特征比射流轴线速度衰减分布如图 8-16 所示。应当注意，当孔口的特征比接近于 1 时，CD 区退化成 PC 区和 AD 区的一个过渡区域。

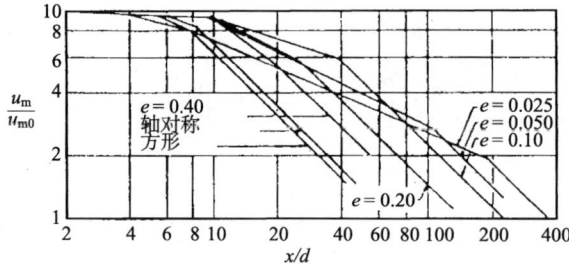

图 8-16　各种特征比射流轴线速度的衰减

2. 半值宽

对于矩形孔口 $e = 0.1$，y 和 z 方向的半值宽增长示于图 8-17 中。由图可见，对于三维射流，起初长轴半值宽减小，短轴半值宽增加；在某点两者相交，其后都增长但增长率不同，最终趋于彼此靠拢，在其下游趋于轴对称。应当注意的是，在这种情形，其交叉点即为轴对称衰减的起点。

3. 速度剖面的相似性

以无量纲 u/u_m 与 $y/y_{1/2}$ 和 $z/z_{1/2}$ 点绘的速度剖面示于图 8-18 中。从图中可以看出，对于 $e = 0.1$ 和 $e = 0.025$ 两种孔口的 AD 区，在长轴和短轴方向的速度剖面是相似的。但是，在 CD 区，长轴方向的速度剖面是不相似的，而在短轴方向是相似的。

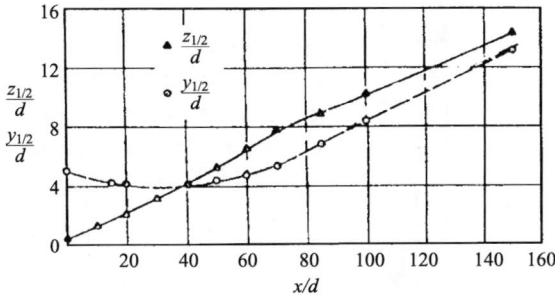

图 8-17　矩形孔口 y 和 z 方向速度半值宽

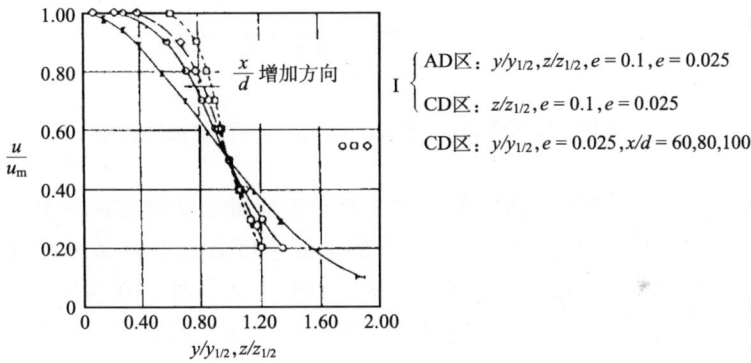

图 8-18　在 xy 和 xz 平面上速度剖面的相似性

4. 轴对称型衰减区

三维射流流动的最后阶段接近轴对称。斯佛泽等人（Sforza et al 1966，1970）实验中观测到一定的轴对称衰减率，但这不能保证流动具有真正的轴对称特性。因此，他们又实测了横剖面 xy 和 xz 的速度剖面如图 8-19 所示。在 AD 区，流动确实接近轴对称。这种轴对称性证实了三维扩散流对初始孔口形状"健忘"的特性。

对于三维射流还须指出，势流核心（PC）区及特征衰减（CD）区的大小取决于孔口的几何形状，因为这两个区的形成受到孔口边界侧向大小的影响。对于双侧对称孔口（如矩形），PC 区的轴向长度取决于孔口的短半轴 $d/2$，CD 区的长度则取决于孔口的长半轴 $l/2$。对于特征比 $e \approx 1$ 的孔口，沿轴向的速度分布几乎与轴对称孔口情形相同；对于 $e < 1$ 的孔口，其特征介于 PC 区和 AD 区之

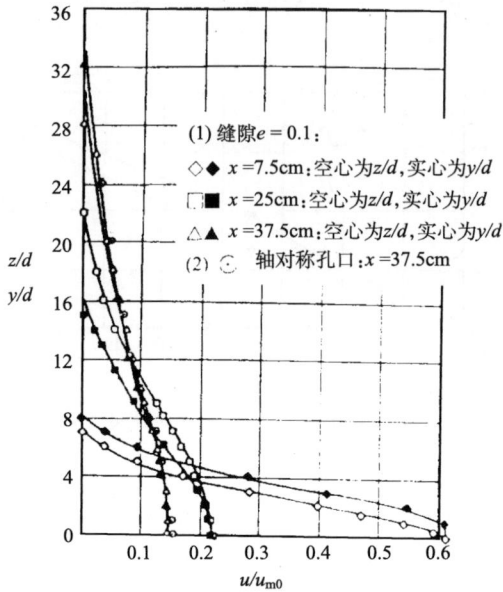

图 8-19　矩形孔口 xy 和 xz 平面上轴对称型速度剖面

间。在 CD 区内可清楚地看到典型的二维紊动射流轴线速度衰减规律。但是，对于 $e=0.1$ 的孔口和椭圆形孔口，CD 区的轴线速度衰减不遵循二维衰减规律。$e=0.025$ 和 $e=0.05$ 的孔口，起初 CD 区的衰减率为二维，在该区的后半部分减速，最后在 AD 区加速成轴对称衰减率。但是，对于所有情形，最终的衰减率具有明显的轴对称特征。此外，图 8-20 表明，对于初始动量相等但孔口形状不同的射流，在轴对称区沿轴向显示出相同的特性。

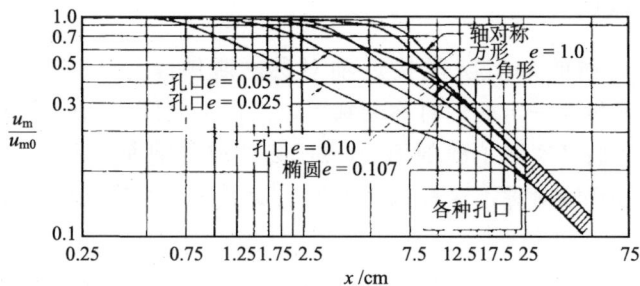

图 8-20　各种形状孔口的轴线速度衰减

二、三维紊动壁面射流

由圆形、方形或矩形（有限特征比）、椭圆形及三角形等喷嘴产生的壁面射流称之为三维壁面射流，如图 8-21 所示。下面着重讨论三维壁面射流的时均特性和紊动特性。

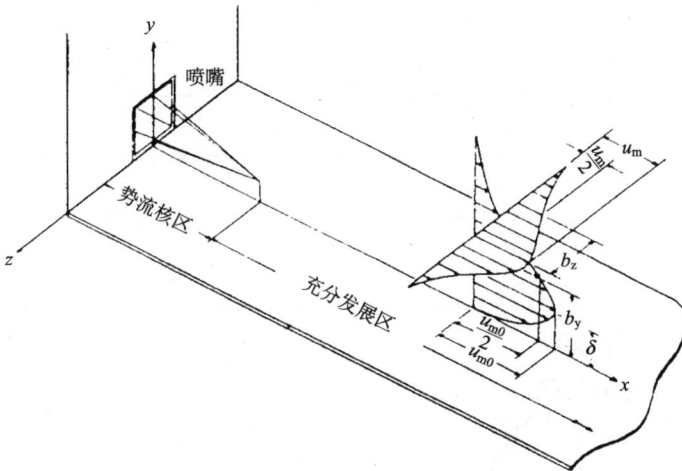

图 8-21　三维壁面射流示意图

1. 三维壁面射流的时均特性

（1）速度比尺与长度比尺

通常，自由剪切流的总体特性可由最大速度的衰减率和边界扩展率来描述。三维壁面射流的主要特性是最大速度衰减和轴对称（中心）平面内层和外层的扩展率。我们知道，在自由剪切流中，最大速度衰减可由幂函数来表示，即

$$\frac{u_m}{u_0} \propto \left(\frac{x}{R}\right)^{-n} \tag{8-6}$$

其中，u_m 为任意 x 处的最大速度，即速度比尺，R 为喷嘴的水力半径，n 为衰减指数。三维壁面射流按其最大速度的衰减率可分为三种明显不同的流动区域，即势流核心区 PC，特征衰减区 CD 及径向型衰减区 RD。轴对称平面最大速度的衰减情况示于图 8-22 中。由图可以看出，CD 区的衰减指数 n 为 0.616 介于二维与径向射流之间，即 0.5～1.0。紧挨着 CD 区，衰减率稍大于径向型衰减率，再往下游则符合径向型衰减率（图中 $n=1.0$ 线，由纽曼（Newman et al 1972）得到）。拉贾拉南、帕尼（Rajaratnam 和 Pani 1974）给出了以喷嘴面积的平方根 $\sqrt{A}$ 作为长度比尺表征的最大速度衰减关系，如图 8-23 所示。可以看出，所有喷

嘴形状（圆形、方形、矩形、椭圆形及三角形）的点据均落在同一条曲线上，其相关性很好。

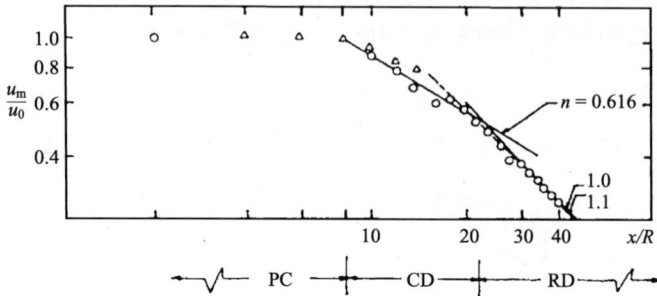

图 8-22　三维壁面射流对称平面最大速度衰减

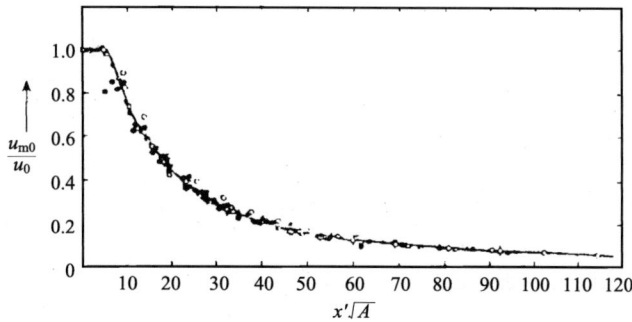

图 8-23　沿中心平面最大速度衰减

● 圆形喷嘴；◆ 方形喷嘴；▼ 矩形喷嘴($e=1.5$)；□ 方形喷嘴；◎ 椭圆形喷嘴；◇ 圆形喷嘴；∧ 三角形喷嘴；（●）矩形喷嘴($e=0.4$)

　　斯沃米、班瑶帕亚（Swamy 和 Bandyopadhyay 1975）关于半圆形喷嘴的长度比尺（其定义见图 8-24）沿纵向的变化示于图 8-25（a）中。在径向型衰减区，所有长度比尺随 x/R 线性变化。这些长度比尺表明，对于轴对称平面的径向型衰减区，虚源的位置位于 $x/R=-17.5$ 处。展向流动的长度比尺可由 $z_{m/2}$ 来表示，如图 8-25（b）所示。由图可知，展向流动的扩展率约为对称平面扩展率的 3.5 倍。在 $x/R>18$ 区域的扩展率由下式给出

$$\frac{dl_0}{dx}=0.046 \ 及 \qquad \frac{dz_{m/2}}{dx}=0.166 \qquad (8-7)$$

由图 8-25（b）可以看出，当 $x/R>18$ 时，扩展率增加，呈线性变化。扩展率表明虚源的位置位于 $x/R=7$ 处，而在对称平面的虚源位于 $x/R=-17.5$。发生

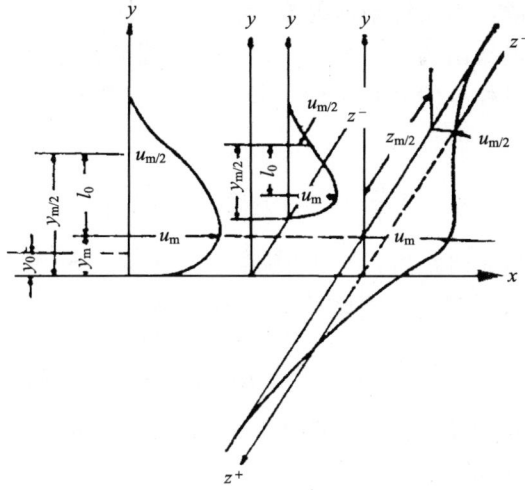

图 8-24 三维壁面射流速度剖面定义

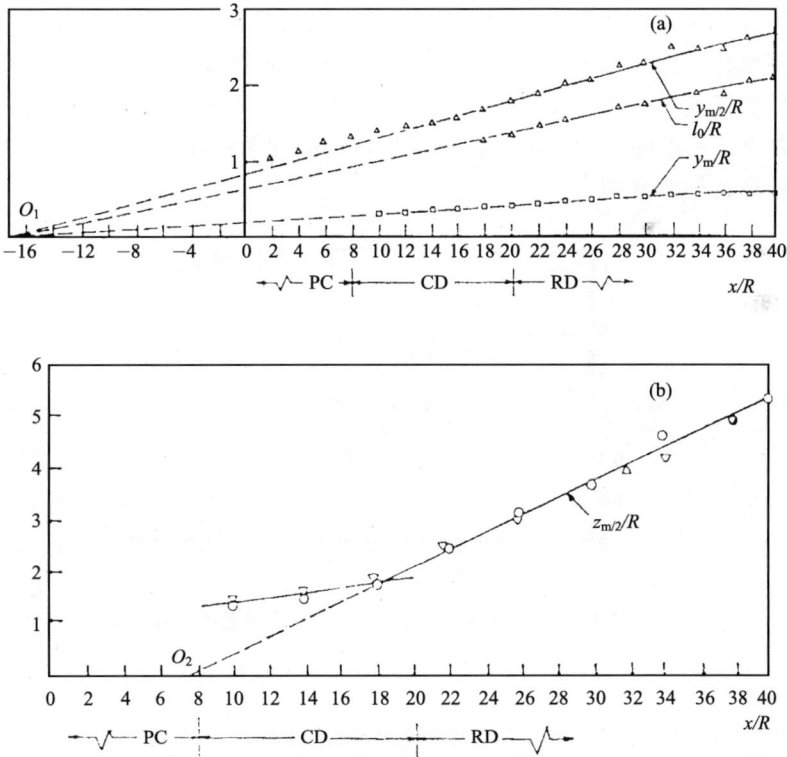

图 8-25 长度比尺增长

（a）垂直于壁面的对称平面；（b）平行于壁面的水平面；○为＋z方向；△为－z方向

两种位置不同的虚源，为三维壁面射流所特有。

拉贾拉南、帕尼给出圆形、方形、矩形、椭圆形及等边三角形喷嘴三维壁面射流的长度比尺。对称（中心）平面的长度比尺 b_y 随纵向距离线性变化，并可表示成

$$\frac{b_y}{h} = 0.9 + 0.045 \frac{x'}{h} \tag{8-8}$$

式中，x' 为距喷嘴的纵向距离，h 为喷嘴高度。虚源（b_y 等于零的点）位于喷嘴内 $20h$ 处。横向（或展向）长度比尺 b_z 可表示成

$$\frac{b_z}{B} = 0.2 \frac{x'}{B} - 1.25 \tag{8-9}$$

式中，B 为喷嘴宽度，虚源位于喷嘴外下游 $6B$ 处。由长度比尺 b_y，b_z 知，存在两个虚源，b_z 约为 b_y 的 4～5 倍。

（2）平均速度剖面

中心剖面典型的无量纲速度剖面如图 8-26 所示。图中 $\eta_y = y/b_y$，其余符号意义见图 8-21。由图可知，速度分布存在一定的相似性。图中还绘出了光滑壁面具有零压梯度的平面紊动壁面射流，即经典壁面射流（CWJ）的曲线。另外，距壁面任意高度 y 处水平面的无量纲速度剖面如图 8-27 所示。图中 $\eta_z = z/b_z$，u 为 x 方向任一点的平均速度。由图可见，速度剖面存在相似性，并可用自由圆形射流的格特勒解来拟合。

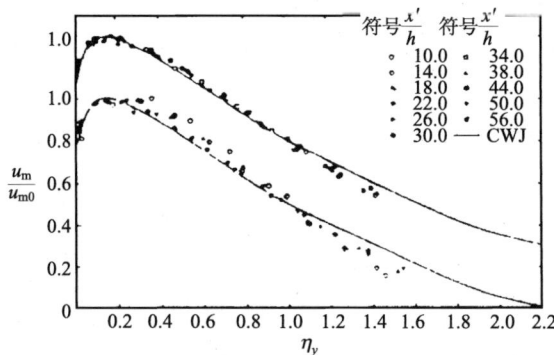

图 8-26　三角形喷嘴中心平面无量纲速度分布

（3）壁面切应力

中心平面边界切应力的实验观测如图 8-28 所示。由图可知，当 $x'/\sqrt{A} > 50$ 时，壁面阻力系数可表示成

$$C_f = \frac{\tau_0}{\rho\, u_{m0}^2/2} \approx 0.0065 \tag{8-10}$$

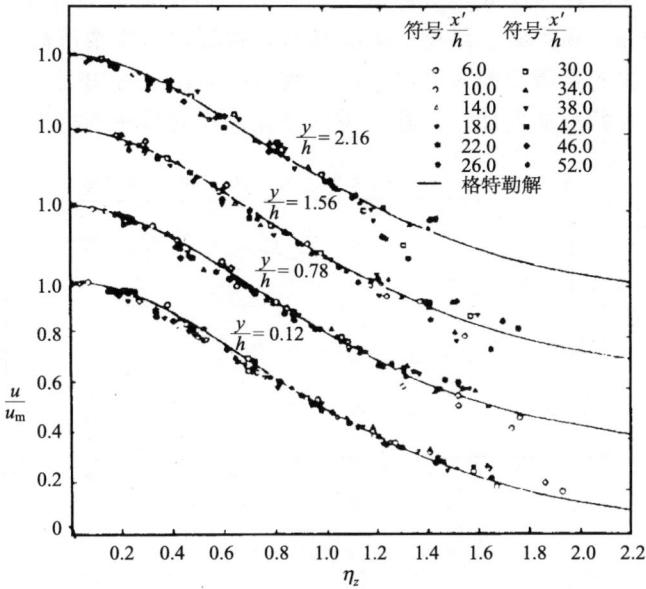

图 8-27　三角形喷嘴任意高度 y 处水平面无量纲速度剖面

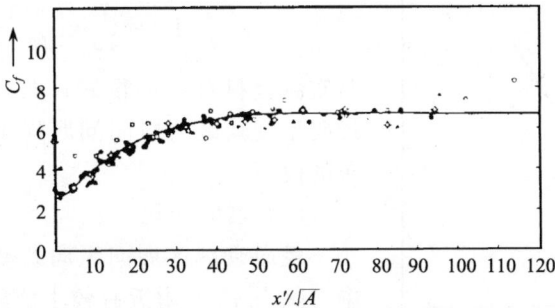

图 8-28　沿中心平面壁面切应力

2. 三维壁面射流的紊动特性

（1）轴向变化

沿轴向 $y = y_m$ 处（见图 8-24）实测纵向紊动强度的变化示于图 8-29 中。图中同时还绘出圆形自由射流相应速度分量的轴向变化。另外，为便于比较，还绘出乌格南斯基、费尔德（Wygnanski 和 Fielder 1969）关于轴对称自由射流的平均曲线，其紊动强度在 $x/D \geqslant 40$ 后保持为常量。壁面射流亦有类似的倾向，但紊动强度分布的相似性仅在 RD 区平均速度剖面具有相似性时才存在。除上述特征外，对于同样的径向距离，壁面射流比轴对称自由射流呈现更高的紊动强度。纽曼等人（1972）观测到三维壁面射流的紊动强度比二维情形高 50％。在 y 和 z 方向对周围流体的卷吸引起 z 方向涡体的侧向拉伸比 y 方向大。这是因为较高的紊动强度和较快的流动发展。但在 y 方向，流动在对称平面内发展较慢。

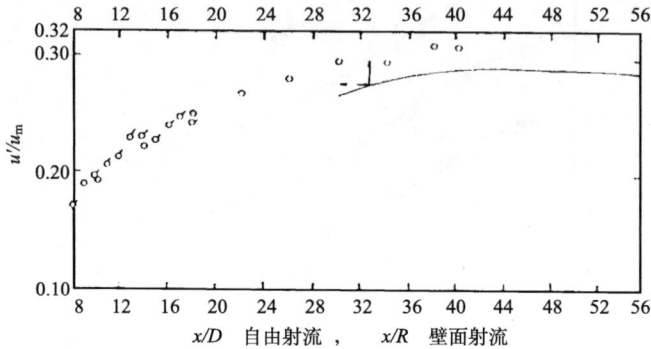

图 8-29　纵向紊动强度轴向变化

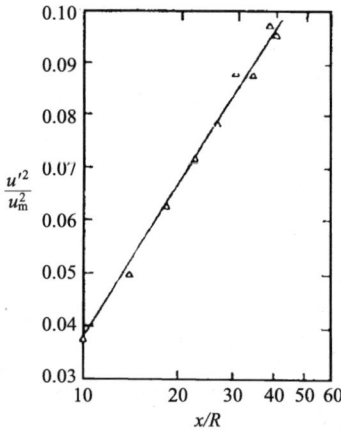

图 8-30　壁面射流 RD 区 $y = y_\mathrm{m}$
处 u' 紊动的轴向变化

在径向型衰减区，$y = y_\mathrm{m}$ 处纵向紊动强度的轴向变化示于图 8-30 中，其形式为

$$\left(\frac{u'}{u_\mathrm{m}}\right)^2 = \frac{1}{10}\lg\left(\frac{x}{R}\right) - 0.065 \quad (8\text{-}11)$$

与实测资料符合得很好。上式对三维壁面射流径向型衰减区的封闭问题提供了一个紊动能分布的模型。

（2）展向变化

径向衰减区展向纵向紊动分布示于图 8-31 中。除去 $z=0$ 附近有较小值外，其分布服从某一相似模型。在自由射流中亦存在这种分布，但仅当 $x/D \geqslant 40$ 时才存在，这是因为壁面射流的展向扩展率是相应的自由射流的两倍。Irwin（1973）对于具有顺压梯度的平面自由射流曾报道过这种特性，但轴向距离为缝隙高度的 82 倍。

三、双股射流基本流动特征

双股射流按其流动特性可分为两个区，即会聚区、联合区，如图 8-32 所示。下面就分别讨论这两个区的流动特性。

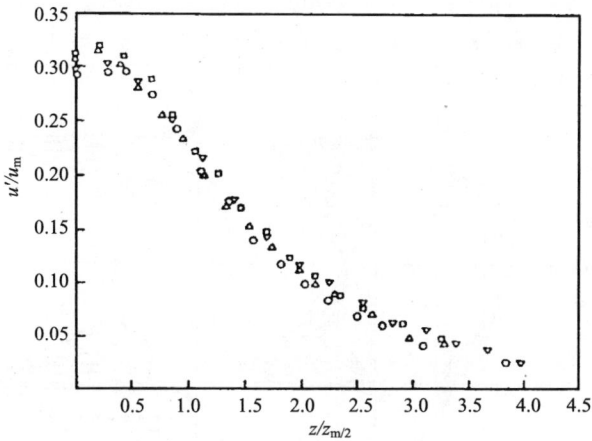

图 8-31　纵向紊动强度展向分布

∇ 为 $x/R = 30$；$\bigcirc$ 为 $x/R = 34$；$\square$ 为 $x/R = 38$；$\triangle$ 为 $x/R = 40$

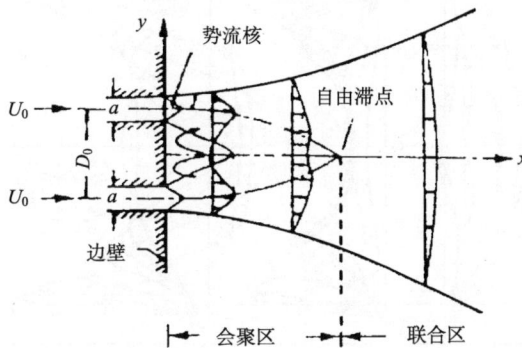

图 8-32　双股射流基本流动特征

1. 会聚区

会聚区流动的基本特征是两股射流相互卷吸和干扰，以致使两股射流的包围区（空腔）内形成负压。

田中（Tanaka 1970）研究了二维不可压缩双股平行气体紊动射流的入射间距对会聚区的影响，包括：空腔压力、时均速度、脉动速度、双股射流会聚区的特征、射流动量通量守恒。

（1）速度、紊动及静压的分布

图 8-33 绘出不同的 x/a 沿 y 方向的速度 u/U_0、紊动能 $(u'/U_0)^2$、静压 $p/\frac{1}{2}\rho U_0^2$ 的分布，入射间距 $D_0/a = 12,16,25$。沿射流方向设为 x 轴，横向为 y

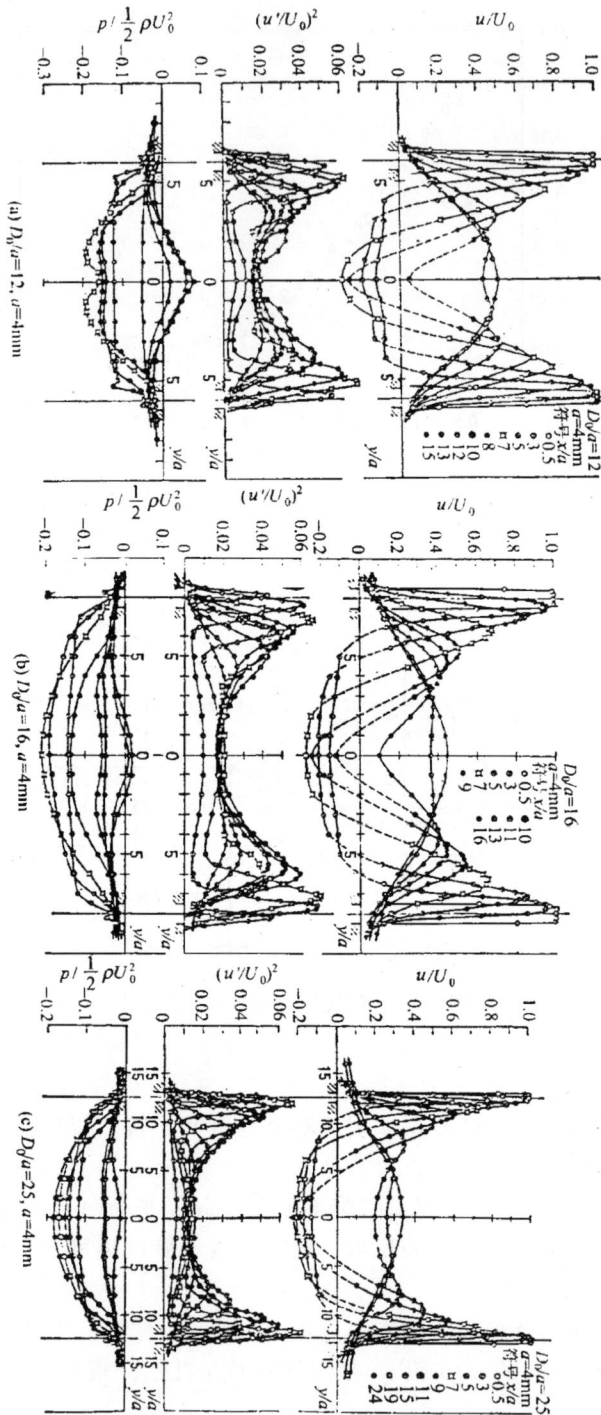

图 8-33　速度、紊动和静压横向分布

轴，坐标原点位于孔口间的壁面上。图中 a 为孔口厚度，D_0 为孔口间距或称双股射流入射间距，U_0 为射流出射速度，u 和 u' 分别为 x 方向的时均速度和脉动速度，p 为静压。从图中可以看出，射流的最大速度沿程衰减，射流宽度沿程增加。两股射流行近对称轴（x 轴）且在 $x/a = 10$ 附近联合在一起。在两股射流的空腔内，存在一对稳定的旋转方向相反的旋涡（米勒、卡明斯 1960），两股射流之间的速度为负。在两股射流联合后下游附近速度变为正值，预期存在这样一个点，在该点的速度为零，这个点称之为自由滞点，亦即两股射流中心流线的交点。由图 8-33 可以看出，紊动能的最大值位于射流边缘附近，而其最小值则位于射流中心，即紊动在 du/dy 最大的点最大。射流外缘的紊动比内缘大，这是由于射流弯曲受离心力影响的缘故。越往下游，$(u'/U_0)^2$ 分布的这种趋势越强，而每股射流内缘峰值逐渐消失。至于静压分布，弯曲射流外侧的压力几乎等于大气压力，而在射流内侧即包围区的压力为负值。这种负压是由于弯曲射流对内侧流体的卷吸。在孔口附近，射流内缘的压力突然跌落，而在两股射流间的旋涡中心附近为最小值。另外，在自由滞点附近，压力突然增加到大气压力甚至比大气压力大。

图 8-34 绘出沿对称轴 x 方向无量纲速度 U/U_0 的分布，U 为轴线速度，$D_0/a = 8.5 \sim 25$。由图可知，两股射流在 $x/a = 10 \sim 15$ 区域内联合在一起，且存在 $U/U_0 = 0$ 的点，即自由滞点。

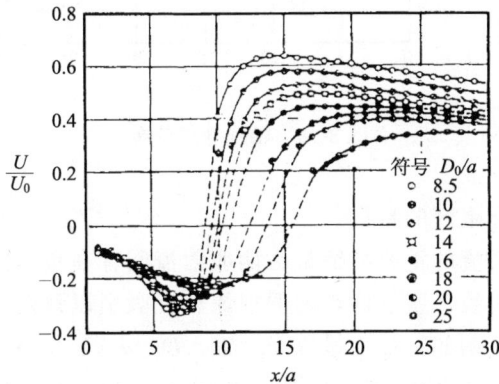

图 8-34　轴线速度变化

轴线紊动强度分布示于图 8-35 中。在 $x/a = 10 \sim 15$ 范围内，紊动强度存在最小值，并且这个最小值的点位于自由滞点，而在其前后为最大值。

轴线静压分布绘于图 8-36 中。压力突然从负的最小值增至最大值，且最大值位于自由滞点下游附近，再往下游，流动加速，压力快速减小。与图 8-34 比较可以看出，U 最小值的点对应于压力梯度最大值的点。

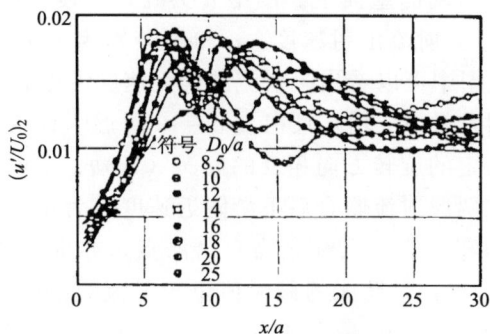

图 8-35 轴线紊动强度分布

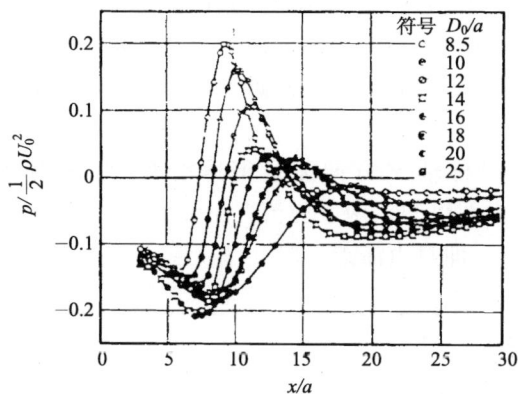

图 8-36 轴线静压分布

(2) 双股射流会聚区的特征

二维平行双股射流的重要特征是在两股射流间存在负压区，这是由于紊动射流对周围流体卷吸所致。鉴于此，两股射流相互吸引以致射流轴线弯曲，最后两股射流合二为一。流动的特征变量以 x_s，R，D，a，U_0，$\bar{p}_1$，ν 和 ρ 来表征，其中 x_s 为自由滞点距壁面的距离，D 为射流间距，R 为两股射流联合前射流中心流线的曲率半径。经量纲分析可得下列无量纲关系式

$$\frac{\bar{p}_1}{\rho U_0^2/2} = f_1(D_0/a, U_0 a/\nu) \tag{8-12}$$

其中，$\bar{p}_1$ 为射流包围区的平均静压。

$$x_s/a = f_2(D_0/a, U_0 a/\nu) \tag{8-13}$$

$$R/a = f_3(D_0/a, U_0 a/\nu) \tag{8-14}$$

若射流很薄 (D_0/a 很大），且紊动充分 (U_0a/ν 大），则可略去孔口厚度 a 和雷诺数 U_0a/ν 的影响。于是

$$\bar{p}_1 D_0/J = C_1 \tag{8-15}$$

其中，J 为动量通量，即 $J = \rho U_0^2 a$

$$x_s/D_0 = C_2 \tag{8-16}$$

$$R/D_0 = C_3 \tag{8-17}$$

由式（8-15）～（8-17），可得

$$\bar{p}_1 R/J = C_4 \tag{8-18}$$

应用这些关系式可对实验结果进行理论分析。

　　若将双股射流会聚区的最大速度点连起来，可得出弯曲射流的中心流线。田中认为可用圆弧来拟合。射流中心流线的曲率半径 R/a 与孔口间距 D_0/a 关系的实验点子绘于图 8-37 中。由图可见，当 $D_0/a \leqslant 16$ 时，曲率半径几乎为常数，即

$$R/a = 17.1 \tag{8-19}$$

当 $D_0/a > 16$ 时，射流中心流线变成倾角为 $45°$ 的直线，其经验公式为

$$R/a = 1.1 D_0/a \tag{8-20}$$

　　双股射流会聚区的长度，即自由滞点的位置 x_s 可表示成

$$x_s/a = 5.06(D_0/a)^{0.27} \tag{8-21}$$

　　应当指出，田中实验结果的有趣之处在于两股射流包围区的几何特征似乎可用孔口间距 D_0/a 大于或小于 16 来判别。

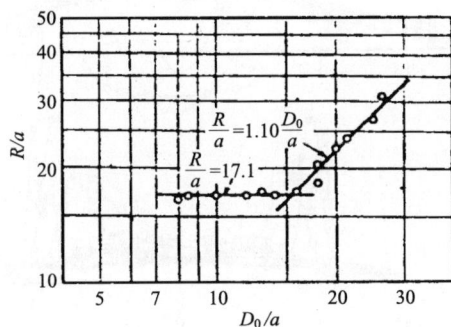

图 8-37　射流中心流线曲率半径

（3）动量通量的守恒性

田中的研究结果表明，在双股射流会聚区，无论速度分布还是射流扩展宽

度，均与单股情形不同。但是，除了孔口附近和自由滞点附近外，速度剖面仍存在一定的相似性，射流沿中心流线 S 轴的动量通量近似守恒。

关于双股射流会聚区的详细论述，可参阅《冲击射流》（笔者 1997）。

2. 联合区

（1）双股射流的联合

图 8-38 绘出了一组典型的双股射流流动，从孔口到下游很远（ $x/a = 0.5 \sim 60$ ）横断面上速度 u/U_0 ，紊动强度 $(u'/U_0)^2$ 和静压 $p/\frac{1}{2}\rho U_0^2$ 的分布。

从图中的速度剖面可知，由于紊动射流对周围流体的卷吸作用，在两股射流之间形成负压区，最终因相互吸引而合二为一进入联合区。联合区的速度剖面的扩展比单股射流宽，中心处最大值小于 $0.83U_0$ ；从紊动强度分布图可以看出，最大值位于射流的两侧，相应于速度梯度的最大值。最大值点的间距向下游逐渐减小，最后分布曲线类似于速度分布；由静压分布曲线图可知，自由滞点附近的压力大于大气压力，而该点下游的压力为负，然后再逐渐上升至大气压力值。

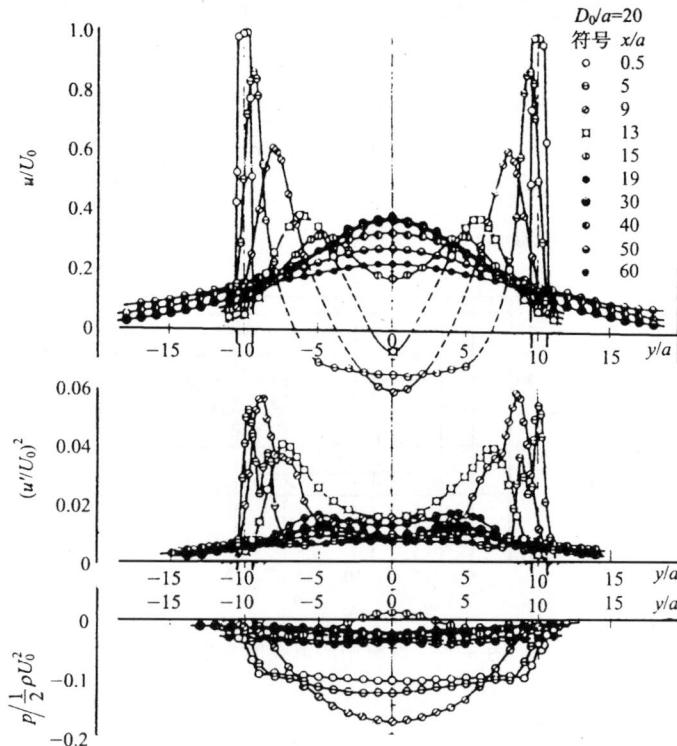

图 8-38　双股射流速度、紊动及静压的横向分布

速度、紊动及静压沿 x 轴分布的实测值点绘于图 8-39 中。由图可知，自由滞点位于 $x/a = 13$ 处，在该点，速度改变其方向，压力呈现正的最大值。该点下游的速度急剧增至最大值，然后往下游逐渐减小。

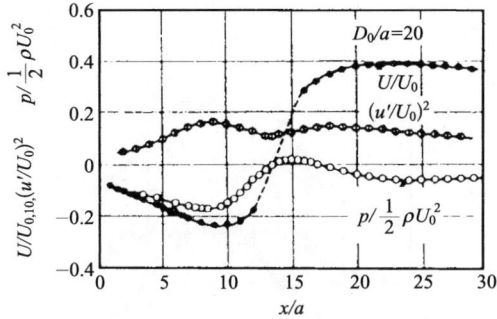

图 8-39　双股射流速度、紊动及静压的纵向分布

（2）联合区速度、紊动及静压的横向分布

双股射流和单股射流情形各横断面的速度、紊动强度及静压的分布分别绘于图 8-40～图 8-42 中，其中双股射流的入射间距 $D_0/a = 10$，14，18，23。图 8-40 表明，在联合射流区所有横断面上的速度剖面与单股紊动射流类似。在图 8-41 中，紊动强度分布随入间距 D_0/a 的增加而增大，并且与 x/a 无关。但在 $D_0/a > 14$

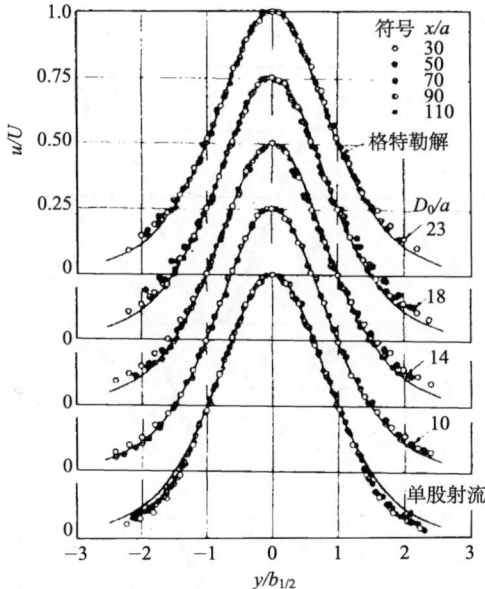

图 8-40　联合射流速度剖面

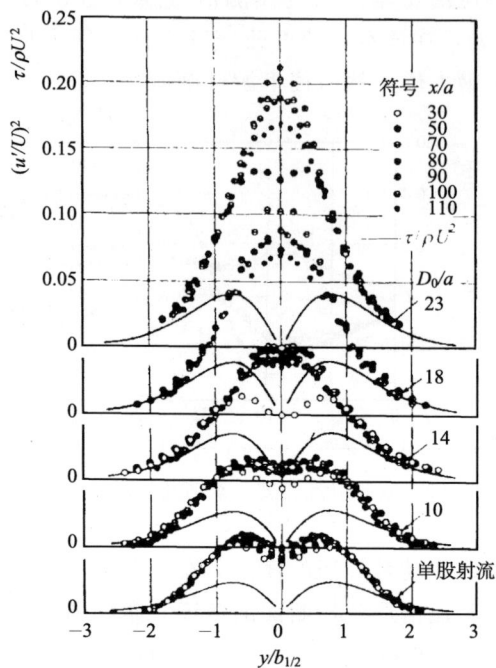

图 8-41　联合射流紊动强度横向分布

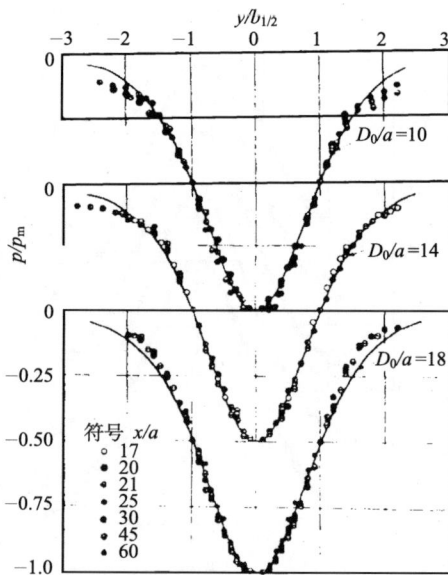

图 8-42　联合射流静压横向分布

情形的射流轴线附近，紊动强度随 D_0/a 和 x/a 明显增加。我们知道，对于紊动充分发展的单股射流，通常假定各横断面上速度分布、紊动强度分布及切应力分布分别存在相似性。若对于联合射流这种假定仍然成立，则紊动的产生将与其耗散平衡。但在 $D_0/a > 14$ 情形，紊动强度分布不满足这个假定。这种差异归咎于单股射流和联合射流混合的差别，因在联合射流中有压力梯度存在。横断面的静压分布如图 8-42 所示，压力为负且不为常数，与单股射流不同。图中分布表明最大负压出现在 $y = 0$ 处。从图中还可以看出，无量纲化的压力分布类似于速度分布，落在单一曲线上，并且与 D_0/a 和 x/a 无关。图中实线表示格特勒理论曲线，不难看出两者符合良好。

（3）联合射流扩展宽度

如前所述，当两股射流联合后，其特性基本与单股射流相同。但是，其虚源的位置、射流扩展宽度取决于入射间距 D_0/a。联合射流的宽度由半值宽 $b_{1/2}$ 来表示，即 $u = U/2$ 处的 y 值，如同单股射流。图 8-43 显示，对于每个 D_0/a 值，半值宽沿流动方向增长。由图可知，在 $x/a = 25 \sim 100$ 范围内，半值宽随 x/a 线性增长，如同单股射流情形，但其值及扩展角随 D_0/a 增长，直至 $D_0/a = 16$，然后扩展角几乎变为常数。图中 SP（stagnation point）为相应自由滞点的位置。

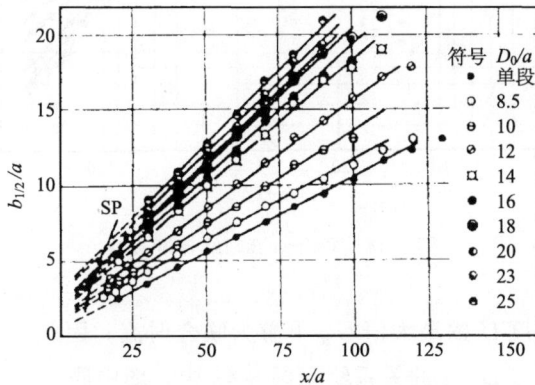

图 8-43　联合射流速度半值宽

鉴于联合射流随 x 线性增长，可认为其几何特性与单股射流相同。因此，联合射流的虚源可由 $b_{1/2}/a$ 线向上游延长来确定，即位于孔口上游 x_0 处，其经验公式为

$$若 D_0/a < 16, \qquad 则 x_0/a = 10.6 \qquad (8\text{-}22)$$

$$若 D_0/a > 16, \qquad 则 x_0/a = 0.66(D_0/a) \qquad (8\text{-}23)$$

因此，半值宽可表示成

$$b_{1/2} = \alpha(x + x_0) \tag{8-24}$$

其中，α 为扩展系数。

（4）轴线速度、紊动及静压的衰减

图 8-44 显示联合射流和单股射流轴线速度的衰减情况。由图可知，单股平面射流轴线速度的衰减与 $(x + x_0)^{-0.5}$ 成比例，而相应的联合射流的轴线速度却较小，较大入射间距 D_0/a 情形的衰减较快。若联合射流轴线速度 U 与 $(x + x_0)^{-m}$ 成比例，则

对于 $D_0/a < 12$ 情形，可近似取 $m = 0.5$；

对于 $D_0/a \geqslant 12$ 情形，$m = 0.055$（D_0/a）

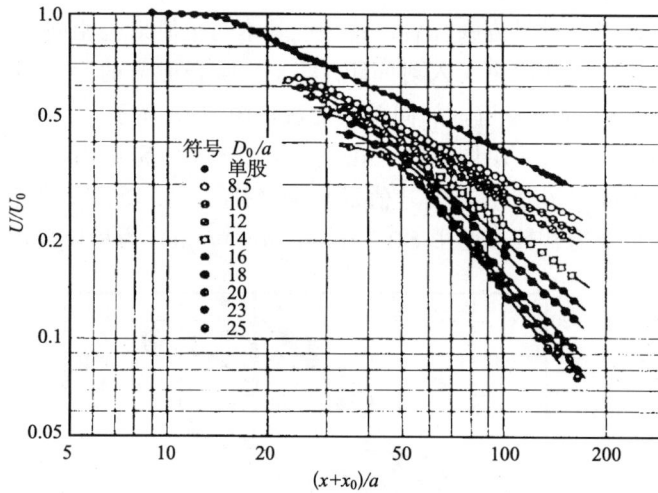

图 8-44　联合射流轴线速度衰减

由于在轴线速度 U 的最大值 U_m 下游为联合射流，因此可假定 U_m 控制联合区的流动。U_m/U_0 与 D_0/a 的关系绘于图 8-45 中，图中同时还绘出米勒、卡明斯

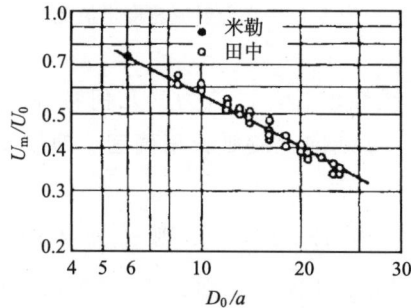

图 8-45　入射间距对轴线速度最大值的影响

（1960）的结果。拟合图中数据得

$$U_m/U_0 = 1.96(D_0/a)^{-1/2} \tag{8-25}$$

假定 U_m/U_0 取决于自由滞点压力，则该点的压力与会聚区长度的倒数成比例。因此，上式可满足这种关系。

紊动 u'/U 的分布示于图 8-46 中，由图可知，u'/U 在 $x/a = 30\sim50$ 附近快速增大，并在 $x/a = 60\sim100$ 区域接近单股射流的紊动值。

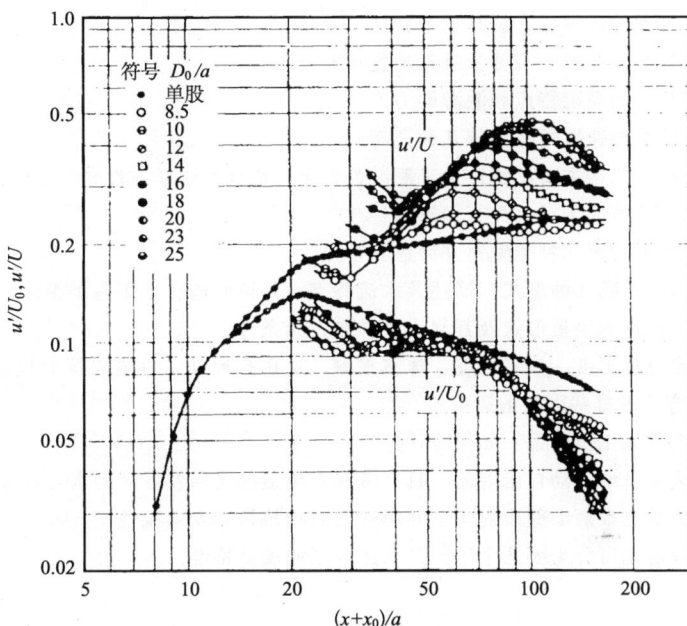

图 8-46　紊动沿轴线的变化

轴线压力 p_m 的分布如图 8-47 所示。由图可见，在 $x/a = 25$ 附近压力存在最小值，对应于 U 的最大值点。在该点下游，压力逐渐上升到大气压力。

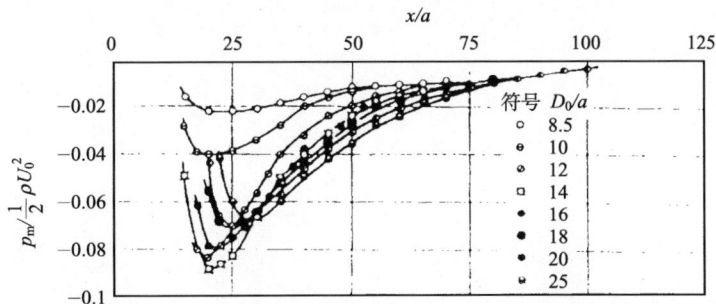

图 8-47　轴线压力变化

（5）动量通量的守恒性

联合射流的动量通量对于 $D_0/a \leqslant 8.5$ 是守恒的，而对于 $D_0/a > 8.5$ ，则随 x/a 的增大而减小。

习　题

8-1：简述鱼类产卵的特点。

8-2：简述鱼类的体型特征。

8-3：简述鱼类的运动器官及其运动特征。

8-4：何谓鱼类的洄游？可分为哪几种类型？

8-5：简述鱼类的洄游特点和洄游能力。

8-6：鱼类的洄游速度可分为哪几种类型？

8-7：我国有哪几种主要洄游性、半洄游性鱼类？简述其生活习性和分布范围。

8-8：不同的环境因子对鱼类有何影响？

8-9：鱼道可分为哪几种类型？并简述其特点。

8-10：过鱼孔有哪几种形式？简述其水流特点，并说明适合于哪些洄游性鱼类通过。

8-11：简述鱼道的隔板形式及其水力条件和过鱼条件。

8-12：确定鱼道宽度、池室长度、池室水深、过鱼孔尺寸、鱼道隔板的块数、鱼道长度、鱼道底坡时，应考虑哪些因素的影响？

8-13：什么是人工产卵渠？如何设计？

8-14：什么是三维紊动自由射流，具有哪几个明显的区域？各区的水力特性如何？

8-15：什么是三维紊动壁面射流？并简述其时均特性和紊动特性。

8-16：双股射流可分为哪几个区？并简述各区的流动特性。

参 考 文 献

贝尔著，李竞生，陈崇希译．1983.多孔介质流体动力学．北京：中国建筑工业出版社

陈静生主编．1987.水环境化学．北京：高等教育出版社

董志勇．1997.冲击射流．北京：海洋出版社

董志勇．2000.水环境数学模型讲义．杭州：浙江工业大学

董志勇．2005.射流力学．北京：科学出版社

方子云主编．1988.水资源保护工作手册．南京：河海大学出版社

格拉夫，阿廷拉卡著，赵文谦，万兆惠译．1997.河川水力学．成都：成都科技大学出版社

湖北省水生生物研究所编．1976.长江鱼类．北京：科学出版社

霍尔著，詹道江等译．1989.城市水文学．南京：河海大学出版社

加藤正進，水谷洋一，岸力．1969.垂直圓管にょる下層取水に關する研究．土木学会第 24
回年次学術講演会講演集，第 2 部

金士博，杨汝均等编纂．1987.水环境数学模型．北京：中国建筑工业出版社

李炜，槐文信著．1997.浮力射流的理论及应用．北京：科学出版社

李炜主编．1999.环境水力学研究进展．武汉：武汉水利电力大学出版社

南京水利科学研究所．1964.潮汐河口问题

尼科里斯基 Г.В.著，唐小曼等译．1962.鱼类生态学．北京：农业出版社

千秋信一，和田明．1964.火力發電所冷却水深層取水に關する研究．電力中央研究所技術
研究所報告，土木 64005

千秋信一，藤本稔美．1967.冷却水深層取水工の取水特性．電力中央研究所技術研究所報
告，土木 66079

千秋信一．1968.冷却水深層取水工の設計に關する2，3の問題．土木学会第 14 回海岸工学
講演会講演集

日本土木学会编，铁道部科学研究院水工水文研究室译．1977.水力公式集（上、下集）．北
京：人民铁道出版社

日野幹雄，大西外明．1969.密度成层流に及ぼすpoint sink の高さの効果．土木学会論文報
告集，163：39－48

沈晋等编著．1992.环境水文学．合肥：安徽科学技术出版社

施米德特 П.Ю.著，李思忠译．1958.鱼类的洄游．北京：科学出版社

水利部交通部南京水利科学研究所、电力工业部华动勘测设计院、江苏省淡水水产研究所．
1982.鱼道．北京：电力工业出版社

水利水电科学研究院．1959.清河电厂冷却水试验研究报告

王秉忱，杨天行，王宝全等编著．1985.地下水污染、地下水质模拟方法．北京：北京师范学
院出版社

吴持恭著．1989.明渠水气二相流．成都：成都科技大学出版社

吴沈春主编. 1982. 环境与健康. 北京：人民卫生出版社

夏震寰. 1992. 现代水力学，（三）紊动力学. 北京：高等教育出版社

徐健，陆桂华，李春尧编. 1997. 水环境监测. 南京：河海大学出版社

徐孝平编. 1991. 环境水力学. 北京：水利电力出版社

易家训讲授，李家春整理. 1983. 分层流. 流体力学与应用数学讲座（1），北京：科学出版社

余常昭. 1992. 环境流体力学导论. 北京：清华大学出版社

张书农著. 1988. 环境水力学. 南京：河海大学出版社

张蔚榛主编. 1996. 地下水与土壤水动力学. 北京：中国水利水电出版社

赵纯厚，朱振宏，周端庄主编. 2000. 世界江河与大坝. 北京：中国水利水电出版社

赵文谦. 1986. 环境水力学. 成都：成都科技大学出版社

Abdullah A J. 1956. A note on the atmospheric solitary wave. J. Meteor. , 13：381

Albertson M L, Dai Y B and Jensen R A et al. 1950. Diffusion of submerged jets. Transactions ASCE, 115：639－664

Arnold H L, Donohoe P I. 1957. Characteristics of intakes near a density interface. M. S. Thesis, MIT

Baca R G, Arnett R C. 1977. A finite element water quality model for eutrophic lake. Finite Elements in Water Resources. Edited by Gray, Pinder and Brebbia, Pentech Press, London

Bata G L, Bogich K. 1953. Some observations on density currents in the laboratory and in the field. Proc. Minn. Intern. Hydr. Conv. , September, 387－400

Bata G L. 1957. Recirculation of cooling water in rivers and canals. Proc. ASCE, 83 （HY3）：June

Beauther. P D. 1980. Experimental investigation of the turbulent axisymmetric plume. Ph. D. Dissertation, SUNY at Buffalo

Bennett J P, Rathbun E R. 1972. Reaeration in open-channel flow. US Geological Survey Professional Paper, 737

Cadwallader T E, McDonnell A J. 1969. A multivariate analysis of reaeration data. Water Research, 3：731－742

Camp T R. 1963. Water and its impurities. Chapman and Hall, London

Carson R. 1962. Silent spring. Houghton Mifflin Compan, Boston （有中译本）

Chao J L, Campuzano C M. 1972. Simplified method of ocean outfall diffuser analysis. Journal of WPCF, 44 （5）：806－812

Chen C J, Rodi W. 1980. Vertical buoyant jets-A review of experimental data. HMT-4, Pergamon Press

Churchill M A, Elmore H L and Buckingham R A. 1962. The prediction of stream reaeration rates. Tennessee Valley Authority, Chattanooga, TN Report

Corrsin S. 1943. Investigation of flow in an axially symmetric heated jet of air. NACA Wartime Report W－94

Craya A. 1949. Theoretical research on the flow of non-homogeneous fluids. Houille blanche,

January-February，44－55

Darcy H. 1856. Les Fontaines Publiques de la Ville de Dijon. Dalmont，Paris

Dehler W R. 1959. Stratified flow into a line sink. Proc. ASCE，85（EM3）：51－65

Dobbins W E. 1964. BOD and oxygen relationships in streams. Proc. ASCE，Journal of Sanitary Engineering Division，90（SA3）：53－78

Dong Z Y，Su P L. 2004. Case studies of management measures of urban water environment. Proc. 14th Congress APD-IAHR，Hong Kong，1299－1303

Dong Z Y，Wang M E. 2004. Field investigation of urban rainfall-runoff pollution. Proc. 14th Congress APD-IAHR，Hong Kong，1479－1484

Dong Z. Y，Zhang Z. 2003. Investigation of nuisance and control of water hyacinth and its application in wastewater treatment. Proc. 30th IAHR Congress，Thessaloniki，Greece，Theme B，825－830

Dupuit J. 1863. Etudes Theoriques et Pratiques sur le Mouvement des Eaux dans les Canaux Decouverts et a Travers les Terrains Permeables. 2nd ed. ，Dunod，Paris

Ekman V W. 1904. On dead water. Norwegian north polar expedition，1893－1896. Sci. Results，5（15）：152

Elder J W. 1959. The dispersion of marked fluid in turbulent shear flow. J. Fluid Mech. ，5：544－560

Fair G M. 1939. The dissolved oxygen sag—an analysis. Sewage Works Journal，11（3）：445

Fan Loh-Nien，Brooks N H. 1969. Numerical solutions of turbulent buoyant jet problems. Report No. KH-R-18，Pasadena，California，USA

Fick A E. 1855a. Uber diffusion. Ann. Phys. Chem. ，94：59－86

Fick A E. 1855b. On liquid diffusion. Philosophical Magzine，4（4）：30－39

Fischer H B et al. 1979. Mixing in inland and coastal waters. Academic Press

Foree E G. 1976. Reaeration and velocity prediction for small streams. Proc. ASCE Journal of Environmental Engineering Division，102（EE5）：937－952

Forthmann E. 1933. Uber turbulente strahlausbreitung. Diss. Gottingen

Fourier J B J. 1822. Theorie Analytique de La Chaleur. Didot，Paris

Gariel P. 1949. Experimental research on the flow on non-homogeneous fluids. Houille blanche，January-February，56－64

George W K，Alpert R L and Tamanini F. 1977. Turbulence measurements in an axisymmetric buoyant plume. Int. J. Heat Mass Transfer，20：1145－1154

Gortler H. 1942. Berechnung von Aufgaben der freien Turbulenz auf Grund eines neuen Naherungsansatzes. ZAMM，22：244－254

Graham T. 1833. Philosophical magazine. 2：175，222，351

Graham T. 1850. Philosophical transactions of the Royal Soc. London，140：1

Hantush M S. 1964. Hydraulics of wells. Advances in Hydroscience，1：Academic Press

Harleman D R F，Elder R A. 1965. Withdrawal from two-layer stratified flow. Proc. ASCE，

91（HY4）：July

Harleman D R F, Gooch R S and Ippen AT. 1958. Submerged sluice control of stratified flow. Proc. ASCE, 84（HY2）：April

Harleman D R F, Morgan R L and Purple R A. 1959. Selective withdrawal from a vertically stratified fluid. Proc. 8th IAHR Congress, August

Harleman D R F. 1961. Stratified flow, Handbook of fluid dynamics. Edited by Streeter V. L. , McGraw-Hill Book Company, Inc.

Haurwitz B. 1950. Internal waves of tidal character. Trans. Am. Geophys. Union, 31：47

Huber D G. 1960. Irrotational motion of two fluid strata towards a line sink. J. Eng. Mech. Div. ASCE, 86（EM4）：August

Ippen A T, Harleman D R F. 1952. Steady-state characteristics of subsurface flow. Natl. Bur. Standards U. S. Circ. 521：79—93

Isaacs W P, Gaudy A F. 1968. Atmospheric oxidation in a simulated stream. Proc. ASCE Journal of Sanitary Engineering Division, 94（SA2）：319—344

Kao T W. 1965. A free stream line solution for stratified flow into a line sink. Journal of Fluid Mechanics. 21（Part 3）：535—543

Keulegan G H. 1944：Laminar Flow at the interface of two liquids. Natl. Bur. Standards U. S. Circ. 32：303

Keulegan G H. 1949. Interfacial instability and mixing in stratified flows. Natl. Bur. Standards U. S. , Research Paper 2040, 43：November.

Keulegan G H. 1953：Characteristics of internal solitary waves. Natl. Bur. Standards U. S. , Research Paper 2442, 51（3）：September

Keulegan G H. 1955. An experimental study of internal solitary waves. Natl. Bur. Standards U. S. , Rept. 4415, November

Keulegan G H. 1957. Form characteristics of arrested saline wedge. Natl. Bur. Standards U. S. , Rept. 5482, October

Kotsovinos N E, List E J. 1977. Plane turbulent buoyant jets. Part 1, Integral properties. J. Fluid Mech. , 81：25—44

Kotsovinos N E. 1975. A study of the entrainment and turbulence in a plane buoyant jet. J. Fluid Mech. , 81：45—62

Kotsovinos N E. 1978. Dilution in a vertical round buoyant jet. J. Hydr. Div. , Proc. ASCE, 104（HY5）：795—798

Krenkel P A, Orlob G T. 1962. ：Turbulent diffusion and the reaeration coefficient. Proc. ASCE Journal of Sanitary Engineering Division, 88（SA2）：53—83

Langbein W B, Durum W H. 1967. The aeration capacity of streams. US Geological Survey Circular 542

Lau L Y. 1972. Prediction equation for reaeration in open-channel flow. Proc. ASCE Journal of Sanitary Engineering Division, 96（SA6）：1063—1068

Lee Joseph Hun-Wei. 1981. Theory of buoyant jets and its environmental applications. 华东水利学院翻印

Li Wen-Hsiung. 1972. Differential equations of hydraulic transients, dispersion and groundwater flow. Mathematical methods in water resources, Prentice-Hall （有中译本）

List E J, Imberger J. 1973. Turbulent entrainment in buoyant jets. Proc. ASCE J. Hydr. Div. , 99: 1461—1474

List E J, Imberger J. 1975. Closure of discussion to: Turbulent entrainment in buoyant jets and plumes. Proc. ASCE J. Hydr. Div. , 101: 617—620

Long R R. 1956: Solitary waves in one-and two-fluid systems. Tellus, 8: 460

Miller D R, Comings E W. 1960. Force-momentum fields in a dual-jet flow. J. Fluid Mech. , 7 (2): 237—256

Morton B R, Taylor G I, Turner J S. 1956. Turbulent gravitational convection from maintained and instantaneous sources Proc. Roy. Soc. , A 234: 1—23

Morton B R. 1959. Forced plumes. J. Fluid Mech. , 5: 151—163

Nakagome H, Hirata M. 1976. The structure of turbulent diffusion in an axisymmetric thermal plume. Proc. ICHMT Seminar on Turbulent Buoyant Convection, Hemisphere Publishing, 361—372

Negulescu M, Rojanski V. 1969. Recent research to determine reaeraton coefficient. Water Research, 3: 189—202

Newman B G et al. (1972): Aero. Quart. , 23: 188

Orlob G T. 1983. Mathematical modeling of water quality: streams, lakes and reservoirs. John Wiley & Sons

Owens M, Edwards R W and Gibbs J W. 1964. Some reaeration studies in streams. International Journal of Air and Water Pollution, 8: 469—486

O'Conner D J. 1967. The temporal and spatial distribution of dissolved oxygen in streams. Water Resources Research, 3: 65—79

O'Connor D J, Dobbins W E. 1956. The mechanism of reaeration in natural streams. Proc. ASCE Journal of Sanitary Engineering Division, 82: 1—30

Padden T J, Gloyna E F. 1971: Simulation of stream process in a model river. Centre for Research in Water Resources, University of Texas at Austin, Report EHE-70-23, CRWR-72

Peters A S, Stoker J J. 1959. Solitary waves in liquids having non-constant density. New York Univ. Inst. Math. Sci. IMM-NYU 259, June

Potter O E. 1957. Laminar boundary layer at the interface of co-current parallel streams. Quart. J. Mech. Appl. Math. , August

Prandtl L. 1942. Bemerkungen zur Theorie der freien Tubulenz. ZAMM, 22: 241—143

Priestley C H B, Ball F K. 1955. Continuous convection from an isolated source of heat. Quart. J. Roy. Met. Soc. , 81 (348): 144—157

Proudman J. 1953. Dynamical oceanography. Methuen, London

Rajaratnam N, Pani B S. 1974. Three-dimensional turbulent wall jets. J. Hydraulics Div. , 100 (HY1): 69−83

Rawn A M et al. 1961. Diffusers for disposal of sewage in sea water. Trans. Amer. Soc. Civil Engr. , 126 (Part 3): 344

Reichardt H. 1942. Gesetzmassigkeiten der freien Turbulenz. VDI-Forschungsheft, 414

Rodi W. 1982. Turbulent buoyant jets and plumes. Pergamon Press (有中译本)

Rouse H, Yih S, Humphreys H W. 1952. Gravitational convection from a boundary source Tellus, 4: 201−210

Rouse H. 1956. Seven exploratory studies in hydraulics. Proc. ASCE, 82 (HY4): August

Schijf J B, Schonfeld J C. 1953. Theoretical considerations on the motion of salt and fresh water. Proc. Minn. Intern. Hydr. Conv. , September, 321−333

Schlichting H. 1979. Boundary Layer Theory. McGraw-Hill Book Company, 7th Edition (有中译本)

Sforza P M and Herbst G. 1970. AIAA J. 8: 276

Sforza P M, Steiger M H and Trentacoste N. 1966. Studies on three-dimensional viscous jets. AIAA J. 4 (5): 800−806

Singh P, Hager W H. 1996. Environmental hydraulics. Kluwer Academic Publishers

Streeter H W, Phelps E B. 1925. A study of the pollution and natural purification of the Ohio River. US Public Health Service, Washington DC, Bulletin 146

Streeter V L. 1961. Handbook of fluid dynamics. McGraw-Hill Book Company, Inc.

Su C H. 1976. Hydraulic jumps in an incompressible stratified fluid. J. Fluid Mech. , 73: 33−47

Swamy C N V and Bandyopadhyay P. 1975. Mean and turbulence characteristics of three-dimensional wall jets. J. Fluid Mech. , 71: part 3, 541−562

Tanaka E. 1970. The interference of two-dimensional parallel jets. Bulletin of JSME, 13 (56): 272−280

Tang D H, Babu D K. 1979. Analytical solution of a velocity dependent dispersion problem. Water Resources Research, 15 (6): 276−285

Taylor G I. 1921. Diffusion by continuous movements. Proc. London Math. Soc. , Ser. A, 20: 196−211

Taylor G I. 1953. Dispersion of soluble matter in solvent flowing slowly through a tube. Proc. R. Soc. London, Ser. A. , 219: 186−203

Taylor G I. 1954. The dispersion of matter in turbulent flow through a pipe. Proc. R. Soc. London, Ser. A, 223: 446−468

Tchen C M. 1956. Approximate theory on the stability of interfacial waves between two streams. J. Appl. Phys. , 27 (12): 1533−1536

Tepper M. 1952. The application of the hydraulic analogy to certain atmospheric flow problems. U. S. Dept. Commerce Research Paper 35, October

Thackston E L, Krenkel P A. 1969. Reaeration prediction in natural stream. Proc. ASCE Journal of Sanitary Engineering Division, 95 (SA1): 65—94

Thomas H A. 1948. Pollution load capacity of streams. Water and Sewage Works, 95: 409

Tollmien W. 1926. Berechnung turbulentz Ausbreitungsvorgange. ZAMM, 6: 468—478

Tsivoglou E C, Wallace J R. 1972. Characterization of stream reaerationon capacity. Office of Research and Monitoring, US Environmental Protection Agency, Washington D C Report EPA R3—72—012

Vollenweider R A. 1975. Input-output models. Schweiz, Zeitschrift fur Hydrologie, 37: 53—84

Water Resources Engineers, Inc. 1973. Computer program documentation for the stream quality model QUAL-2. Report to US Environmental Protection Agency, Washington, DC

Wygnanski I and Fielder H. 1969. Some measurements in the self-preserving jet. J. Fluid Mech. , 33: 577—612

Yih C S, O'Dill W and Dehler W R. 1962. Prevention of stagnation zones in flows of stratified or a rotating fluid. Proc. 4th U. S. National Congress of Applied Mechanics, 1441—1453

Yih C S. 1955. Stability of two-dimensional parallel flows for three-dimensional disturbances. Quart. Appl. Math. , 12 (4): 329—342

Абрамович Г Н. 1960. Теория турбулентны х струй. Гоударственное Издателъство Физикоматем атической Литературы

附录1　地面水环境质量标准

GB3838-88

序号	参数　标准值　分类	Ⅰ类	Ⅱ类	Ⅲ类	Ⅳ类	Ⅴ类
	基本要求	所有水体不应有非自然原因所导致的下述物质： (1) 凡能沉淀而形成令人厌恶的沉积物； (2) 漂浮物，诸如碎片、浮渣、油类或其他的一些引起感官不快的物质； (3) 产生令人厌恶的色、臭、味或浑浊； (4) 对人类、动物、植物有损害、毒性或不良生理反应； (5) 易滋生令人厌恶的水生生物。				
1	水温	人为造成的环境水温变化应限制在： (1) 夏季周平均最大温升＜1℃； (2) 冬季周平均最大温降＜2℃。				
2	pH	6.5～8.5				6～9
3	硫酸盐* (mg/L) (以 SO₄²⁻ 计)≤	250 以下	250	250	250	250
4	氯化物 (mg/L) (以 Cl⁻ 计)≤	250 以下	250	250	250	250
5	溶解性铁* (mg/L)≤	0.3 以下	0.3	0.5	0.5	1.0
6	总锰* (mg/L)≤	0.1 以下	0.1	0.1	0.5	1.0
7	总铜* (mg/L)≤	0.01 以下	1.0 (渔 0.01)	1.0 (渔 0.01)	1.0	1.0
8	总锌* (mg/L)≤	0.05	1.0 (渔 0.1)	1.0 (渔 0.1)	2.0	2.0
9	硝酸盐 (以 N 计)≤ (mg/L)	10 以下	10	20	20	25
10	亚硝酸盐 (以 N 计)≤ (mg/L)	0.06	0.1	0.15	1.0	1.0
11	非离子氨 (mg/L)≤	0.02	0.02	0.02	0.2	0.2
12	凯氏氨 (mgL)≤	0.5	0.5	1.0	2.0	2.0
13	总磷 (以 P 计)≤ (mg/L)	0.02	0.1 (湖、库 0.025)	0.1 (湖、库 0.05)	0.2	0.2
14	高锰酸盐指数≤ (mg/L)	2	4	6	8	10

续表

序号	分类 标准值 参数	I 类	II 类	III 类	IV 类	V 类
15	溶解氧（mg/L）≥	饱含度 90％	6	5	3	2
16	化学需氧量 COD_{Cr}≤ （mg/L）	15 以下	15 以下	15	20	25
17	生化需氧量 BOD_5≤ （mg/L）	3 以下	3	4	6	10
18	氟化物（以 F^- 计）≤ （mg/L）	1.0 以下	1.0	1.0	1.5	1.5
19	硒（四价）≤（mg/L）	0.01 以下	0.01	0.01	0.02	0.02
20	总砷（mg/L）≤	0.05	0.05	0.05	0.1	0.1
21	总汞＊＊（mg/L）≤	0.00005	0.00005	0.0001	0.001	0.001
22	总镉＊＊＊（mg/L）≤	0.001	0.005	0.005	0.005	0.01
23	铬（六价）（mg/L）≤	0.01	0.05	0.05	0.05	0.1
24	总铅＊＊（mg/L）≤	0.01	0.05	0.05	0.05	0.1
25	总氰化物（mg/L）≤	0.005	0.05（渔 0.005）	0.2（渔 0.005）	0.2	0.2
26	挥发酚＊＊（mg/L）≤	0.002	0.002	0.005	0.01	0.1
27	石油类＊＊（mg/L） （石油醚萃取）≤	0.05	0.05	0.05	0.5	1.0
28	阴离子表面活性剂≤ （mg/L）	0.2 以下	0.2	0.2	0.3	0.3
29	总大肠菌群＊＊＊ （个/L）≤			10000		
30	苯并（a）芘＊＊＊≤ （μg/L）	0.0025	0.0025	0.0025		

＊ 允许根据地方水域背景值特征做适当调整的项目；

＊＊ 规定分析检测方法的最低检出限，达不到基准要求；

＊＊＊ 试行标准。

附录 2 常用术语中英文对照

（按汉语拼音排序）

氨氮 ammonia nitrogen
岸边排放 side discharge
半经验理论 semi-empirical theory
半日潮 semi-diurnal tide
半值宽 half-value width
饱和带 saturated zone
鲍辛奈斯克近似 Boussinesq approximation
贝塞尔函数 Bessel function
背景值 back value，background value
背鳍 dorsal fin
本底值 back value，background value
本构方程 constitutive equation
比动量通量 specific momentum flux
比浮力通量 specific buoyancy flux
比重 specific weight
壁面 wall
壁面切应力 wall shear stress
边界层 boundary layer
边界层方程 boundary layer equation
边界层理论 boundary layer theory
边界条件 boundary condition
鳊鱼 bream
变换 transformation
标准差 standard deviation
标准化 normalization
表面波 surface wave
鳔 fish glue（bladder）
病菌（病原体）pathogen
波状水跃 undular hydraulic jump
不变量 invariant
不透水 impervious
糙率 roughness

草鱼 grass carp
侧向混合 lateral mixing
层流 laminar flow
层流射流 laminar jet
插值函数 interpolation function
产卵 spawn
产卵洄游 spawning migration
长度比尺 length scale
长颌鲚 long-tailed anchovy
常微分方程 ordinary differential equation
超温 temperature excess
潮流 tidal flow
成鱼 adult fish
承压含水层 artesian aquifer
城市污水 urban sewage
赤潮 red tide
充氧 oxygenation
出流 outflow
出射速度 issuing velocity
初始段 zone of flow establishment
初始混合区 initial mixing zone
初始条件 initial condition
传递函数 transfer function
传热 heat transfer
传质 mass transfer
垂向扩散系数 vertical diffusion coefficient
大肠杆菌 Escherichia Coli
大潮 spring
大马哈鱼 chum salmon
代数应力模型 algebraic stress model
单方程模型 one-equation model
单股射流 single jet

单宽流量 discharge per unit width

淡水密度 fresh water density

氮 nitrogen

刀鱼 long-tailed anchovy

导数 derivative

等值线 contour

狄拉克 δ 函数 Dirac delt function

地面沉降 land subsidence

地下水 groundwater

地下水超采 overdraft groundwater

地下水回灌 groundwater recharge

点汇 point sink

点源强度 strength of point source

点源污染 point source pollution

叠加原理 superposition principle

动力黏性系数 dynamic viscosity

动量 momentum

动量方程 momentum equation

动量守恒原理 momentum conservation principle

动坐标 moving coordinates

杜比公式 Dupuit formula

断面平均流速 cross-sectional mean velocity

断面平均浓度 cross-sectional mean concentration

对流 convection，advection

对流扩散 advective diffusion

对流输运 advective transport

对流项 advection term

对数流速分布 logarithmic velocity distribution

多股射流 multiple jets

多孔介质 porous media

多孔扩散器 multiport diffuser

多元分析 multivariate analysis

二级处理 secondary treatment

二维 two-dimensional

二维射流 two-dimensional jet

反向水跃 inverted jump

非饱和带 unsaturated zone

非点源污染 non-point source pollution

非恒定流 unsteady flow

非均匀流 non-uniform flow

非均质的 inhomogeneous，heterogeneous

非完全井 partially penetrating well

非稳态 unsteady state

费克定律 Fick's law

费克扩散 Fickian diffusion

分层 stratification

分层流 stratified flow

分子扩散 molecular diffusion

分子扩散系数 molecular diffusivity

冯·卡门常数 von Karman constant

缝隙 slot

佛汝德数 Froude number

浮力通量 buoyancy flux

浮射流 buoyant jet

浮游动物 zooplankton

浮游生物 plankton

浮游植物 phytoplankton

幅角 argument

负浮力 negative buoyancy

复变函数 complex function

复势 complex potential

复数 complex number

复氧 reaeration

复氧系数 reaeration coefficient

傅里叶变换 Fourier transformation

富营养化 eutrophication

腹鳍 ventral fin

概率分布 probability distribution

概率密度函数 probability density function

高斯分布 Gaussian distribution

镉 cadmium

各向同性 isotropy

各向同性紊流 isotropic turbulence

各向异性 anisotropy

各向异性紊流 anisotropic turbulence

铬 chromium

给水 water supply

工业废水 industrial wastewater

供水 water supply

汞 mercury

共轭水深 conjugate depth

孤立波 solitary wave

固体垃圾 solid wastes

观测值 observed value

管流 pipe flow

管嘴 nozzle

鲑鱼 salmon

过渡段 transition

海岸工程 coastal engineering

海水密度 seawater density

海水入侵 sea water intrusion

海湾 bay

含沙量 sediment concentration

含水层 aquifer

含盐度 salinity

耗氧 deoxygenation

耗氧系数 deoxygenating coefficient

河口 estuary

河流流量 stream discharge

河流水质模型 stream（river）water quality

河鳗 river eel

河网 river network

核电站 nuclear power station

黑箱 black box

恒定流 steady flow

横断面积 cross-sectional area

横流 cross-flow

横向混合 transverse mixing

横坐标 abscissa

洪水期 flood season

湖沼学 limnology

化肥 fertilizer

化学需氧量 chemical oxygen demand

环境保护 environment protection

环境工程 environmental engineering

环境科学 environmental science

环境水力学 environmental hydraulics

环境问题 environmental issues

环境影响评价 environmental impact assess-
　　ment

环流 circulating flow

缓混合型 partly mixed type

洄游 migration

洄游性鱼类 migratory fish

汇 sink

汇项 sink term

混合层 mixing layer

混合长度 mixing length

混合系数 mixing coefficient

积分 integral，integration

积分变换 integral transformation

积分方法 integral method

基准面 datum plane

计算网格 calculation mesh

鲫鱼 crucian carp

钾 potassium

剪切层 shear layer

剪切流 shear flow

剪切紊流 turbulent shear flow

剪切效应 shear effect

渐变流 gradually varied flow

降解 degradation

降雨 rainfall

交叉学科 interdisciplinary subject

交错网格 staggered grid

交界面 interface

交界面波 interfacial wave

交界面阻力 interfacial friction

解析法 analytical method

解析解 analytical solution

津波 seiche

近海 off-shore

近区 near field

经验公式 empirical formula

镜像法 method of image

局部水头损失 local head loss

矩形渠道 rectangular channel

卷吸 entrainment

均方差 mean square deviation

均匀流 uniform flow

均质的 homogeneous

柯尔莫哥洛夫比尺 Kolmogorov scale

可降解物质 degradable substance

孔口 orifice

孔隙率 porosity

孔隙水 interstitial

控制方程 governing equation

控制体积 control volume

枯水期 dry season

扩散 diffusion

扩散方程 equation of diffusion

扩散理论 diffusion theory

扩散器 diffuser

扩散输运 diffusive transport

扩散系数 diffusivity, diffusion coefficient

扩展率 spreading rate

垃圾 garbage and trash

拉格朗日法 Lagrangian method

拉普拉斯变换 Laplace transformation

雷诺比拟 Reynolds analogy

雷诺数 Reynolds number

雷诺应力 Reynolds stress

累积流量法 cumulative discharge method

棱柱体渠道 prismatic channel

冷却水 cooling water

离散 dispersion

离散分析 dispersion analysis

离散系数 dispersion coefficient

理查森数 Richardson number

鲤鱼 carp

立波 standing wave

立管 riser

连续介质 continuum medium

连续性方程 equation of continuity

连续源 continuous source

鲢鱼 silver carp

量纲 dimension

量纲分析 dimensional analysis

磷 phosphor

零方程模型 zero-equation model

流场 flow field

流动型态 flow pattern, flow regime

流函数 stream function

流量 discharge, flow rate

流速分布 velocity distribution

流速剖面 velocity profile

流体 fluid

流体力学 fluid mechanics

流域 basin, watershed

落潮 ebb tide

脉冲流动 pulsating flow

脉动流速 velocity fluctuation

脉动浓度 concentration fluctuation

鳗鲡 eel

弥散 dispersion

密度分层 density stratification

密度佛汝德数 densimetric Froude number

面源 plane source

明渠水流 open-channel flow

摩阻流速 shear velocity

莫迪图 Moody diagram

内波 internal wave

内水跃 internal hydraulic jump

难降解物质 non-degradable substance

能量级串 energy cascade

能量守恒原理 energy conservation principle

能坡 energy gradient

泥沙 sediment

泥沙运动 sediment transport

逆变换 inverse transformation

黏性底层 viscous sublayer

黏性扩散 viscous diffusion

黏性力 viscous force

黏性流体 viscous fluid

黏性应力 viscous stress

农药 pesticide

浓度 concentration

浓度分布 concentration distribution

浓度脉动 concentration fluctuation

浓度剖面 concentration profile

欧拉法 Eulerian method

耦合模型 coupled models

排放 discharge，effluent

排放口 outfall

排水 drainage

鳑 bitterling

抛物型方程 parabolic equation

喷嘴 nozzle

偏微分方程 partial differential equation

频率 frequency

平板 flat plate

平均 mean

平面射流 plane jet，planar jet

普朗特数 Prandtl number

鳍 fin

迁移 transport

铅 lead

潜水含水层 phreatic aquifer

浅水方程 shallow water equations

强混合型 well mixed type

切应力 shear stress

亲鱼 brood fish，spawning fish

青鱼 black carp

清水 clear water

取水口 intake

去除 removal

缺水 water shortage

热电厂 thermal power plant

热排放 thermal discharge，heated water discharge，thermal effluent

热污染 thermal pollution

人工神经网络 artificial neural network

人类活动 human activity

溶解氧 dissolved oxygen

溶质 soluble matter，solution

入流 inflow

弱混合型 weak mixed type

三维射流 three-dimensional jet

鳝鱼 finless eel

上层 upper layer

上游河段 upper reach

射流 jet

射流扩展 jet spread

摄动法 perturbation method

砷 arsenic

渗流 seepage flow

渗透流速 seepage velocity

渗透系数 permeability coefficient

生化需氧量 biochemical oxygen demand

生活污水 domestic sewage

生境 habitat

生态水力学 ecohydraulics

生态学 ecology

生物处理 biological treatment

生物降解 biological degradation

生物量 biomass

生物群 biota

施密特数 Schmidt number

湿地 wetland

湿周 wetted perimeter

时间比尺 time scale

时均流速 time-averaged velocity

时均值 time-averaged value

实部 real component

实数 real number

鲥鱼 hilsa herring

示踪物 tracer

势函数 potential function

势流核 potential core

势流核心区 potential core region

守恒定律 conservation law

守恒物质 conservative substance

受纳水体 receiving pool，receiving waters

受限扩散 restricted penetration

输运 transport

输运方程 transport equation

数学模型 mathematical model

数值积分 numerically integrate，numerical integral

数值计算 numerical calculation

数值解 numerical solution

数值模拟 numerical simulation

衰减 decay

衰减物质 decaying substance

双方程模型 two-equation models

双股射流 twin-jet，dual-jet

双曲型方程 hyperbolic equation

水产 aquaculture

水道 waterway

水动力学 hydrodynamics

水葫芦 water hyacinth

水华 water bloom

水环境 water environment

水力半径 hydraulic radius

水力坡度 hydraulic slope

水力特性 hydraulic characteristics

水力学 hydraulics

水利工程 hydraulic engineering

水生环境 aquatic environment

水头损失 head loss

水位 water level

水文地质 geohydrology

水文学 hydrology

水信息学 hydroinformatics

水俣病 Minamata disease

水跃 hydraulic jump

水质 water quality

水质模型 water quality model

水资源 water resources

瞬时流速 instantaneous velocity

瞬时源 instantaneous source

瞬时值 instantaneous value

斯特罗哈数 Strouhal number

速度比尺 velocity scale

速度场 velocity field

速度分布 velocity distribution

速度剖面 velocity profile

速度势 velocity potential

速度衰减 velocity decay

速亏 velocity deficit

酸雨 acid rain

算子 operator

随机变量 random variable

随机过程 stochastic process

随机函数 stochastic function

随机模型 stochastic model

随机游动 random walk

随流扩散 advective diffusion

泰勒级数 Taylor series

泰勒假说 Taylor hypothesis

滩地 flood plain

碳化 BOD carbonaceous BOD

特征衰减区 characteristic decay region

梯形渠道 trapezoidal channel

体源 volume source

天然河道 natural channel

填埋 landfill

通量 flux

同流 co-flow

投放 injection

透水 pervious

图解法 graphical method

推进波 translation wave

推移质 bed load

椭圆型方程 elliptic equation

完全混合 complete mixing

完全井 completely penetrating well

往复流 reversal flow

尾鳍 caudal fin

温升 temperature rise

紊动 turbulence

紊动扩散 turbulence diffusion

紊动扩散系数 turbulent diffusivity

紊动能 turbulent (kinetic) energy

紊动强度 turbulence intensity

紊动射流 turbulent jets

紊动黏性系数 turbulence viscosity

紊流 turbulent flow

紊流边界层 turbulent boundary layer

紊流模型 turbulence model

稳态 steady state

涡量输运（传递）理论 vorticity transport theory

涡体 eddy

涡旋配对 vortex pairing

涡黏性系数 eddy viscosity

污泥 sludge

污染荷载 pollutant load

污染物 pollutant，contaminant

污水 sewerage

污水回用 wastewater reuse

无机的 inorganic

无量纲 dimensionless

无限扩散 unrestricted penetration

物理处理 physical treatment

物理模型 physical model

误差函数 error function

误差曲线 error curve

吸附 adsorption

吸收 absorption

稀释（度）dilution

系综平均 ensemble average

下层 lower layer

下水道 sewer

下游河段 lower reach

线汇 line sink

线源 line source

相干结构 coherent structures

相关 correlation

相似性 similarity

像源 image source

硝化 BOD nitrogenous BOD

硝酸氮 nitrate nitrogen

小潮 neap

斜温层 thermocline

修复 restoration

虚部 imaginary component

虚数 imaginary number

虚源 virtual origin，apparent origin

絮凝 flocculation

悬浮固体 suspended solid

悬浮物 suspended substance，suspension

悬移质 suspended load

选择性取水 selective withdrawal

血管 blood vessel

鲟鱼 sturgeon

汛期 flood period

亚硝酸氮 nitrite nitrogen

淹没射流 submerged jet

沿程水头损失 frictional head loss

盐水入侵 salinity intrusion

盐水楔 salt wedge

养鱼 fish culture

氧垂曲线 oxygen sag curve

氧亏 oxygen deficit

样条函数 spline function

叶绿素 chlorophyll

一级处理 primary treatment

一阶反应 first-order reaction

一阶衰减 first-order decay

一维 one-dimensional

遗传算法 genetic algorithm

异重流 density flow，density current

溢油 oil spill

因变量 dependent variable

饮用水 drinking water

鳊鱼 variegated carp

有毒污染物 toxic pollutant

有毒物质 toxic substances

有机的 organic

有限差分法 finite difference method

有限体积法 finite volume method

有限元法 finite element method

幼鱼 adolescent fish

余流 residual flow

余误差函数 complimentary error function

鱼道 fish passage，fishway

羽流 plume

雨水管道 storm sewer

原始变量法 primitive variable method

圆形射流 round jet，circular jet

源 source

源项 source term

远区 far field

跃后水深 sequent depth

跃前水深 initial depth

越流 leaky flow

运动方程 equation of motion

运动黏性系数 kinematic viscosity

载体 carrier

藻类 alga（algae）

张量 tensor

涨潮 flood tide

折减重力加速度 reduced gravitational acceleration

真源 real source

振荡 oscillatory

振荡波 oscillatory wave

正态分布 normal distribution

正向水跃 normal jump

直角坐标 Cartesian coordinates

植被 vegetative cover

植物群和动物群 flora and fauna

质量标准 quality standard，quality criteria

质量流量 mass flow rate

质量守恒原理 mass conservation principle

质量输运 mass transport

中心排放 central discharge

中值粒径 medium grain diameter

重金属 heavy metals

周期平均 cycle-averaged

周围环境流体 ambient/surrounding fluid

轴对称射流 axisymmetric jet

轴对称型衰减区 axisymmetric type decay region

轴线速度 axis velocity

轴向速度 axial velocity

主槽 main channel

主体段 zone of established flow

柱坐标 cylindrical coordinates

自保持性 self-preserving

自变量 independent variable

自净 natural purification，self-purification

自净系数 self-purification factor

自由面 free surface

自由射流区 free jet region

自由紊流 free turbulent flow

综合水质模型 integrated water quality models

总溶解固体 total dissolved solid

纵向离散 longitudinal dispersion

纵坐标 ordinate

阻力系数 drag coefficient，friction factor

附录3 人名中外文对照

（按汉语拼音排序）

阿伯杜拉 Abdullah

阿勃拉莫维奇 Абрамович

阿尔珀特 Alpert

阿奈特 Arnett

阿诺德 Arnold

埃克曼 Ekman

艾尔伯森 Albertson

艾尔德 Elder

艾萨克斯 Isaacs

奥康纳 O'Connor

奥洛伯 Orlob

巴布 Babu

巴卡 Baca

巴塔 Bata

班瑶帕亚 Bandyopadhyay

鲍尔 Ball

鲍基奇 Bogich

鲍辛奈斯克 Boussinesq

贝内特 Bennett

贝努利 Bernoulli

贝塞尔 Bessel

比犹瑟 Beuther

彼得斯 Peters

波特 Potter

伯努利 Bernoulli

布朗特-瓦塞勒 Brunt-Vaisala

布鲁克斯 Brooks

晁氏 Chao

陈景仁 Chen C J

达西 Darcy

戴乐 Dehler

戴氏 Dai

道宾斯 Dobbins

道诺侯 Donohoe

德·让 de Jong

狄拉克 Dirac

杜比 Dupuit

杜厄姆 Durum

范乐年 Fan Loh-Nien

范宁 Faning

费尔 Fair

费尔德 Fielder

费尔普斯 Phelps

费克 Fick

费舍 Fischer

佛汝德 Froude

佛瑞 Foree

佛斯曼 Forthmann

福斯特尔 Forstall

傅里叶 Fourier

盖洛德 Gaylord

高氏 Kao

格莱尼 Grenney

格雷厄姆 Graham

格里申 Гришин

格罗纳 Gloyna

格特勒 Gortler

古奇 Gooch

哈格 Hager

哈利曼 Harleman

亥姆霍兹 Helmholts

汉弗莱斯 Humphreys

汉徒什 Hantush

豪维茨 Haurwitz

华莱士 Wallace

霍梅德 Hormader

加里尔 Gariel

金士博 Kinzelbach

卡明斯 Comings

卡森 Carson

凯德瓦雷德 Cadwallader

坎普 Camp

坎普赞诺 Campuzano

考彻维诺斯 Kotsovinos

柯尔莫哥洛夫 Колмогоров，Kolmogorov

柯立根 Keulegan

柯辛 Corrsin

克莱科尔 Krenkel

克瑞亚 Craya

拉贾拉南 Rajaratnam

拉普拉斯 Laplace

拉斯本 Rathbun

兰贝恩 Langbein

郎氏 Long

劳氏 Lau

雷蒙迪 Raimondi

雷诺 Reynolds

雷切尔 Rachel

李斯特 List

李行伟 Joseph Hun-Wei Lee

里克 Ricou

理查德 Reichardt

罗迪 Rodi

罗恩 Rawn

罗杰斯基 Rojanski

罗斯 Rouse

迈克里斯-门腾 Michaelis-Menten

麦克道奈尔 McDonnell

米勒 Miller

摩根 Morgan

莫迪 Moody

莫顿 Morton

穆莎-多肯考 Rimsha-Dockenko

尼古尔斯库 Negulescu

欧文斯 Owens

帕登 Padden

帕尼 Pani

泼珀尔 Purple

普朗特 Prandtl

普里斯特利 Priestley

普鲁德曼 Proudman

奇沃格罗 Tsivoglou

乔治 George

切尔法斯 Черфас

秦氏 Tchen

丘吉尔 Churchill

萨克斯顿 Thackston

施里赫廷 Schlichting

施密特 Schmidt

斯波尔丁 Spalding

斯佛泽 Sforza

斯特林 Stirling

斯提芬-波尔茨曼 Stefan-Boltzman

斯托克 Stoker

斯托克斯 Stokes

斯沃米 Swamy

斯佳特 Streeter

苏绍星 Su C. H.

塔玛尼尼 Tamanini

泰勒 Taylor

泰泼 Tepper

唐氏 Tang

特纳 Turner

田中 Tanaka

托尔敏 Tollmien

托马斯 Thomas

瓦伦韦德 Vollenweider

乌格南斯基 Wygnanski

辛格 Singh

休伯 Huber

伊本 Ippen

伊姆伯格 Imberger

易家训 Yih C. S.

詹森 Jensen